普通高等教育系列教材

Creo 5.0 基础教程

江 洪 韦 峻 姜 民 编著

机械工业出版社

本书是全面、系统学习和运用 Creo 5.0 软件快速入门与进阶的书籍，全书共 10 章，从基础的 Creo 5.0 的安装和使用方法讲起，以循序渐进的方式详细地讲解了 Creo 5.0 软件配置、基准特征、草图绘制、简单零件建模、扫描、混合特征、曲线、曲面、实体装配和工程图。书中还配有大量的实际综合应用案例。本书通过网盘提供全部实例的素材和效果文件，读者可扫描二维码（见封底）获取。

　　本书可作为技术人员的 Creo 5.0 完全自学教程和参考书籍，也可供高等院校师生使用。

　　本书配有电子教案，需要的教师可登录 www.cmpedu.com 免费注册，审核通过后下载，或联系编辑索取（微信：15910938545，电话：010-88379739）。

图书在版编目（CIP）数据

Creo 5.0 基础教程/江洪，韦峻，姜民编著 . —北京：机械工业出版社，2019.3（2022.7 重印）

普通高等教育系列教材

ISBN 978-7-111-62391-5

Ⅰ. ①C⋯　Ⅱ. ①江⋯ ②韦⋯ ③姜⋯　Ⅲ. ①计算机辅助设计-应用软件-高等学校-教材　Ⅳ. ①TP391.72

中国版本图书馆 CIP 数据核字（2019）第 058753 号

机械工业出版社（北京市百万庄大街 22 号　邮政编码 100037）
策划编辑：和庆娣　　　责任编辑：胡　静
责任校对：张艳霞　　　责任印制：郜　敏
北京盛通商印快线网络科技有限公司印刷

2022 年 7 月第 1 版 · 第 4 次印刷
184mm×260mm · 17.75 印张 · 440 千字
标准书号：ISBN 978-7-111-62391-5
定价：55.00 元

电话服务　　　　　　　　　　　网络服务
客服电话：010-88361066　　　　机　工　官　网：www.cmpbook.com
　　　　　010-88379833　　　　机　工　官　博：weibo.com/cmp1952
　　　　　010-68326294　　　　金　书　网：www.golden-book.com
封底无防伪标均为盗版　　　机工教育服务网：www.cmpedu.com

前　言

Creo 5.0 拥有灵活的工作流和顺畅的用户界面，用户可利用自由的设计功能加快概念设计的速度，利用更高效灵活的 3D 设计功能提高工作效率，轻松处理复杂的曲面设计要求，可快速开发优质和新颖的产品。本书结合经典的工程案例对 Creo 5.0 进行全方位教学。

本书讲解所使用的模型和应用案例覆盖了不同行业，具有很强的实用性和广泛的适用性。在内容安排上，本书结合大量的实例对 Creo 5.0 软件各个模块中一些抽象的概念、命令、功能和应用技巧进行讲解，通俗易懂，化深奥为简易。另外，本书所举范例均为一线实际产品，这样的安排能使读者较快地进入实战状态。在写作方式上，本书紧贴 Creo 5.0 软件的真实界面进行讲解，使读者能够直观、准确地操作软件，提高学习效率。读者在系统学习本书后，能够迅速地运用 Creo 5.0 软件来完成复杂产品的设计与制造等工作。

本书是 Creo 5.0 快速入门与进阶教程，其特色如下：

内容全面，涵盖了产品设计的零件创建、产品装配、工程图制作的过程。

本书实例、范例、案例丰富，对软件中的主要命令和功能，先结合简单的实例进行讲解，然后安排一些较复杂的综合范例或案例，帮助读者深入理解和灵活应用。

讲解详细，条理清晰，保证自学的读者能独立学习和运用 Creo 5.0 软件。

写法独特，采用 Creo 5.0 中真实的对话框、操控面板和按钮等进行讲解，使初学者能够直观、准确地操作软件，从而大大提高学习效率。

本书主要由江洪、韦峻和姜民编著。

由于编者水平有限，书中疏漏和不妥之处在所难免，敬请读者不吝指正。

编　者

目　　录

第1章 Creo 5.0基础

本章概要介绍了 Creo Elements Pro 5.0（以下均简称为 Creo 5.0）的功能与特点、工作界面，以及如何启动和退出 Creo 5.0，如何新建文件、打开文件和保存文件，如何使用菜单栏、工具栏和快捷键。此外还介绍了鼠标的使用、系统参数的配置。本章力图使读者熟悉 Creo 5.0 的工作环境，掌握 Creo 5.0 的基本操作，为学习后面的内容做准备。万丈高楼平地起，Creo 5.0 最常用的使用方法就好像是高楼的基础。本节的宗旨是把基础打牢，结合实例介绍 Creo 5.0 的应用经验和一些技巧性的内容。

1985 年，PTC 公司成立于美国波士顿。Creo 软件是 PTC 公司自 Pro/ENGINEER Wildfire 5.0 后推出的新一代三维设计软件套装，Creo 1.0 是第一个正式版本，于 2011 年推出。Creo Elements Pro 5.0（以前称为 Pro/ENGINEER）是一个整合 Pro/ENGINEER、CoCreate 和 ProductView 三大软件并重新分发的新型 CAD 设计软件包，针对不同的任务应用采用更为简单化的应用方式，所有子应用采用统一的文件格式。

1.1 启动 Creo 5.0

经过不断发展和完善，Creo 5.0 目前已是世界上最为普及的 CAD/CAM/CAE 软件之一，它广泛应用于电子、机械、模具、工业设计、汽车、航空航天、家电、玩具等行业，是一个全方位的 3D 产品开发软件，解决了目前 CAD 系统难用及多 CAD 系统数据共用等问题。它集零件设计、产品装配、模具开发、NC 加工、钣金件设计、铸造件设计、造型设计、逆向工程、自动测量、机构模拟、压力分析、产品数据管理等功能于一体。最新 Creo 5.0 版本在功能加强和软件的易用性上做了进一步的改进。

一般而言，有两种方法可启动并进入 Creo 5.0 软件环境。

方法一：双击 Windows 桌面上的 Creo 5.0 软件快捷按钮，如图 1-1 中①所示。

图 1-1　启动 Creo 5.0

只要是正常安装，Windows 桌面上就会显示 Creo 5.0 软件快捷按钮，对于快捷按钮的名称，可根据需要进行修改。

方法二：从 Windows 系统的"开始"菜单进入 Creo 5.0，操作方法如下。

单击 Windows 桌面上左下角的"开始"→"所有程序"→"PTC"→"Creo Elements Pro"→"Creo"，如图 1-1 中②~⑥所示。

1.2 新建文件

使用"文件"菜单中的相应命令选项，可对图形文件执行相应操作。单击主菜单中的"文件"选项，弹出下拉菜单，该菜单中常用功能选项的使用方法介绍如下。

选择菜单"文件"→"新建"，或单击快速访问工具栏中的"新建" 按钮可以新建一个文件。新建过程如图 1-2 中①~⑧所示。由于一般使用国际单位毫米作为尺寸单位，所以在第⑤步中单击"使用缺省模板"复选框，取消该选项前面的钩☑，单击"确定"按钮后选择"mmns_part_solid"。由图 1-2 所示可以看出新建文件的类型有 10 种，每一个类型中又包含其各种子类型。各种类型的含义和扩展名见表 1-1，各主要选项的用法说明见表 1-2。

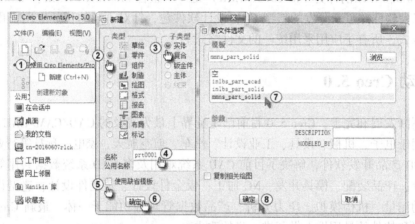

图 1-2　新建文件

表 1-1　新建文件的类型

文件类型	文件扩展名	说　明
草绘	. sec	在草绘模式中创建的非关联参数的二维草图文件
零件	. prt	建立由多个特征组成的三维模型的零件文件
组建	. asm	在装配模式中创建的模型组件和具有装配信息的装配文件
制造	. mfg	NC 加工程序制作、模具设计
绘图	. drw	输入了二维尺寸的零件或装配体的工程图
格式	. frm	建立 2D 工程图图样格式
报表	. rep	建立模型报表
按钮	. dgm	建立电路、管路流程图
布局	. lay	建立产品组装布局
标记	. mrk	注解

表 1-2　新建文件各主要选项的用法说明

主要选项名称	说　明
子类型	在该栏中列出相应模块功能的子模块类型
名称	输入新建的文件名，若不输入则接受系统设置的默认文件名。在本地存储时该名称为模型的文件名；输入的名称中不能含有汉字
公共名称	输入模型的公共描述
使用缺省模板	NC 加工程序制作、模具设计
绘图	建立 2D 工程图使用系统默认模板选项，如系统默认的单位、视图、基准面、图层等的设置。若不选该项，系统会弹出选择模板的对话框，在该对话框中可选择其他模板样式。一般选择"mmns_part_solid"，该模版的单位制符合我国的国家标准

　　每次新建一个文件时，系统会显示一个默认名，如果要创建的是零件，默认名的格式是 prt 后跟一个序号，如 prt0001。以后再新建一个零件，序号自动加 1。

　　在"名称"文本框中可输入用户定义的文件名。在"公用名称"文本框中可输入模型的公共描述，该描述将映射到 winchill 的 CAD 文档名称中去，一般在设计中不对此进行操作。

1.3　Creo 5.0 的工作界面

　　进入 Creo 5.0 的零件设计环境后，屏幕的工作区中将显示 3 个互相垂直的默认基准平面。Creo 5.0 的界面友好，操作快捷，其零件模块的工作界面如图 1-3 所示，一般包括如下几个部分。

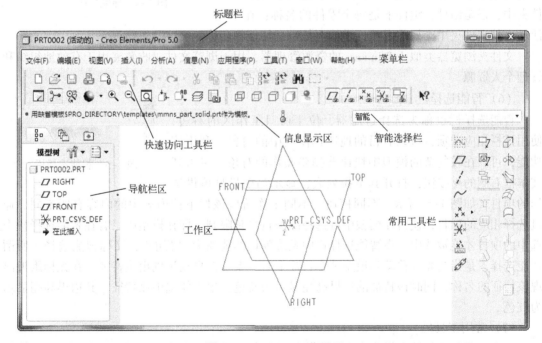

图 1-3　Creo 5.0 工作界面

（1）标题栏 PRT0001 (活动的) - Creo Elements/Pro 5.0

位于屏幕的左上角，显示当前的软件版本以及活动的模型文件名称。

（2）菜单栏 文件(F) 编辑(E) 视图(V) 插入(I) 分析(A) 信息(N) 应用程序(P) 工具(T) 窗口(W) 帮助(H)

通过菜单可以找到软件提供的所有命令，因此每个菜单都比较长。不同的模块，在该区显示的菜单及内容有所不同。

（3）快速访问工具栏

快速访问工具栏主要是为用户快速执行常用的命令及设置工作环境而定制的，它包含新建、打开、保存、修改模型和设置软件环境的一些命令，可将常用的命令添加到快速访问工具栏中。

（4）信息显示区 ● 用缺省模板$PRO_DIRECTORY\templates\mmns_part_soli

信息显示区位于窗口工作区的上部，对当前窗口中的操作做出简要说明或提示，对于需要输入数据的操作，会在该区出现一个文本框，供输入数据使用。

（5）导航栏区

导航栏区位于窗口工作区的左侧。导航栏中包括模型树、文件夹浏览器、收藏夹和相关网络技术资源等内容。单击相应选项按钮，可打开相应的导航面板，如图1-4中①～③所示。

图1-4　导航栏区

若打开多个模型，模型树只反映活动模型的内容。模型树列出了活动文件中的所有零件及特征，并以树的形式显示模型结构。根对象显示在顶部，从属对象显示在根对象之下。例如，在活动装配文件夹中，根是组件，组件下是每个零件的名称；在活动零件文件夹中，根是零件，零件下是每个特征的名称。

文件夹浏览器类似于Windows的资源管理器，用于浏览文件。收藏夹用于有效地组织和管理个人资源。

（6）智能选择栏 智能 ▼

智能选择栏也称为选择过滤器，位于窗口工作区的右边，使用该栏相应选项，可以有目的地选择模型中的对象。利用该功能，可以在较复杂的模型中快速选择要操作的对象。单击其文本框右侧的▼按钮，打开其下拉列表，显示当前模型可供选

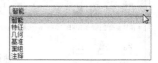

图1-5　智能选择栏

择的项目，如图1-5所示。不同模块、不同工作阶段该栏下拉列表中的内容有所不同。通过选择相应的项目，使得在模型中可选择的项目受到限制，即在模型中只有在智能选择栏中选中的项目才能被选中。在智能选择栏中系统默认的选项为"智能"，又称智能选择。所谓智能选择，是指当光标移动到模型某个特征上时，系统会自动识别出该特征，在光标附近出现该特征的名称，同时该特征的边界高亮显示为蓝色，单击便选中该特征，其边界高亮显示为红色。

（7）常用工具栏

一些使用频繁的基本操作命令，以快捷按钮的形式显示在菜单栏下面和右面，可以根据需要设置快捷按钮的显示状态。不同的模块，在该区显示的快捷按钮有所不同。

通过单击工具栏中的按钮来调用命令，是一种快捷的操作方法。但由于 Creo 5.0 的命令很多，在正常情况下不会全部显示在工作界面上。在 Creo 5.0 中分为上工具栏和右工具栏。在工具栏上右击会弹出快捷菜单，通过此菜单可以控制工具栏的显示与否，以及工具栏的位置和尺寸。

（8）工作区

工作区是 Creo 5.0 软件的主窗口区。操作结果将显示在该区域内，也可在该区域内对模型进行相关的操作，如观察模型、选择模型、编辑模型等。

1.4　Creo 5.0 的零件建模流程

用 Creo 5.0 创建零件模型的方法十分灵活，按大的方法分类，有以下 3 种。

1. 积木式的方法

这种方法是先创建一个反映零件主要形状的基础特征，然后在这个基础特征上添加其他的一些特征，如切除、倒角和圆角等。大部分机械零件创建的实体三维模型都用此方法。

基础特征是一个零件的主要轮廓特征，创建什么样的特征作为零件的基础特征比较重要，一般由设计者根据产品的设计意图和零件的特点灵活掌握。

2. 由曲面生成零件的实体三维模型的方法

这种方法是先创建零件的曲面特征，然后把曲面转化成实体模型。

3. 从装配中生成零件的实体三维模型的方法

这种方法是先创建装配体，然后在装配体中创建零件。

本节将主要介绍第一种方法创建零件模型的一般过程。

1.4.1　选取特征命令

拉伸特征是将截面草图沿着草绘平面的垂直方向拉伸而成，它是最基本且经常使用的零件建模特征。

选取拉伸特征命令的一般方法是单击屏幕右侧工具栏中的"拉伸"按钮，如图 1-6 中①所示。选择"拉伸"命令后，屏幕上方出现"拉伸"特征操控面板。特征操控面板中默认情况下已按下"实体特征"按钮，表示实体特征的截面草图完全由材料填充，如图 1-6 中②所示。还有如下按钮。

- "曲面特征类型"按钮，创建一种没有厚度和质量的片体几何曲面，通过相关操作可以变成带厚度的实体，如图 1-6 中③所示。
- "薄壁特征类型"按钮，创建的薄壁特征的截面草图由材料填充成均厚的环，环的内侧或外侧和中心轮廓线是截面草图，如图 1-6 中④所示。
- "切削特征类型"按钮，创建切削特征，如图 1-6 中⑤所示。切削特征可分为"正空间"特征和"负空间"特征。"正空间"特征是在现有零件模型上添加材料，"负空间"特征是在现有零件模型上切除材料。

按下"切削特征类型"按钮，同时也按下"实体特征"按钮，则用于创建"负空间"实体，即从零件模型中切除材料；按下"切削特征类型"按钮，同时也按下"曲面特征类型" 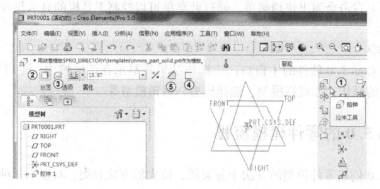按钮，则用于曲面的裁剪；按下"切削特征类型" 按钮，同时也按下"实体特征" 按钮和"薄壁特征类型" 按钮，则用于创建薄壁切削实体特征。

图 1-6 "拉伸"特征操控面板

1.4.2 定义草绘平面

草绘平面是特征截面或轨迹的绘制平面，可以是基准平面，也可以是实体的某个平面。单击"拉伸"特征操控面板中的"放置"选项，如图 1-7 中①所示。在弹出的操控面板中单击"定义"按钮，如图 1-7 中②所示。或者在工作区中右击，在系统弹出的快捷菜单中选择"定义内部草绘"，如图 1-7 中③所示。

图 1-7 定义内部草绘

系统弹出"草绘"对话框。将鼠标指针移至工作区 TOP 基准面的边线或 TOP 字符附近，在基准面的边线外出现绿色加亮按钮时单击，如图 1-8 中①所示。此时"草绘"对话框中"平面"列表框中显示出"TOP：F2（基准平面）"字样，如图 1-8 中②所示。单击列表框可重新选择草绘平面。

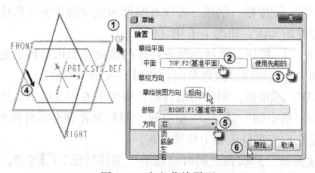

图 1-8 定义草绘平面

6

单击"使用先前的"按钮，如图 1-8 中③所示。即把先前一个特征的草绘平面及其方向作为当前特征的草绘平面和方向。

1.4.3 定义草绘平面的方向

图 1-8 所示示例采用了模型中默认的草绘平面方向。定义草绘平面的方向后，工作区中 TOP 基准面的边线旁边会出现一个黄色的箭头，如图 1-8 中④所示。该箭头的方向表示绘图者查看草绘平面的方向。软件中有许多确定方向的地方，系统在工作区都会有相应的箭头加以明示，可留心观察。

改变该箭头的方向有 3 种方法：①在"草绘"对话框中单击"反向"按钮；②将鼠标指针移至该箭头上，单击该箭头；③右击该箭头，在弹出的快捷菜单中选择"反向"按钮。

对草绘平面进行定向，必须进行以下的操作。

1) 指定草绘平面的参照平面。完成草绘平面选取后，"草绘"对话框的"参照"列表框自动加亮，并选取工作区中的"RIGHT 平面"作为参照平面。

2) 指定参照平面的方向。选取草绘平面后，必须对参照平面进行定向。可以采用模型中默认的参照平面方向，也可以单击对话框中"方向"列表框右侧的级联按钮▼，在弹出的列表中选择一个选项，此处是"右"选项，如图 1-8 中⑤所示。

定向完成后，系统按所指定的定向方位来摆放草绘平面，使其与屏幕平行。单击"草绘"对话框中的"草绘"按钮，系统进入草绘环境，如图 1-8 中⑥所示。

1.4.4 定义草绘参照平面

在草绘过程中，系统会自动对图形进行尺寸标注和几何约束，但系统在进行自动标注和约束时，必须参照一些点、线、面，这些点、线、面就是草绘参照。

参照平面必须是平面，并且要求与草绘平面垂直。如果参照平面是基准面，则参照平面的方向取决于基准平面正面的朝向。若参照平面选取不同的方向，则草绘平面在草绘环境中的摆放就不一样。

指定草绘平面的参照平面，即指定一个与草绘平面相垂直的平面作为参照平面。草绘平面的参照平面有时简称为"参照平面""参考平面"或"参照"。

指定参照平面的方向，即指定参照平面的放置方位。参照平面可以朝向显示器屏幕的上部、下部或右侧或左侧。

进入草绘环境后，系统将自动为草图的绘制及标注选取足够的草绘参照。如图 1-9 所示，系统默认选取了 RIGHT 和 FRONT 基准平面为草绘参照。从图 1-9 中①所示可以看出 RIGHT 基准面处于垂直放置，并且 RIGHT 基准面的正面指向了屏幕的右侧。

要使草绘平面的参照完整，必须至少选取一个水平参照和一个垂直参照，否则会出现错误警告提示。在没有足够的参照来摆放一个截面时，系统会自动弹出"参照"对话框，要求用户选取足够的草绘参照。在重新定义一个缺少参照的特征时，必须选取足够的草绘参照。

查看当前草绘参照平面的方法为：在工作区中右击，在系统弹出的快捷菜单中选择"参照"命令，系统弹出"参照"对话框；在"参照"对话框中列出了当前的草绘参照，如图 1-9 中②所示。系统自动按下"选取"[图标]按钮。同时"选取"对话框也自动弹出，如

图 1-9 中③所示。

"参照"对话框中两个草绘参照"F1（RIGHT）"和"F3（FRONT）"基准平面是系统默认选取的。如果想要添加其他的点、线、面作为草绘参照，可以通过在图形上直接单击来选取。如果由于操作失误而使"选取"对话框消失，则需先按下"选取" ![按钮]按钮使"选取"对话框重新激活，然后才能选择草绘参照。

"参照"对话框中几个选项的介绍如下。

1）单击"选取" ![按钮]按钮，可在工作区的二维草绘图形中选取直线（包括平面的投影直线）、点（包括直线的投影点）等作为参考基准。

2）单击"剖面"按钮，如图 1-9 中④所示，再选取目标曲面，可将草绘平面与某个曲面的交线作为参照。

3）单击"删除"按钮，如图 1-9 中⑤所示，可在参照列表中删除某个选定的参照。

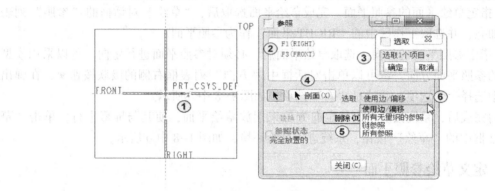

图 1-9　草绘参照

1.4.5　绘制草图并进行标注

定义草图的方法有两种：一种是选择已有草图作为特征的截面草图，另一种是创建新的草图作为特征截面草图。如图 1-10 所示为采用第二种方法。

开始绘制草图时，没有必要十分精确地绘制截面的几何形状、位置和尺寸，只需勾勒出截面形状的大体轮廓即可。绘制草图的一般过程是：先选择一个绘图命令，在工作区中单击来确定草图的初始位置，根据提示进行相应的操作来创建图形。

单击屏幕右侧工具栏中的"圆心和点" ⭕按钮，如图 1-10 中①所示。在工作区，单击鼠标左键来确定位置，即确定圆心，如图 1-10 中②所示。移动鼠标，然后再单击确定圆的大小，如图 1-10 中③所示。单击鼠标中键中止当前操作或退出当前命令，结束圆的绘制。

系统自动标注的几何尺寸，称为弱尺寸。弱尺寸是指由系统自动建立的尺寸，默认显示为灰色。系统添加新的尺寸时，可以在没有用户确认的情况下自动删除该尺寸或改变它们。选中要修改的尺寸并双击，如图 1-10 中④所示。系统弹出尺寸修正框，在其中从键盘上输入新的尺寸值"32"，如图 1-10 中⑤所示，按〈Enter〉键完成修改。该弱尺寸转换为强尺寸，默认显示为红色。强尺寸是指系统不能自动删除的尺寸。用户创建的均是强尺寸，如果几个强尺寸发生冲突，系统会要求删除其中一个。将符合设计意图的弱尺寸转换为强尺寸是一个好的操作习惯。

单击屏幕右侧工具栏中的"完成" ✓ 按钮，如图1-10中⑥所示。完成草图绘制。

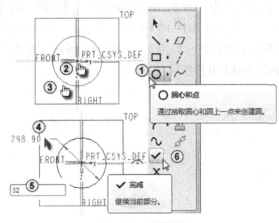

图1-10 绘制草图

1.4.6 定义拉伸深度

（1）生成拉伸实体

依次单击"平面显示" ◢ 按钮、"轴显示" ◢ 按钮、"点显示" ✗ 按钮、"坐标系显示" ✗ 按钮，使之弹起，如图1-11中①~④所示。关闭显示。"定值" ⊥ 选项表示将按照所输入的深度值，向草绘平面的某一侧进行拉伸。此处输入拉伸深度数值"30"，单击"拉伸"操控面板中的"应用并保存" ✓ 按钮，完成圆柱特征的创建，如图1-11中⑤~⑦所示。

（2）生成拉伸曲面

在"模型树"中右击"拉伸1"，然后从弹出的快捷菜单中选择"编辑定义"，如图1-12中①②所示。进入特征的"编辑定义"状态。单击"曲面特征类型" ▱ 按钮，再单击"拉伸"操控面板右侧的"特征预览" ∞ 按钮（此按钮默认状态为选中 ✓），预览所创建的特征，以检查各要素的定义是否正确，如图1-12中③~⑤所示。预览时，可按住鼠标中键进行旋转查看，如果所创建的特征不符合设计意图或预览时出错，表明特征的构建有错误，可选择操控面板中的相关项，重新定义。此处单击"退出暂停模式，继续使用此工具" ▶ 按钮，如图1-12中⑥所示。

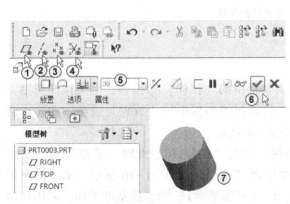

图1-11 修改拉伸深度和方向

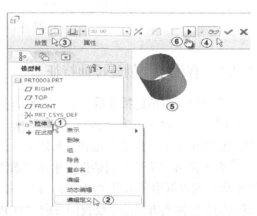

图1-12 拉伸成曲面

9

（3）生成拉伸薄板

进入特征的"编辑定义"状态。单击"实体特征" ▢按钮，再单击"薄壁特征类型"▨按钮，输入薄板的厚度"4"，如图1-13中①~③所示。单击"拉伸"操控面板右侧的"预览" ∞按钮，预览所创建的特征，如图1-13中④⑤所示。单击"退出暂停模式，继续使用此工具" ▶按钮，如图1-13中⑥所示。

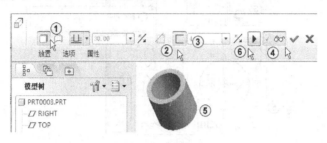

图1-13　拉伸成薄板

薄板厚度偏移方式有3种，①厚度加在草绘线内部；②厚度加在草绘线外部；③厚度加在草绘线两侧。单击按钮 ▨，厚度偏移会在3种不同方式之间循环。最后单击"应用并保存" ✓按钮即可看到拉伸薄板的效果。

进入特征的"编辑定义"状态。单击"拉伸"操控面板中文本框右侧的级联按钮 ▼，调出其他拉伸深度控制方式，如图1-14中①所示。打开其下拉列表，显示当前模型可供选择的深度类型。选择"对称" ▢，将按照所输入的深度值，向草绘平面的两侧同时进行等深度的拉伸，如图1-14中②③所示。

单击"拉伸"操控面板右侧的"预览" ∞按钮，再单击"拉伸"操控面板中的"应用并保存" ✓按钮，如图1-14中④⑤所示。完成圆柱特征的创建。

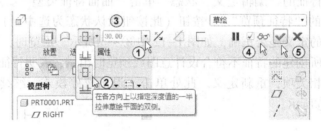

图1-14　定义拉伸深度

1.4.7　在模型上创建拉伸特征

在创建基本圆柱特征后，单击屏幕右侧工具栏中的"拉伸" ▱按钮，定义拉伸类型为"定值" ▟，输入值为"20"。单击"拉伸"特征操控面板中的"放置"选项，在弹出的操控面板中单击"定义"按钮，如图1-15中②~⑥所示。

系统弹出"草绘"对话框。单击"模型树"中的"RIGHT"，此时"草绘"对话框中"平面"列表框中显示出"RIGHT：F1（基准平面）"字样。如图1-16所示，采用模型中默认的黄色箭头方向的草绘视图方向"TOP：F2（基准平面）"为参照基准平面，采用模型中默认的参照方向"顶"选项，单击对话框中的"草绘"按钮，如图1-16中①~⑤所示。

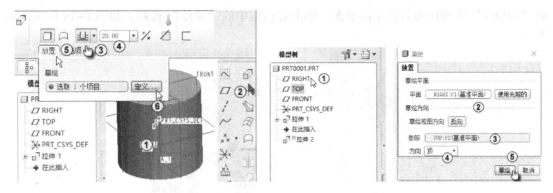

图 1-15　设置拉伸类型　　　　　　　　　　　图 1-16　设置草绘平面

　　系统进入草绘环境。单击屏幕右侧工具栏中的级联按钮▸和"矩形" □ 按钮，如图 1-17a 中①②所示。在工作区任意位置单击来确定矩形的一点，如图 1-17a 中③所示。移动鼠标，然后再单击确定矩形的另一点，如图 1-17a 中④所示。单击鼠标中键中止当前操作或退出当前命令，结束矩形的绘制。

　　系统自动标注了弱尺寸，依次选中要修改的尺寸并双击，系统弹出尺寸修正框，在其中从键盘上输入新的尺寸值，按〈Enter〉键完成修改，如图 1-17b 中①~④所示。

　　单击屏幕右侧工具栏中的"完成" ✓ 按钮，如图 1-17b 中⑤所示。

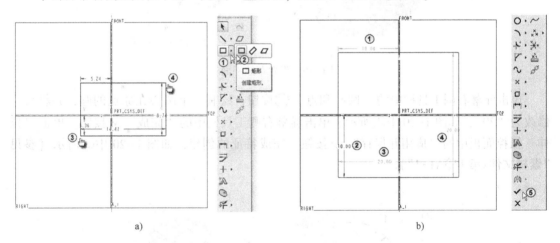

a)　　　　　　　　　　　　　　　　　　b)

图 1-17　绘制草图

a）绘制草图 1　b）绘制草图 2

　　采用模型中默认的深度方向。单击"拉伸"操控面板中的"应用并保存" ✓ 按钮，完成长方体特征的创建，如图 1-18 中①所示。

1.4.8　在模型上创建切削拉伸特征

　　在创建基本圆柱特征后，单击屏幕右侧工具栏中的"拉伸" 按钮，按下"切削特征类型" 按钮，定义拉伸类型为"穿透" ，如图 1-18 中②③所示。

　　单击"拉伸"特征操控面板中的"放置"选项，在弹出的操控面板中单击"定义"按钮，选择圆柱的上表面，采用模型中默认的黄色箭头方向的草绘视图方向，采用模型中默认

11

的"RIGHT"平面作为参照基准平面,单击对话框中的"草绘"按钮,如图 1-19 中①~④所示。

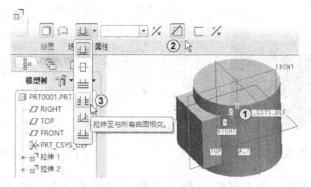

图 1-18 设置拉伸类型

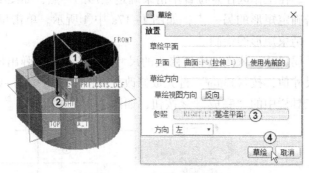

图 1-19 设置草绘平面

单击屏幕右侧工具栏中的"圆心和点" ⃝ 按钮,绘制一个圆心在原点的圆,并将尺寸修改为"20",如图 1-20 中①所示。单击屏幕右侧工具栏中的"完成" ✓ 按钮。单击"拉伸"操控面板中的"应用并保存" ✔ 按钮,完成特征的创建,如图 1-20 中②所示(**参见"素材文件\第 1 章\1-1"**)。

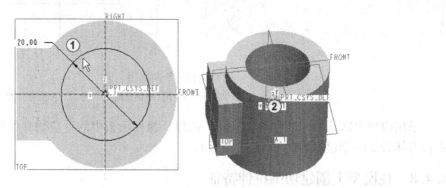

图 1-20 绘制草图并添加特征

在上述草图的绘制中引用了基础特征的模型表面作为草绘平面,这就形成了它们之间的父子关系,该切削拉伸特征是基础特征的子特征。在创建和添加特征的过程中,特征的父子关系很重要,父特征的删除或隐含等操作会直接影响到子特征。

1.5 Creo 5.0 的基本操作

Creo 5.0 的中文用户界面包括导航栏区、快速访问工具栏区、标题栏、功能区、视图控制工具条等，具体的基本操作包括保存、保存副本、备份、重命名、删除、打开文件和退出文件等。

1.5.1 保存\保存副本\备份\重命名

1. 保存文件

选择菜单"文件"→"保存"，也可以单击快速访问工具栏中的"保存"按钮，系统弹出"保存对象"对话框，打开查找范围下拉列表框，选择当前文件的保存目录。单击"确定"按钮，如图 1-21 中①~③所示。将工作窗口中的模型保存到选定的磁盘位置，得到"prt0001.prt"零件。对同一零件再次保存并不会覆盖第一次保存的零件，如图 1-21 中④所示。

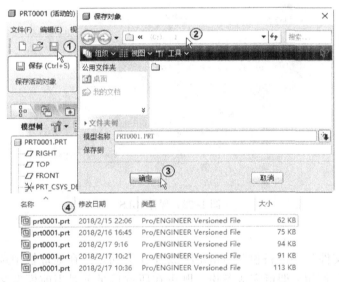

图 1-21 保存文件

新建对象将保存在当前工作目录中，如果是打开的文件，保存时将保存在原目录中。

2. 保存副本

选择菜单"文件"→"保存副本"，如图 1-22 中①②所示。选择文件要保存的地址，输入保存文件的新名称"1"，如图 1-22 中③所示。选择相应的文件类型，此处为默认类型，单击"确定"按钮，如图 1-22 中④所示，即可得到当前模型的一个副本。该功能是将同一个文件以不同的名称另存一份。

"保存副本"对话框可以将文件输出为不同格式，如 *.igs。这是与"保存备份"命令的主要区别。选择菜单"文件"→"保存副本"，单击"类型"列表框右侧的级联按钮▼，选择"igs"，如图 1-23 中①②所示。系统弹出"导出 IGES"对话框，选择"实体"复选框，单击"确定"按钮，如图 1-23 中③④所示。结果如图 1-23 中⑤所示。

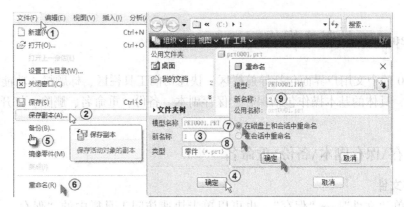

图 1-22　保存文件

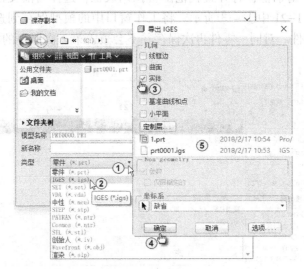

图 1-23　保存 IGES

3. 保存备份

选择菜单"文件"→"备份",如图 1-22 中①⑤所示。在地址栏中选择文件备份的地址,单击"确定"按钮,即可完成备份。既可在所选目录下对当前模型文件同名备份,也可在文件当前目录中同名备份(相当于进行一次保存)。该功能是将同一个文件以原有的名称另存一份。

4. 重命名

选择菜单"文件"→"重命名",如图 1-22 中①⑥所示。系统弹出"重命名"对话框,根据需要选择"在磁盘上和会话中重命名"(更改模型在硬盘及内存中的文件名称)或"在会话中重命名"(只更改模型在内存中的文件名称)选项,如图 1-22 中⑦⑧所示。使用该选项,在"新名称"文本框中输入新的文件名称"2",如图 1-22 中⑨所示。单击"确定"按钮可实现对当前工作窗口中的模型文件重新命名。

提示:任意重命名模型会影响与其相关的装配模型或工程图,因此重命名模型文件应该慎重。

1.5.2　拭除\删除

1. 拭除

使用"拭除"命令可将内存中的模型文件删除，但并不删除硬盘中的原文件。选择菜单"文件"→"拭除"→"当前"，如图1-24中①~③所示，系统弹出"拭除确认"对话框，单击"是"按钮，如图1-24中④所示。"拭除"菜单下子菜单的含义说明见表1-3。

表1-3　"拭除"菜单下子菜单的含义说明

子菜单选项	含义说明
当前	将当前工作窗口中的模型文件从内存中删除
不显示	将没有显示在工作窗口中，但存在于内存中的所有模型文件从内存中删除。当打开多个文件时，通过关闭窗口的方法只能让零件不显示但零件还保存在内存当中，若打开的文件很多时就会占用大量的内存，降低了机器运行的速度，这时就需要把已经关闭了的零件或组件从内存中清理出去，以增加可用的内存空间
元件表示	把进程中没有使用的，而且简化表示的模型，从内存中删除

提示：正在被其他模块使用的文件不能被拭除。

2. 删除

使用该命令可删除当前模型的所有版本文件，或者删除当前模型的所有旧版本，只保留最新版本。选择菜单"文件"→"删除"，如图1-24中①⑤所示。选择"旧版本"选项，如图1-24中⑥所示，系统将删除当前零件所有旧版本；若选择"所有版本"选项，则删除当前模型的所有版本。

1.5.3　打开文件\退出 Creo 5.0

1. 打开文件

图1-24　删除文件

选择菜单"文件"→"打开"，也可以单击快速访问工具栏中的"打开" 📁按钮，系统弹出"文件打开"对话框，打开查找范围下拉列表框，选择要打开的文件的目录，选中要打开的文件，如图1-25中①②所示。再单击"文件打开"对话框中的"打开"按钮，完成文件的打开。该对话框中各主要功能选项的用法说明见表1-4。

图1-25　打开文件

15

表1-4 "文件打开"对话框中各主要功能选项的用法说明

各主要功能选项	用法说明
在会话中	查看当前内存中的文件
桌面	查看桌面上的文件
我的文档	在我的文档中查找文件
工作目录	回到当前工作目录
网上邻居	在网上邻居中查找文件
收藏夹	在收藏夹中查找文件
文件名称	在该文本框中输入要打开的文件名
类型	选择图形文件的类型及格式
子类型	选择图形文件的子类型及格式
预览 ▾	打开或关闭预览

2. 退出 Creo 5.0

选择菜单"文件"→"退出",如图1-26中①②所示,或者单击窗口右上方"关闭"
✕按钮,系统均会弹出"确认"对话框。单击"是"按钮就会退出 Creo 5.0,单击"否"
按钮会回到 Creo 5.0 操作界面中。

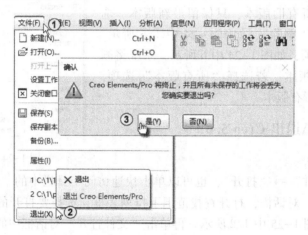

图1-26 退出 Creo 5.0

1.6 使用鼠标

在 Creo 5.0 中使用的鼠标必须是三键鼠标(左键、中键和右键),否则许多操作不能进
行。三键鼠标在 Creo 5.0 中的常用操作说明见表1-5。

表1-5 鼠标的功能

键名	功能
左键	用于选择菜单、工具按钮,明确绘制图元的起始点与终止点,确定文字注释位置,选择模型中的对象等。在选取多个特征或零件时,要与〈Ctrl〉键和〈Shift〉键配合使用

键名	功 能
中键	单击中键表示结束或完成当前操作。一般情况下与菜单中的"完成"选项、对话框中的"确定"按钮、特征操控面板中"应用并保存" ✔按钮的功能相同。此外，鼠标的中键还用于控制模型的视角变换、动态缩放模型的显示及移动模型在视区中的位置等，具体操作如下 1. 按下鼠标中键并移动鼠标，可以任意方向地旋转视区中的模型 2. 对于中键为滚轮的鼠标，滚动鼠标滚轮可以缩放模型：向前滚动，模型缩小；向后滚动，模型放大 3. 转动滚轮可缩放视区中的模型 4. 同时按下〈Ctrl〉键和鼠标中键，上下拖动鼠标可缩放视区中的模型 5. 同时按下〈Shift〉键和鼠标中键，拖动鼠标可平移视区中的模型
右键	选中对象（如工作区和模型树中的对象、模型中的图元等），在工作区中右击（即长按鼠标右键1 s左右），显示相应的快捷菜单

1.7　显示模型

选择合适的方式显示几何模型是开展工作的重要环节。模型的显示操作包括以下4方面。

1）模型观察角度调整。

2）模型的显示方式。

3）模型的材质和颜色。

4）基准显示控制。

下面分别叙述。

1.7.1　观察模型

为了从不同角度观察模型的局部细节，需要放大、缩小、平移和旋转模型。单击屏幕上方"视图"工具栏中的"放大" ⊕按钮，如图1-27中①所示。此时鼠标的指针会变成一个 状的指针，在模型上单击即可放大模型；单击屏幕上方"视图"工具栏中的"缩小" ⊖按钮，如图1-27中②所示，即可缩小模型；单击屏幕上方"视图"工具栏中的"重新调整" 按钮，如图1-27中③所示，即可将模型全部显示在屏幕上。

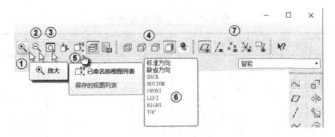

图1-27　模型显示

- 旋转：按住鼠标中键+移动鼠标，屏幕上出现图标 ，可看到模型跟着鼠标旋转。
- 平移：按住鼠标中键+〈Shift〉键+移动鼠标，屏幕上出现图标 ，可看到模型跟着鼠标移动。

- 缩放：按住鼠标中键+〈Ctrl〉键+垂直移动鼠标，屏幕上出现图标 ___ ，可看到模型跟着鼠标缩放。
- 翻转：按住鼠标中键+〈Ctrl〉键+水平移动鼠标，屏幕上出现图标 ，可看到模型跟着鼠标翻转。

1.7.2　显示方式

Creo 5.0 的"视图"工具栏中共有 5 种模型的显示方式，如图 1-27 中④所示。单击对应按钮就可以实现不同显示方式之间的切换。具体各种不同的显示结果见表 1-6。

表 1-6　模型的显示方式

线框	隐藏线	消隐	着色	增强的真实感
模型将隐藏线以实线显示 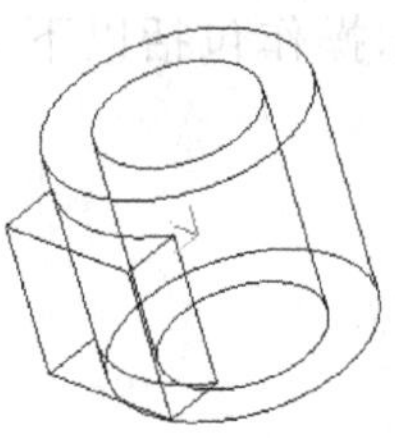	模型将隐藏线以灰色显示 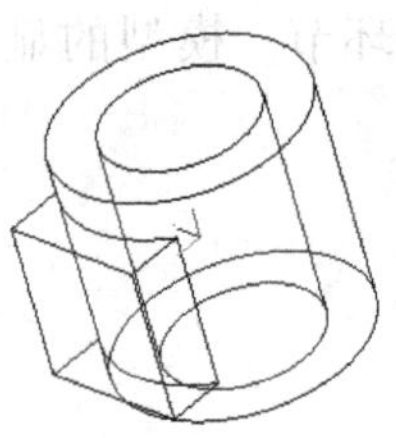	模型不显示隐藏线 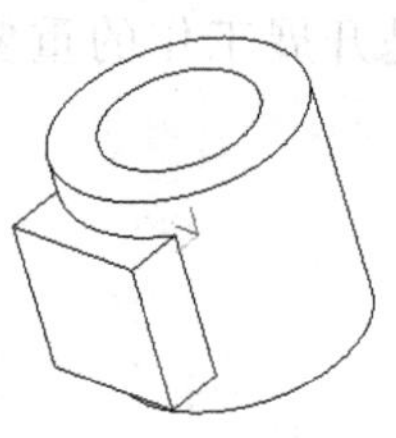	模型着色显示 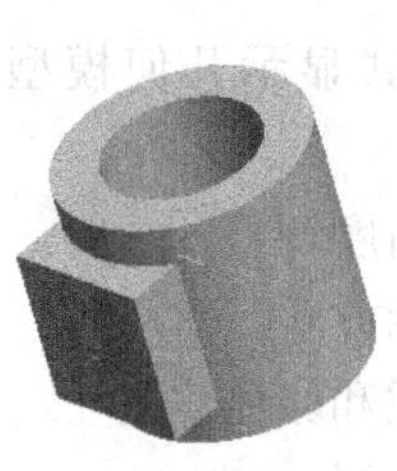	真实感模型 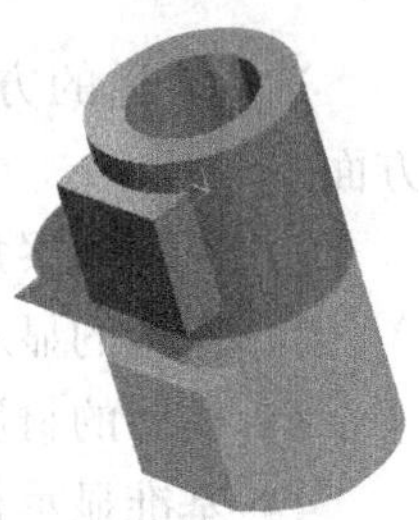

1.7.3　模型视图

模型的观察方向用来控制观察模型的角度，在建模过程中，有时还需要按常用视图显示模型。

单击"视图"工具栏中的"已命名的视图列表"的级联按钮▼，可知系统内定了 8 种模型的观察角度，如图 1-27 中⑤⑥所示，这些观察方向的结果见表 1-7。系统缺省方向是"标准方向"，即正等轴测视图。

表 1-7　模型的观察角度

标准方向 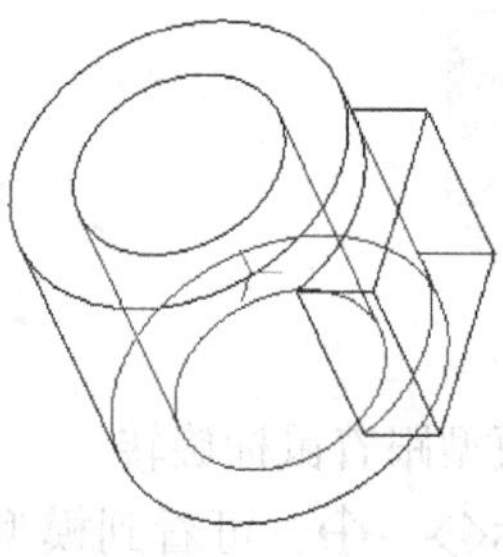	缺省方向 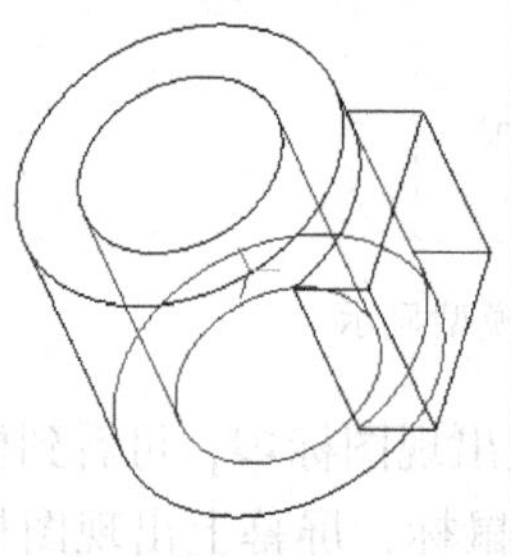	BACK 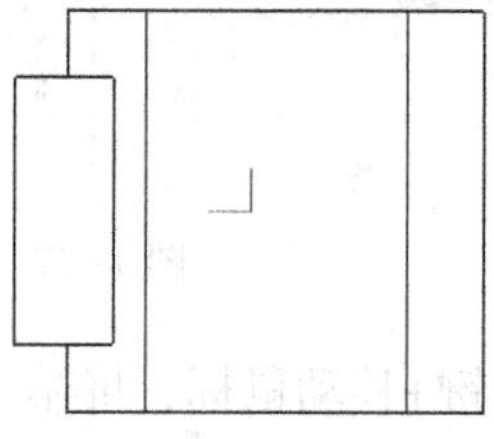	BOTTOM 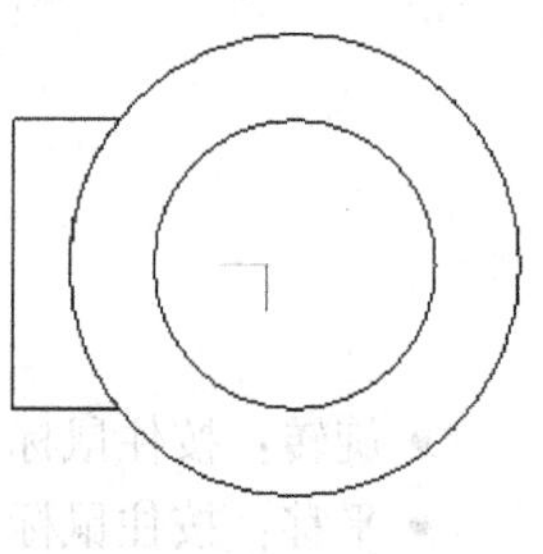

FRONT	LEFT	RIGHT	TOP
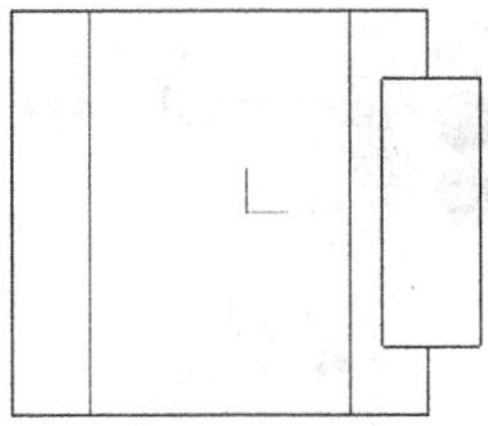	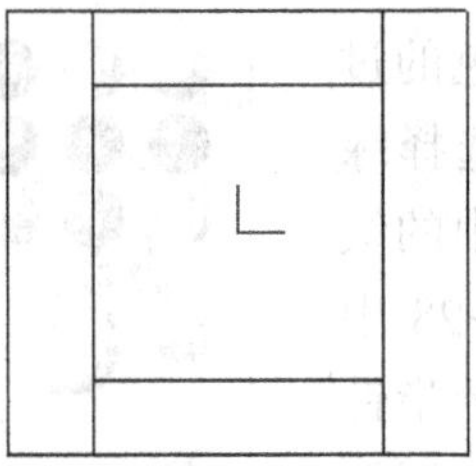	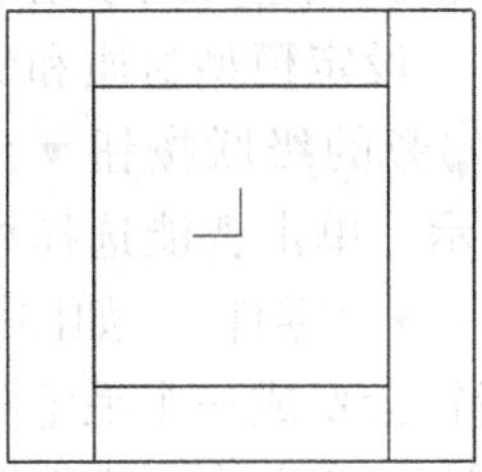	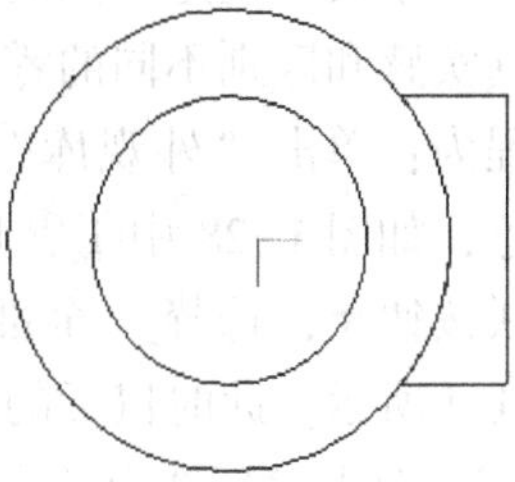

1.7.4　显示基准

基准是用来建模的基础。在一个较复杂的模型中会有很多的基准，如果同时全部显示的话，视图中会比较乱，这时就需要调整基准的显示和隐藏。

分别单击屏幕上方"基准显示"工具栏的相应按钮，如图 1-27 中⑦所示，可得到基准显示和隐藏的效果，见表 1-8。

表 1-8　基准的显示和隐藏

按　钮	基准打开状态	基准关闭状态
基准平面	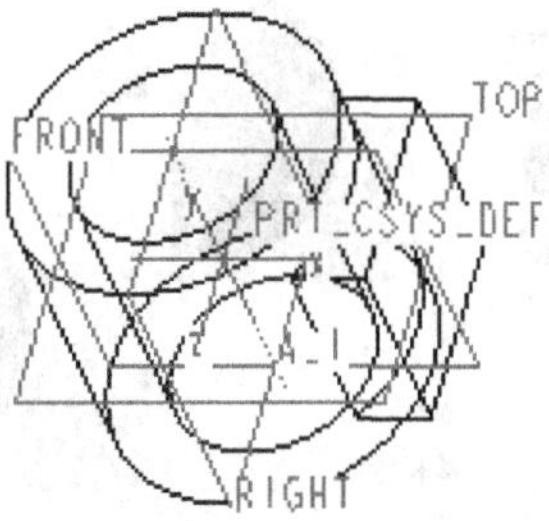	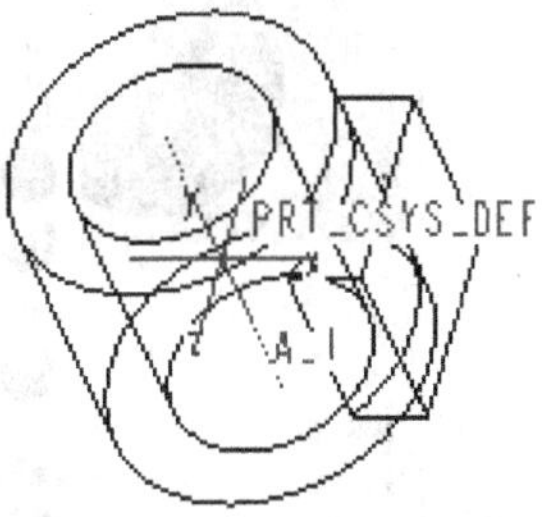
坐标系	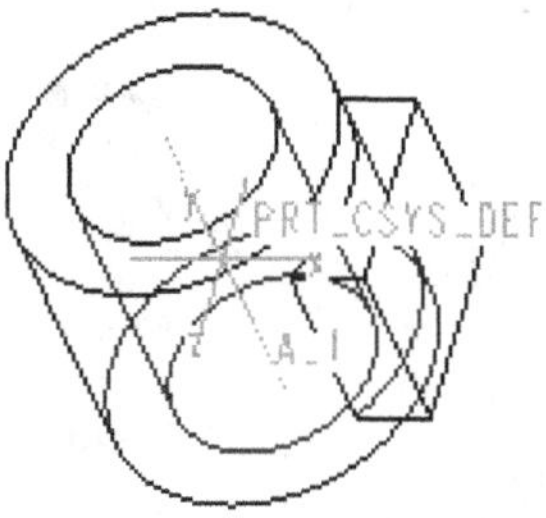	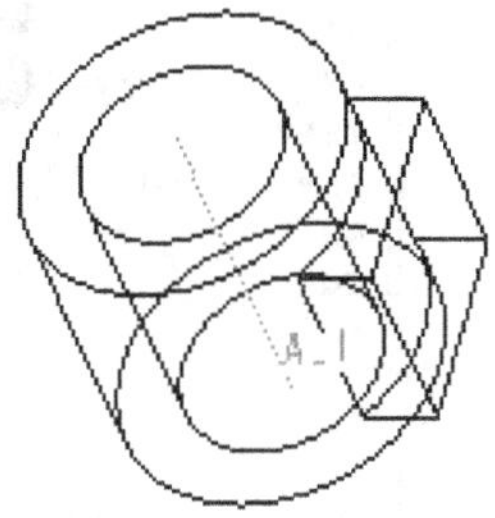
基准轴	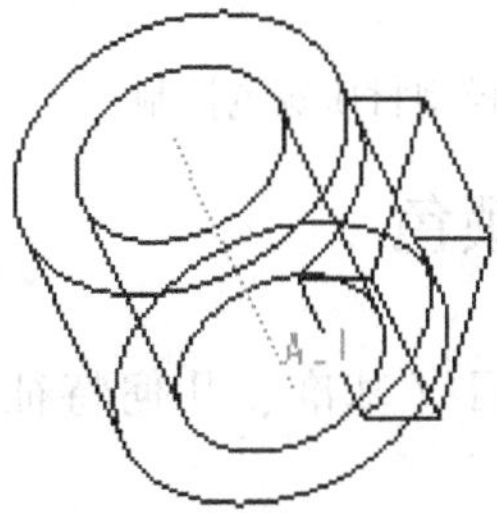	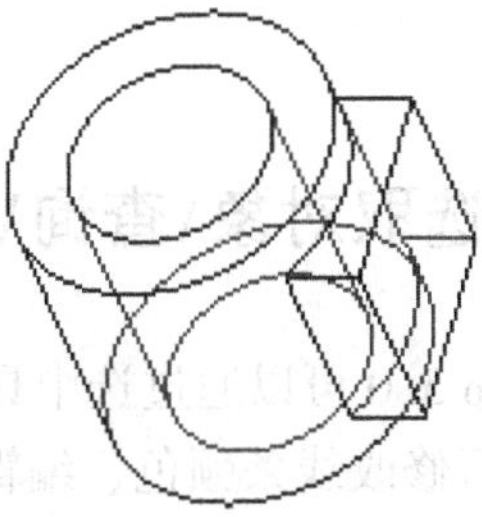

1.7.5 模型颜色

给模型设定不同的材料和颜色有助于增强模型的真实感和区别不同的零件。设定模型材质和颜色的过程为：单击"外观库" ● 旁的级联按钮▼，选择绿色，如图1-28中①②所示。单击智能选择栏中的级联按钮▼，选择"全部"→"零件"，如图1-28中③④所示。此时鼠标的指针会变成一个毛笔状的指针 ✎，单击模型选中整个零件，再单击"选取"对话框中的"确定"按钮，得到绿色的效果，如图1-28中⑤⑥所示。

分别单击"更多外观""外观管理器"和"编辑模型外观"，如图1-28中⑦~⑨所示；弹出相应对话框，设定零件材质和颜色，如图1-29中①~③所示。

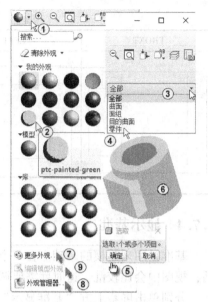

图1-28 模型颜色

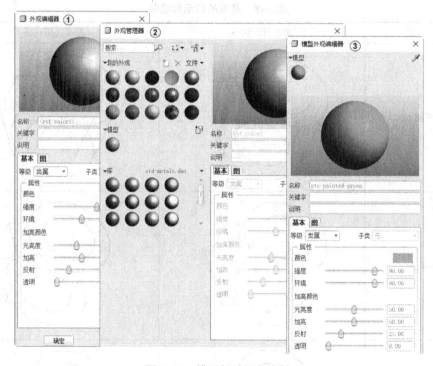

图1-29 模型材质颜色控制

1.8 选取对象\查询\设置背景颜色

Creo 5.0可以通过选中具体的设计项目（基准、几何特征等）来对其进行单独编辑，从而进行修改线条颜色、编辑尺寸等操作。

1.8.1 普通选取

选取对象是 Creo 5.0 软件最基本的操作，必须选取设计项目（基准、几何和特征）才可在模型上工作。在激活特征工具之前或之后也需选取项目。选取的方式有两种：①在工作区中选取；②在导航栏的模型树中选取。

要选取项目，将鼠标指针置于工作窗口中要选择的项目附近，项目预选加亮后（变为亮蓝色显示），单击它即可选中（选中后变为红色显示）。如果特征复杂，或选择的对象不易捕捉时，则可查询该项目。把鼠标指针置于要选择的项目附近，右击进行特征间的切换直到预选的项目被加亮，再单击即可选中。也可使用智能选择方式加快选择对象的速度。选取项目实例见表 1-9。

表 1-9　选取项目实例

模　型　名	三　维　模　型	操　作　方　法
原始模型		打开模型文件 prt0001. prt
特征预选		鼠标滑过特征时特征被加亮，该特征进入预选状态，变为亮蓝色显示
特征选中		此时单击就完成了特征的选取

模 型 名	三 维 模 型	操 作 方 法
面选中	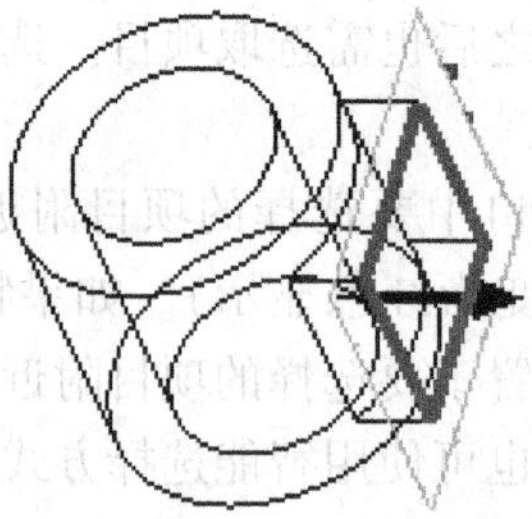	单击屏幕右边的"平面" ▱ 按钮，在选中的特征上移动鼠标，鼠标附近的面就被加亮，该面进入预选状态，单击即可选中该面
边选中	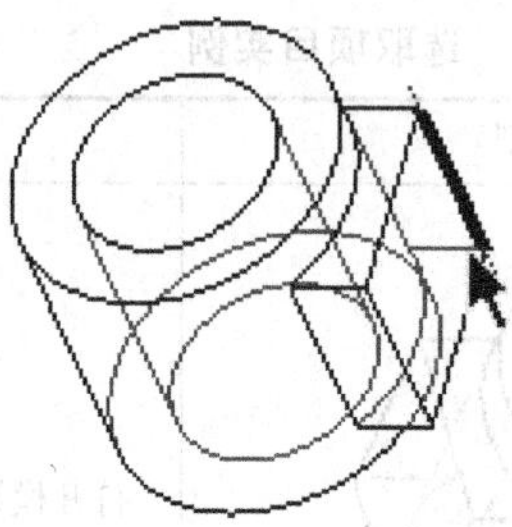	单击屏幕右边的"轴" ╱ 按钮，再次移动鼠标到该面的边上，则该边被加亮进入预选状态，此时单击即可选中这条边
点选中	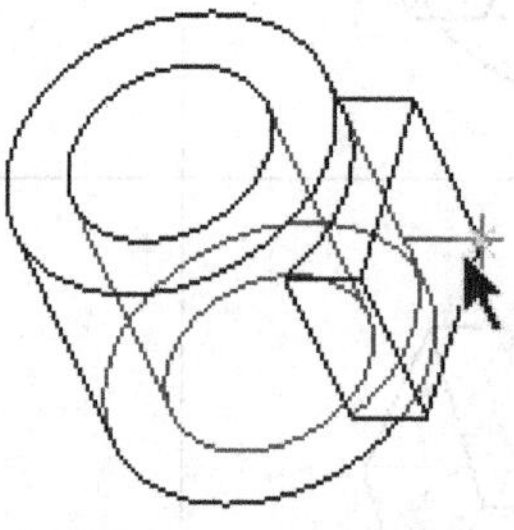	单击屏幕右边的"点" ✕✕ 按钮，再将鼠标移动到这条边的端点上，则该端点被加亮进入预选状态，此时单击即可选中该端点

如果要选择多个对象，应按〈Ctrl〉键的同时单击相关对象。

1.8.2　查询

查询选取的功能是通过右击来实现的。当鼠标附近有多个特征的时候，右击可以实现在各个特征之间的切换，使各个特征循环进入预选状态。

1.8.3　设置背景颜色

可以将系统的颜色改为合适的颜色，如白色。选择菜单"视图"→"显示设置"→"系统颜色"，如图 1-30 中①②③所示。弹出"系统颜色"对话框，单击"混合背景"复选框，取消选择该选项前面的钩☑，单击"背景"前的按钮▢，如图 1-30 中④⑤所示。系统弹出"颜色编辑器"对话框，向右拖拽 3 个 R、G、B 滑块至不能动为止，单击"关闭"按钮，再单击"确定"按钮，如图 1-30 中⑥⑦⑧所示。R、G、B 是红色、绿色和蓝色的英文缩写；"HSV"中"H"是各种颜色的滑块，"S"是调节颜色深浅的滑块，"V"是黑白色的滑块。

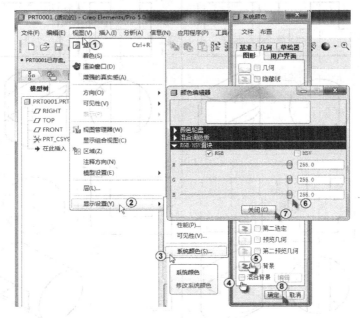

图 1-30　设置背景颜色

窗口设置和系统外观设置都需要导出到文件中，否则下次启动 Creo 5.0 时还会还原到原始状态。

1.9　习题

一、问答题

1. 如何将多边形的按钮添加到工具栏中？
2. 3D 鼠标的中键有哪些用途？
3. 如何查询一条圆弧的圆心点坐标和半径值？
4. 菜单栏中包含哪几个菜单？
5. 试说明工具栏按钮与菜单栏命令的对应关系。

二、建模题

1. 启动 Creo 5.0，建立一个 100×100×100 的正方体，如图 1-31 所示。在该模型的基础上于一表面中心位置切除一个 10×10×100 长方槽（**参见"素材文件\第 1 章\1-2"**）。

图 1-31　正方体

2. 按尺寸建立如图 1-32 所示的模型。

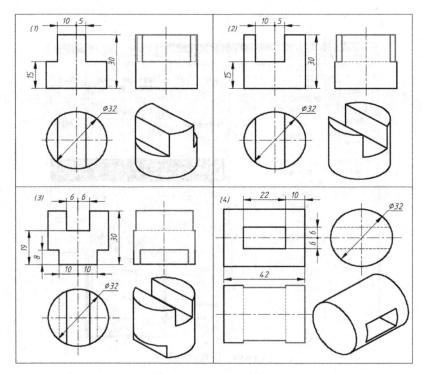

图 1-32　圆柱截交模型

三、操作题

1. 启动 Creo 5.0，熟悉系统操作界面及各部分的功能。

2. 对照表 1-2、表 1-3 和表 1-4 中所列出的主要功能选项，练习各项功能。

3. 练习文件的新建、打开和保存。

4. 练习保存副本和备份以及重命名文件的操作。

5. 打开"素材文件\第 1 章\1-1 和 1-2"，练习显示方式和材质颜色控制操作，然后退出 Creo 5.0。

第2章 基 准 特 征

本章将介绍基准特征。基准特征是零件建模的参照特征，其主要用途是辅助3D特征的创建，可作为特征截面绘制的参照面、模型定位的参照面和控制点、装配用参照面等。此外基准特征（如坐标系）还可用于计算零件的质量属性，提供制造的操作路径等。

基准特征包括：基准平面、基准轴、基准点、基准曲线、坐标系等。

2.1 基准平面

基准平面也称为基准面。在创建一般特征时，如果模型上没有合适的平面，用户可以创建基准平面作为特征截面的草绘平面及其参考平面。也可以根据一个基准平面进行标注，就好像它是一条边。基准平面的大小可以调整，以使其看起来适合零件、特征、曲面、边、轴或半径。

基准平面有两侧：橘黄色侧和灰色侧。法向方向箭头指向橘黄色侧。基准平面在屏幕中显示为橘黄色还是灰色取决于模型的方向。当装配元件、定向视图和选择草绘参考时，应注意基准平面的颜色。

2.1.1 基准平面的基础知识

基准平面在实际中是不存在的，但在零件建模的过程中却是使用最频繁的基准特征，它既可用作草绘特征的草绘平面和参照平面，也可用于放置特征的放置平面；另外，基准平面也可作为尺寸标注基准、零件装配基准等。

基准平面理论上是一个无限大的面，但为便于观察可以设定其大小，以适合于建立的参照特征。

偏移平面是以默认的工作坐标系中的3个基准平面作为参考，创建偏移一定距离的3个新基准平面。如果偏移距离为0，则新基准平面与默认的基准平面重合。

建立基准平面的操作步骤为：单击屏幕最右侧"基准"工具栏中的"平面" ▱ 按钮或选择菜单"插入"→"模型基准"→"平面"，系统弹出"基准平面"对话框。在工作窗口中为新的基准平面选择参照（若选择多个对象作为参照应按下〈Ctrl〉键），输入偏移的距离得到预览效果，如图2-1中①~④所示。单击"确定"按钮，如图2-1中⑤所示；完成基准平面的创建，结果如图2-2中①所示。

"基准平面"对话框包括"放置""显示""属性"3个选项卡。根据所选取的参照不同，该对话框各选项卡显示的内容也不相同。下面对该对话框中各选项进行简要介绍。

- 放置：选择当前存在的平面、曲面、边、点、坐标、轴、顶点等作为参照，在"偏移"选项组的"平移"文本框中输入相应的约束数据"200"。
- 显示：该选项卡包括"反向"按钮（垂直于基准面的相反方向）和"调整轮廓"复

选框（供用户调节基准面的外部轮廓尺寸），如图 2-2 中②所示。

- 属性：该选项卡显示当前基准特征的信息，也可对基准平面进行重命名，如图 2-2 中③所示。

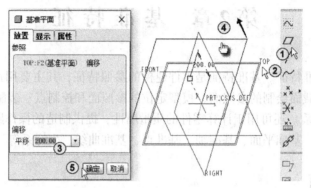

图 2-1　创建基准平面

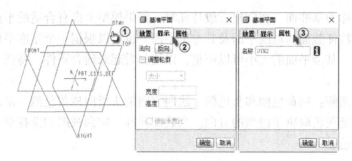

图 2-2　"基准平面"对话框

提示：

1）选择模型表面或基准平面时，只需在其附近移动光标，相应的面将高亮显示，同时光标旁也显示该面的名称，然后单击即可选中高亮显示的平面。

2）为方便捕捉参照对象，建议使用工作区右上角的智能选取过滤器工具，在其下拉列表中选定捕捉对象类型。

3）当添加多个参照时，应先按下〈Ctrl〉键，然后依次单击要选择的参照即可。

2.1.2　创建基准平面的不同方法

基准平面可用点、线或边来创建。

打开第 1 章习题中建立的正方体模型文件。

1. 用点创建基准平面

用点来创建基准平面共有 3 种方法：3 点；一点和一线；一点和曲面（非平面）。

单击屏幕最右侧"基准"工具栏中的"平面" ▱ 按钮，系统弹出"基准平面"对话框。在工作窗口中按〈Ctrl〉键选择 3 个基准点或顶点，单击"确定"按钮，完成基准平面的创建，如图 2-3 中①~⑤所示。

单击屏幕上方的"撤销" ↶ 按钮，单击屏幕最右侧"基准"工具栏中的"平面" ▱ 按钮，系统弹出"基准平面"对话框。在工作窗口中按〈Ctrl〉键选择一点和一线，单击"确定"按钮，完成基准平面的创建，如图 2-4 中①~④所示。

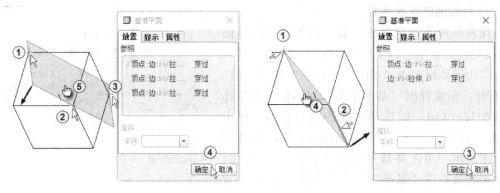

图 2-3　通过 3 点的基准平面　　　　　　图 2-4　通过 1 点和 1 线的基准平面

单击屏幕上方的"撤销"　按钮，选择菜单"插入"→"倒圆角"，如图 2-5 中①②所示。在"倒圆角"操控面板的文本框中输入"50"，在工作区中选择一条边，单击"倒圆角"操控面板中的"预览"　按钮，预览所创建的特征，预览完成后，单击"倒圆角"操控面板中的"应用并保存"　按钮，得到圆角，如图 2-5 中①~⑦所示。

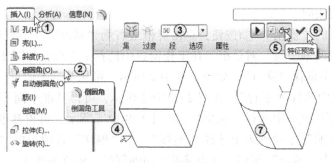

图 2-5　倒圆角

单击屏幕最右侧"基准"工具栏中的"平面"　按钮，系统弹出"基准平面"对话框。在工作窗口中按〈Ctrl〉键选择 1 点和曲面（非平面），单击"确定"按钮，完成基准平面的创建，如图 2-6 中①~④所示（**参见"素材文件\第 2 章\2-1"**）。

在模型树中右击"倒圆角 1"，从弹出的快捷菜单中选择"删除"，如图 2-7 中①②所示。模型恢复为正方体。

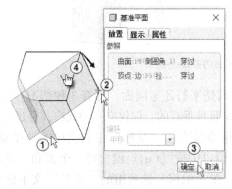

图 2-6　通过 1 点和曲面的基准平面

图 2-7　删除特征

2. 用线创建基准平面

用两条边来确定基准平面。两条边可以同面（穿过+穿过），也可以不同面（穿过+法向）。

单击屏幕最右侧"基准"工具栏中的"平面" 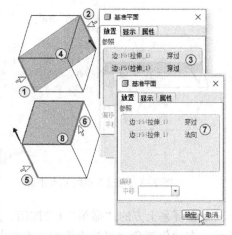 按钮，系统弹出"基准平面"对话框。在工作窗口中按〈Ctrl〉键选择同面的两条直线，单击"确定"按钮，完成基准平面的创建，如图 2-8 中①~④所示。单击屏幕上方的"撤销" ↶ 按钮，单击屏幕最右侧"基准"工具栏中的"平面" 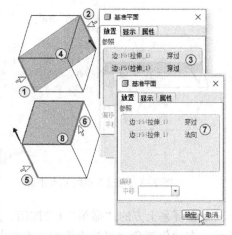 按钮，系统弹出"基准平面"对话框。在工作窗口中按〈Ctrl〉键选择不同面的两条直线，单击"确定"按钮，完成基准平面的创建，如图 2-8 中⑤~⑧所示。

图 2-8　通过两条边的基准平面

3. 用面创建基准平面

用平面来确定基准平面时，无需添加参考即可创建基准平面，基准平面可以与平面同面、偏移、平行或法向。

单击屏幕上方的"撤销" ↶ 按钮，单击屏幕最右侧"基准"工具栏中的"平面" 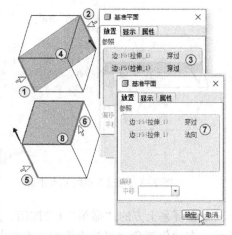 按钮，系统弹出"基准平面"对话框。在工作窗口中选择 1 个面，如图 2-9 中①所示。在"参照"下拉列表中选择"穿过"，如图 2-9 中②所示。可见基准平面可以与平面同面。在"参照"下拉列表中选择"平行"，如图 2-9 中③所示，可得基准平面，如图 2-9 中④所示。在"参照"下拉列表中选择"法向"，如图 2-9 中⑤所示，可得基准平面，如图 2-9 中⑥所示。在"参照"下拉列表中选择"偏移"，在"偏移"选项组的"平移"文本框中输入值"30"，单击"确定"按钮，完成基准平面的创建，如图 2-9 中⑦~⑨所示。

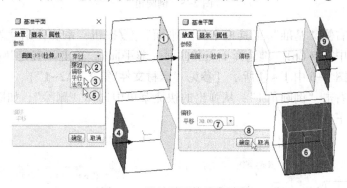

图 2-9　通过平面的基准平面

用边和平面来确定基准平面。无论边和平面是平行还是同面，都有 3 种情况：穿过+偏移；穿过+平行；穿过+法向。边和平面的组合参照是垂直的，仅仅有一种状态，穿过+法向。

单击屏幕上方的"撤销" ↶ 按钮，单击屏幕最右侧"基准"工具栏中的"平面" 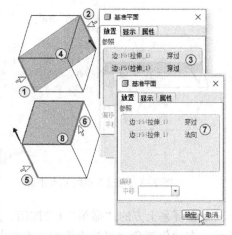 按钮，系统弹出"基准平面"对话框。在工作窗口中按〈Ctrl〉键选择一个面和一条边，在"参照"下拉列表中选择"穿过"和"偏移"，在"偏移"选项组的"旋转"文本框中输入角度值"45"，单击"确定"按钮，完成基准平面的创建，如图 2-10 中①~⑥所示。读者可自行尝试穿过+平行和穿过+法向的情况。

用曲面的方式来创建基准平面，还需要添加一个参照，这个参照可以是点、边或曲面。

单击屏幕上方的"撤销" ↶ 按钮，选择菜单"插入"→"倒圆角"，在"倒圆角"操控面板的文本框中输入"50"，在工作区中选择一条边，单击"倒圆角"操控面板中的"预览" ∞ 按钮，预览所创建的特征，预览完成后，单击"倒圆角"操控面板中的"应用并保存" ✔ 按钮，得到圆角。

单击屏幕最右侧"基准"工具栏中的"平面" ▱ 按钮，系统弹出"基准平面"对话框。在工作窗口中按〈Ctrl〉键选择一个曲面和一条边，如图2-11中①②所示，在"参照"下拉列表中选择"穿过"，如图2-11中③所示。得到的基准平面，如图2-11中④所示。在"参照"下拉列表中选择"相切"，如图2-11中⑤所示。得到的基准平面，如图2-11中⑥所示（参见"素材文件\第2章\2-2"）。单击"取消"按钮。

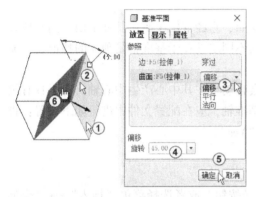

图2-10 通过边和平面的基准平面

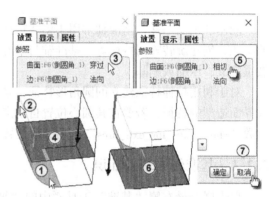

图2-11 通过边和曲面创建基准平面

可见，当边与面垂直时，边只有一种状态：法向。

综上所述，参照的状态有5种方式：穿过、偏移、平行、法向、相切。参照可以是面、边和点。

4. 用基准坐标系创建基准平面

可以通过基准坐标系创建基准平面。方法是选择当前环境下的参考坐标系，然后输入与坐标系各轴之间的间距，以此创建出所需的基准平面。

新建一个零件文件，单击屏幕最右侧"基准"工具栏中的"平面" ▱ 按钮，系统弹出"基准平面"对话框。在模型树窗口中选择基准坐标系，如图2-12中①所示，在"参照"下拉列表中选择"偏移"，在"偏移"选项组的"平移"下拉列表中选择偏移的轴，在其右侧的文本框中输入偏移距离，如图2-12中②～④所示。拖动控制滑块将基准平面手动平移到所需距离处。如果选择"穿过"，在"穿过"选项组"平面"列表框中选择穿过平面，如图2-12中⑤⑥所示。单击"确定"按钮，完成基准平面的创建。

X表示将YZ基准平面在X轴上偏移一定距离创造基准平面；Y表示将XZ基准平面在Y轴上偏移一定距离创建基准平面；Z表示将XY基准平面在Z轴上偏移一定距离创建基准平面。

XY表示通过XY平面创建基准平面；YZ表示通过YZ平面创建基准平面；ZX表示通过ZX平面创建基准平面。

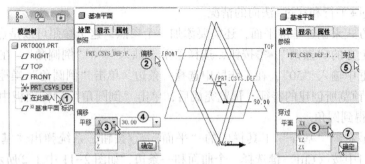

图 2-12　基准坐标系创建基准平面

2.2　基准轴

同基准平面一样，基准轴常用于创建特征的参照，它经常用于制作基准平面、同心放置的参照、创建旋转阵列特征等。基准轴与中心轴的不同之处在于基准轴是独立的特征，它能被重定义、压缩或删除。

对于利用拉伸特征建立的圆角形特征，系统会自动地在其中心产生中心轴。对于具有圆弧界面造型的特征，若要在其圆心位置自动产生基准轴，应在配置文件中进行如下设置：将参数 "show_axes_for_extr_arcs" 选项的值设置为 "Yes"。

2.2.1　基准轴的基础知识

单击屏幕最右侧 "基准" 工具栏中的 "轴" ✏ 按钮，或者选择菜单 "插入" → "模型基准" → "轴"，系统弹出 "基准轴" 对话框，其与 "基准平面" 对话框类似，有 "放置""显示" 和 "属性" 3 个选项卡，如图 2-13 中①~④所示。

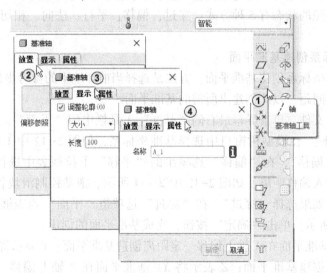

图 2-13　"基准轴" 对话框

1) "放置" 选项卡主要用来确定基准轴的参照。在 "放置" 选项卡中有 "参照" 和"偏移参照" 两个选项组。

参照：在该选项组中显示基准轴的放置参照，供用户选择使用的参照有如下3种类型。

- **穿过**：基准轴通过指定的参照。
- **法向**：基准轴垂直指定的参照。该类型还需要在"偏移参照"选项组中进一步定义或者添加辅助的点或顶点，以完全约束基准轴。
- **相切**：基准轴相切于指定的参照。该类型还需要添加辅助点或顶点以完全约束基准轴。

偏移参照：在"参照"选项组选择"法向"类型时该选项组被激活，以选择偏移参照。

2）"显示"选项卡主要用来调整基准轴的长度。如果选择"大小"选项，则需输入值来确定长度，如果选择"参照"选项，则通过选取参照来确定长度。例如，选择一条边，则基准轴的长度与边相等。

3）"属性"选项卡显示基准轴的名称和信息，也可对基准轴进行重新命名。

2.2.2 创建基准轴的不同方法

1. 用两点创建基准轴

打开已保存的模型（参见"素材文件\第2章\2-3"）。单击屏幕最右侧"基准"工具栏中的"轴" / 按钮，系统弹出"基准轴"对话框。在工作窗口中选择两个点或者基准点，如图2-14中①②所示。单击"确定"按钮，完成基准轴的创建，如图2-14中③④所示。

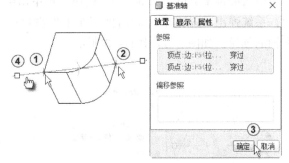

图2-14 通过两点创建基准轴

2. 用边或线创建基准轴

选取圆边或曲线、基准曲线，或是共面圆柱曲面的边作为基准轴的放置参照。选定参照后会在"基准轴"对话框中的"参照"列表框中显示。

单击屏幕上方的"撤销" ↶ 按钮，再单击屏幕最右侧"基准"工具栏中的"轴" / 按钮，系统弹出"基准轴"对话框。在工作窗口中选择一条圆边，选定参照的默认约束类型为"中心"，随即显示基准轴预览，如图2-15中①~③所示。单击"基准轴"对话框中的"显示"选项卡，选中"调整轮廓"复选框，在"长度"文本框中输入"300"，单击"确定"按钮，完成基准轴的创建，如图2-15中④~⑦所示。

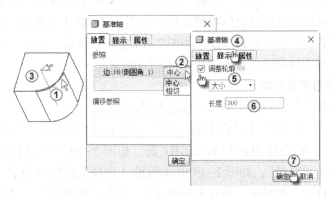

图2-15 通过边创建基准轴

如果约束类型为"中心"，则会穿过选定圆边或曲线的中心，以垂直于选定曲线或边所在的平面方向创建基准轴。如果约束类型为"相切"，则会约束所创建的基准轴与曲线相切。读者可查看参照的约束类型为"相切"的情况。

3. 用曲线和点创建基准轴

选择一条曲线或边及其终点，创建一通过终点和曲线切点的基准轴。

单击屏幕上方的"撤销" ↺ 按钮，再单击屏幕最右侧"基准"工具栏中的"轴" ╱ 按钮，系统弹出"基准轴"对话框。在工作窗口中选择一条圆边和一个点，如图2-16中①②所示。单击"确定"按钮，完成基准轴的创建，如图2-16中③④所示。

4. 用柱面创建基准轴

选择一个柱面，产生通过柱面回转中心的基准轴。

单击屏幕上方的"撤销" ↺ 按钮，再单击屏幕最右侧"基准"工具栏中的"轴" ╱ 按钮，系统弹出"基准轴"对话框。在工作窗口中选择圆柱面，单击"确定"按钮，完成基准轴的创建，如图2-17中①~③所示。

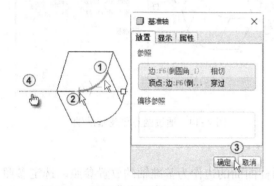
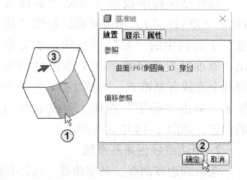

图2-16　通过曲线及其终点创建基准轴　　　　图2-17　通过柱面创建基准轴

5. 用面创建基准轴

选择一个面后，通过拖动滑块标注尺寸，产生垂直于该面的基准轴。

单击屏幕上方的"撤销" ↺ 按钮，再单击屏幕最右侧"基准"工具栏中的"轴" ╱ 按钮，系统弹出"基准轴"对话框。在工作窗口中选择一个面，选定的面会出现在"参照"列表框中，选择参照的约束类型为"法向"，如图2-18中①②所示。可预览垂直于选定面的基准轴。此时所选面上出现绿色的控制滑块，如图2-18中③④所示。拖动偏移参照控制滑块到另外的面或者边上选取偏移参照，如图2-18中⑤⑥所示。单击"确定"按钮，完成两个偏移参照创建基准轴的操作，如图2-18中⑦⑧所示。

6. 用相交平面创建基准轴

相交平面可以是模型中的面，也可以是基准平面。

单击屏幕最右侧"基准"工具栏中的"轴" ╱ 按钮，系统弹出"基准轴"对话框。在工作窗口中按〈Ctrl〉键选择 TOP 面和 RIGHT 面，如图2-19中①②所示。在"参照"下拉列表中自动选择了"穿过"，如图2-19中③所示（选择基准轴参照后，如果参照能完全约束基准轴，系统自动添加约束，并且不能更改）。单击"基准轴"对话框中的"显示"选项卡，选中"调整轮廓"复选框，在"长度"文本框中输入"700"（如果基准轴的长度变

动不是很大，可以拖动工作区中轴的两端点进行长度调整），如图 2-19 中④~⑥所示。单击
"确定"按钮，完成基准轴的创建，如图 2-19 中⑦⑧所示。

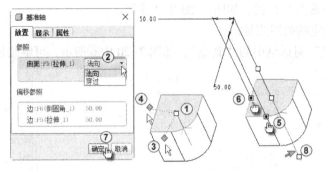

图 2-18　通过平面和标注创建基准轴

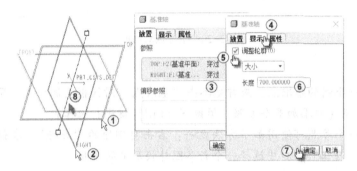

图 2-19　两平面相交创建基准轴

2.3　基准点

基准点的用途非常广泛，既可用于辅助建立其他基准特征，也可辅助定义特征的位置。
在几何建模时可将基准点用作构造元素或用作进行计算和模型分析的已知点。可随时向模型
中添加点，即便在创建另一个特征的过程中也可执行此操作。

2.3.1　基准点的基础知识

本节介绍创建位于模型实体上或偏离模型实体的基准点。

打开模型，选择 1 条边，单击屏幕最右侧"基准"工具栏中的"点" ✕✕ 按钮，或者选
择菜单"插入"→"模型基准"→"点"→"点"，如图 2-20 中①所示。系统弹出"基准
点"对话框，其与"基准平面"对话框类似，有"放置"（定义基准点的位置）和"属性"
（显示特征信息、修改特征名称）两个选项卡。

"放置"选项卡各部分的功能说明如下：

1) 参照：在"基准点"对话框左侧的基准点列表中，系统默认选择了一个基准点，
"参照"列表框列出生成该基准点的放置参照，如图 2-20 中②所示。

2) 偏移：显示并可以定义点的偏移尺寸。明确偏移尺寸有两种方法：明确偏移比率和
明确实数（实际长度），如图 2-20 中③所示。

3）偏移参照：列出标注点到模型尺寸的参照。有如下两种方式：

● 曲线末端：从选择的曲线或边的端点测量长度，要使用另一个端点作为偏移基点，则单击"下一端点"按钮，如图2-20中④⑤所示。

● 参照：从选定的参照测量距离。

单击"基准点"对话框中的"新点"，如图2-20中⑥所示，可继续创建新的基准点。

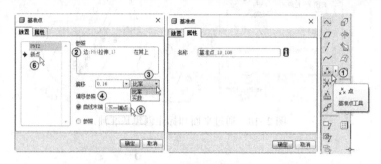

图2-20　基准点对话框

提示：

1）要添加一个新的基准点，应首先单击"基准点"对话框左侧列表框显示的"新点"，然后选择一个参照（要添加多个参照，须按下〈Ctrl〉键进行选择）。

2）要移走一个参照可使用如下方法之一：右击要删除的"参照"，在弹出的快捷菜单中选择"移除"。在工作窗口中选择一个新参照替换原来的参照。

2.3.2　创建基准点的不同方法

（1）在曲面上创建基准点

单击屏幕最右侧"基准"工具栏中的"点" ⚒ 按钮，系统弹出"基准点"对话框。在工作窗口中选择一个面，如图2-21中①所示。即可预览基准点，此点没有定位，可以自由

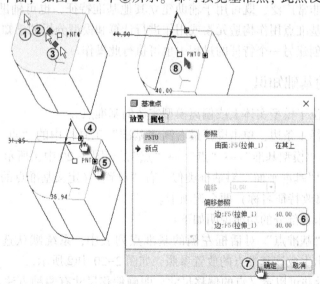

图2-21　曲面上创建基准点

移动。如图2-21中②③所示,拖动基准点上的绿色滑块引导点到模型边上,如图2-21中④⑤所示。随后即可显示基准点到该边的定位距离,在"基准点"对话框中设置其到边线的距离,单击"确定"按钮,完成基准点的绘制,如图2-21中⑥~⑧所示。

(2)在曲线上创建基准点

单击屏幕最右侧"基准"工具栏中的"点" ✗✗按钮,系统弹出"基准点"对话框。在工作窗口中选择一条基准曲线或特征的边线,如图2-22中①所示,系统会在曲线上自动放置一基准点,然后通过拖动或在"基准点"对话框中输入数值来确定基准点的位置,最后单击"确定"按钮,如图2-22中②~④所示。

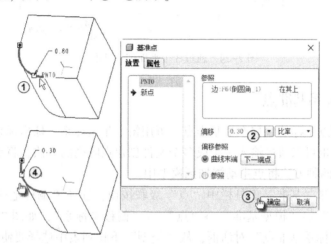

图2-22 曲线上创建基准点

(3)在特征的定点上创建基准点

单击屏幕最右侧"基准"工具栏中的"点" ✗✗按钮,系统弹出"基准点"对话框。在工作窗口中选择一个点,如图2-23中①所示,在"参照"下拉列表中系统自动选择了"在其上",如图2-23中②所示,单击"确定"按钮。

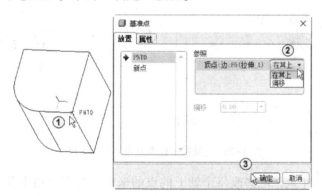

图2-23 特征定点上创建基准点

(4)通过互不平行的3个平面创建基准点

单击屏幕最右侧"基准"工具栏中的"点" ✗✗按钮,系统弹出"基准点"对话框。在工作窗口中选择3个互不平行的平面,如图2-24中①~③所示,系统会自动在3个平面的交点上放置一基准点，单击"确定"按钮，如图 2-24 中④⑤所示。

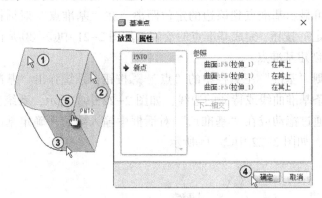

图 2-24　通过 3 个平面创建基准点

2.3.3　偏移坐标系基准点

可以通过指定点坐标的偏移产生基准点。可用笛卡尔坐标系、球坐标系或柱坐标系来实现基准点的建立；也可以通过输入一个或多个文件创建点阵列的方法，将点手动添加到模型中，或同时使用这两种方法将点手动添加到模型中。

单击屏幕最右侧"基准"工具栏中"点"级联按钮，选择"偏移坐标系" ✖ 按钮，或者选择菜单"插入"→"模型基准"→"点"→"偏移坐标系"，如图 2-25 中①②所示。系统弹出"偏移坐标系基准点"对话框，从"类型"下拉列表中选择要使用的坐标系类型，此处选择"笛卡儿"坐标系类型。在工作窗口或模型树中，选取用于放置点参考坐标系，如图 2-25 中③④所示。单击点列表中的单元格，如图 2-25 中⑤所示。

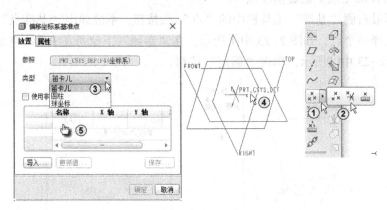

图 2-25　"偏移坐标系基准点"对话框

系统自动添加一个点，可修改每个轴上的点的坐标。对于"笛卡儿"坐标系，必须输入 X 轴、Y 轴和 Z 轴上的距离，如图 2-26 中①所示。新点即出现在工作窗口中，并带有一个拖动控制滑块（以白色矩形标识），如图 2-26 中②所示。通过沿坐标系的每个轴拖动该点的控制滑块，可手工调整点的位置。要添加其他点，可单击表中的下一行，然后输入该点的坐标。单击"确定"按钮或单击"保存"按钮，保存添加的点，如图 2-26 中③所示。

"偏移坐标系基准点"对话框介绍如下：

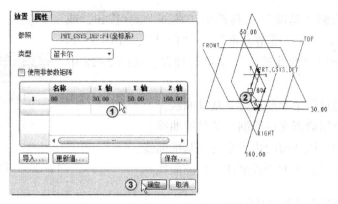

图 2-26　偏移坐标系基准点的修改

- "参照"文本框：选定参照坐标系。
- "类型"下拉列表：在该下拉列表中选择坐标系的类型，坐标系的类型有"笛卡儿""球坐标"和"柱坐标"。
- "导入"按钮：通过从文件读取偏移值来添加点。
- "更新值"按钮：使用文本编辑器输入坐标，建立基准点。
- "保存"按钮：将点的坐标保存为一个 .pts 文件。
- "使用非参数矩阵"复选框：移走尺寸并将点数据转换为一个参数化、不可修改的数列。
- "确定"：完成基准点的创建并退出对话框。

2.3.4　域点

域点是与分析一起使用的基准点。域点定义了一个从中选定它的域（曲线、边、面或面组都属于域）。由于域点属于整个域，所以它不需要标注。要改变域点的域，必须编辑特征的定义。

打开模型，单击屏幕最右侧"基准"工具栏中"点"一级联按钮，选择"域" 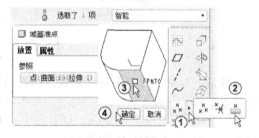 按钮，或者选择菜单"插入"→"模型基准"→"点"→"域"，如图 2-27 中①②所示。系统弹出"域基准点"对话框。在工作窗口中，选取模型上的一个面来放置域点，如图 2-27 中③所示。然后将基准点放置在域中，单击"确定"按钮，完成基准点的绘制。

图 2-27　"域基准点"对话框

2.4　基准曲线

除了输入的几何体之外，系统中所有三维几何体的建立均起始于二维截面。基准曲线是有形状和大小的虚拟线条，但是没有方向、体积和质量。基准曲线可以用来创建和修改曲面，也可以作为扫描轨迹线或创建圆角的参照特征。此外，基准曲线在绘制或修改曲面时也扮演着重要角色。

单击屏幕最右侧"基准"工具栏中"曲线" ∼ 按钮，或者选择菜单"插入"→"模型基准"→"曲线"，如图 2-28 中①所示，系统弹出"曲线选项"菜单管理器，如图 2-28 中②所示。

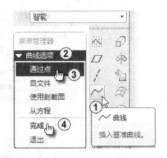

- 通过点：通过数个参照点建立基准曲线。
- 自文件：使用数据文件绘制一条基准曲线。
- 使用剖截面：用截面的边界来建立基准曲线。
- 从方程：通过输入方程式来建立基准曲线

图 2-28 "曲线选项"菜单管理器

2.4.1 通过点创建基准曲线

选择"曲线选项"菜单管理器中的"通过点"后，再单击下方的"完成"选项，如图 2-28 中③④所示。系统弹出"曲线：通过点"对话框、菜单管理器以及"选取"对话框，如图 2-29 中①②所示。在工作窗口中按〈Ctrl〉键选择两个点，如图 2-29 中③④所示，可以创建直线，系统会同时显示一条带箭头的基准曲线。按〈Ctrl〉键再选择一个点，如图 2-29 中⑤所示，则可创建样条曲线或直线。单击"确定"按钮，完成基准曲线的绘制。

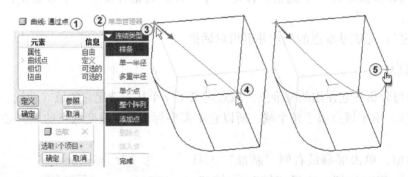

图 2-29 通过点创建基准曲线

提示：如果在曲面上创建曲线，曲面必须是单个曲面，并且参照点也在同一平面上，否则弹出警告对话框。

2.4.2 自文件创建基准曲线

如图 2-28 所示选择"自文件"后，再单击下方的"完成"选项。系统弹出"得到坐标系"菜单管理器以及"选取"对话框，如图 2-30 中①②所示。在工作窗口中选择坐标系，如图 2-30 中③所示。系统弹出"打开"对话框，选择已经保存好的"111.ibl"文件，再单击"打开"按钮，完成基准曲线的绘制，如图 2-30 中④~⑥所示。"111.ibl"文件的内容如图 2-31 所示。

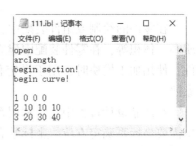

图 2-30　自文件创建基准曲线　　　　　　　图 2-31　"111.ibl" 文件内容

2.4.3　从方程创建基准曲线

只要曲线不自交，就可以通过"从方程"选项由方程创建基准曲线。选择"从方程"后，再单击下方的"完成"选项，系统弹出"曲线：从方程"对话框、"得到坐标系"菜单管理器以及"选取"对话框，如图 2-32 中①～③所示。在工作区或者模型树中选择坐标系，如图 2-32 中④所示。系统弹出"设置坐标系类型"菜单管理器，选取坐标系类型为"圆柱"，如图 2-32 中⑤所示。系统弹出编辑方程的"记事本"文件，在"记事本"文件中编辑曲线的方程，如图 2-33 中①所示。编辑完成后选择菜单"文件"→"保存"，关闭"记事本"文件，单击"确定"按钮。在工作区中即可出现与方程相一致的基准曲线，如图 2-33 中②所示。

图 2-32　坐标系类型

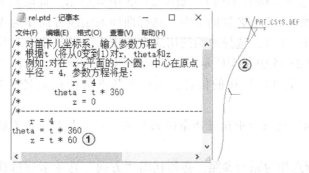

图 2-33　通过方程得到的基准曲线

2.5 基准坐标系

在零件的绘制或组件装配中，坐标系可用来辅助进行下列工作：辅助计算零件的质量、质心、体积等；在零件装配中建立坐标系约束条件；在进行有限元分析时，辅助建立约束条件；使用加工模块时，用于设定程序原点；辅助建立其他基准特征；使用坐标系作为定位参照。

在产品设计过程中，常利用系统的坐标功能来确定特征的位置，一些机械标准件的加载也需要坐标系确定方位。坐标系有如图 2-34 所示的 3 种类型。

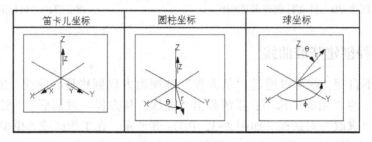

图 2-34　坐标系类型

坐标系是可以添加到零件和组件中的参照特征。一个基准坐标系需要 6 个参照量，其中 3 个相对独立的参照量用于原点的定位，另外 3 个参照量用于坐标系的定向。

确定坐标系的参照可以是点、线和面。

2.5.1 以点创建基准坐标系

点可以是基准点，也可以是模型上的顶点。以点来创建坐标系，需要为坐标系指定其中两条轴的方向。

单击屏幕最右侧"基准"工具栏中"坐标系" 按钮，或者选择菜单"插入"→"模型基准"→"坐标系"，如图 2-35 中①所示。系统弹出"坐标系"对话框，该对话框包括"原点""方向""属性"3 个选项卡。在工作窗口中选择一个点（用来确定坐标系原点的参照），如图 2-35 中②所示。单击"方向"选项卡（在"原点"选项卡中的选项不同，"方向"选项卡显示的选项也略有不同），如图 2-35 中③所示。此时可设定坐标轴的位置，用来确定坐标系 X 轴、Y 轴、Z 轴的方向。选择曲面的法线方向作为 X 轴（单击"反向"按钮可改变 X 轴的正方向），选择曲面的切线方向作为 Y 轴（单击"反向"按钮可改变 Y 轴的正方向），如图 2-35 中④⑤所示。单击"属性"选项卡，如图 2-35 中⑥所示。在该选项卡上可观察当前基准特征的信息，也可对基准特征重命名。单击"确定"按钮，建立坐标系。

提示：在"方向"选项卡中设置两条轴的参照，一定是互为垂直的直线或平面，否则不能创建坐标系。

如果选择一个顶点作为原始参照，必须利用"方向"选项卡通过选择坐标轴的参照确定坐标轴的方位。无论是通过选取坐标系还是选取平面、边或点作为参照，要完全定位一个新的坐标系，至少应选择两个参照对象。

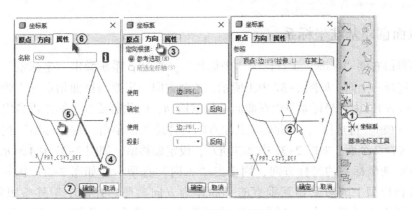

图 2-35 "坐标系"对话框

1. "原点"选项卡的各功能选项说明

- 参照：显示选择的参照坐标系或参照对象。
- 偏移类型：在其下拉列表中选择需要的偏移坐标系方式。选择的坐标系类型不同，显示的坐标参数也有所不同。

2. "方向"选项卡相应选项说明

- 参照选取：通过选择任意两个坐标轴的方向参照来定位坐标系。
- 所选坐标轴：在"原点"选项卡的"参照"列表框中选择"坐标系"，该项才能被激活。

单击屏幕最右侧"基准"工具栏中"坐标系" ⓧ 按钮，系统弹出"坐标系"对话框，在工作窗口中选择坐标系的放置参照为坐标系 CS0，如图 2-36 中①所示。选定坐标系的类型并设定偏移值，如图 2-36 中②③所示。若需设定新坐标系的坐标方向，则单击"方向"选项卡，在打开的"方向"选项卡中设定新坐标系，如图 2-36 中④所示。单击"确定"按钮，得到新的坐标系，如图 2-36 中⑤⑥所示（参见"素材文件\第 2 章\2-4"）。

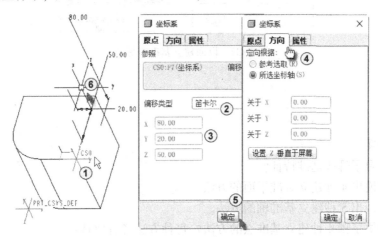

图 2-36 选择坐标系作为参照

选择曲线或模型边缘来指定坐标系原点时，需要为坐标系再指定一条曲线或边，两条边的交点就是坐标系原点，此外还要为坐标系的两条轴指定方向。其余操作同上。

2.5.2　以面创建基准坐标系

单击屏幕最右侧"基准"工具栏中"坐标系"↗按钮，系统弹出"坐标系"对话框。在工作窗口中选择一个面，如图 2-37 中①所示，Z 轴方向一定要与该面相垂（不管将原点移动至面的任何位置）。由于坐标系可以在曲面上任意拖动，因此需要为坐标系再指定两个偏移参照（须按住〈Ctrl〉键选择），以此确定其原点的具体位置。单击"偏移参照"列表框后，在工作窗口中选择 2 个面，如图 2-37 中②③所示，设定偏移值，如图 2-37 中④所示。

若需设定新坐标系的坐标方向，则单击"方向"选项卡，如图 2-37 中⑤所示。在工作窗口中选择模型上的两个相互垂直的平面作为方向参照。在两个偏移参照指定的同时也确定了 X 轴和 Y 轴的方向，如图 2-37 中⑥⑦所示。单击"确定"按钮，得到新的坐标系，如图 2-37 中⑧⑨所示（参见"素材文件\第 2 章\2-5"）。

提示：位于坐标系中心的拖动控制滑块允许沿参照坐标系的任意一个轴拖动坐标系。要改变方向，可将鼠标指针悬停在拖动控制滑块上方，然后向着其中的一个轴移动鼠标指针；在向着轴移动鼠标指针的同时，拖动控制滑块会改变方向。

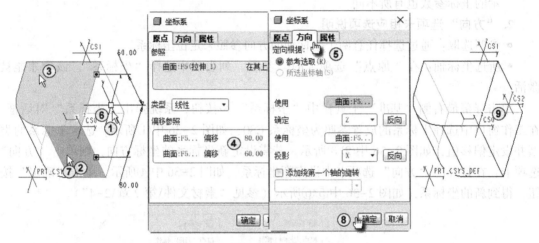

图 2-37　以面建立基准坐标系

2.6　习题

一、问答题

1. 本章学习了哪些基准特征？
2. 请至少说出 4 种建立基准平面的方法。
3. 请至少说出 5 种建立基准轴的方法。
4. 系统提供了哪 4 种建立基准点的方法？每种方法各有何特点？
5. 简述草绘基准点的操作步骤。
6. 系统中坐标系扮演着重要角色，它一般用在哪些场合？

二、操作题

1. 建立如图 2-38 所示的基准平面（参见"素材文件\第 2 章\2-6"）。

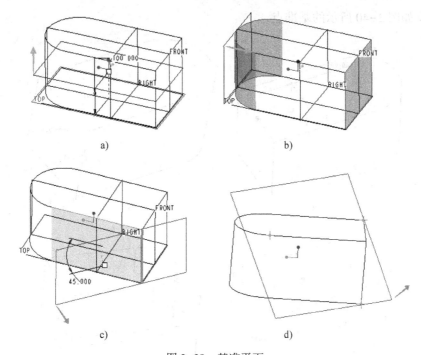

图 2-38　基准平面

a）平面偏距　b）相切和平行　c）穿过和角度　d）三点平面

2. 建立如图 2-39 所示的基准轴。

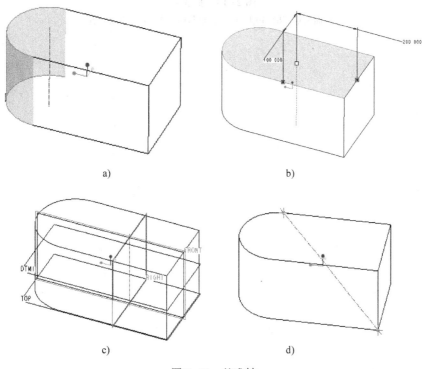

图 2-39　基准轴

a）基于柱面　b）线性标注　c）两平面相交　d）两点轴线

3. 建立如图 2-40 所示的基准点。

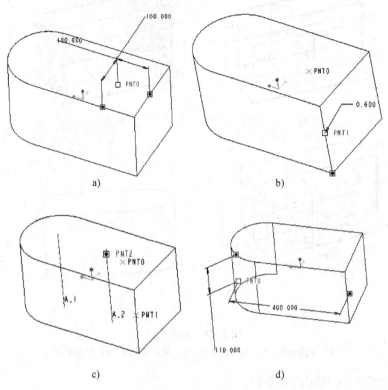

图 2-40 基准点

a) 面上点 b) 边上点 c) 轴与面交点 d) 曲面上点

第 3 章　草 图 绘 制

草图是位于指定平面上的曲线和点的集合。当需要对构成特征的曲线轮廓进行参数控制时，使用草图非常方便。

参数化草图绘制是创建各种零件特征的基础，它贯穿整个零件建模过程，不论 3D 特征的创建、工程图的创建还是 2D 组装示意图的创建都要用到它。

使用草绘器可以实现对曲线的参数化控制，主要用于以下几个方面：

1）需要对图形进行参数化驱动时。

2）用草图建立采用标准成形特征无法实现的形状。

3）如果形状可以用拉伸、旋转或沿导线扫描的方法建立，可将草图作为模型的基础特征。

4）将草图作为自由形状特征的控制线。

本章主要介绍 Creo 5.0 的草绘环境和草图绘制的方法，为学习后面的内容做准备。

3.1　激活草绘器

有两种方法可以激活草绘器进入草绘界面，一种是在创建零件特征时定义一个草绘平面；另一种是直接建立草绘。前者是首先在内存中建立草绘，然后把它包含在特征中；而后者是直接建立草绘文件，并将它保存在硬盘上，在创建特征时可直接调用该文件。

3.1.1　创建草绘文件激活草绘器

通过新建一个草绘文件，激活草绘器并进入草图绘制环境。这种方式建立的草绘截面可以单独保存，并且在创建特征时可重复调用该文件。建议最好不用这种方式。

单击快速访问工具栏中的"新建"按钮，系统弹出"新建"对话框，在"类型"选项组中选择"草绘"，在"名称"文本框输入名称，或接受系统默认的文件名"s2d0001"，单击"确定"按钮，如图 3-1 中①~③所示。系统进入草绘工作界面。

图 3-1　创建草绘文件激活草绘器

3.1.2　在零件环境中激活草绘器

单击工具栏中的"新建"按钮，系统弹出"新建"对话框，在"类型"选项组中选择"零件"，在"名称"文本框输入名称，或接受系统默认的文件名"prt0001"，单击"确定"按钮，如图 3-2 中①~③所示。

单击"基准"工具栏的"草绘" 按钮，如图3-2中④所示。系统弹出"草绘"对话框。在工作窗口或者模型树中，选取一个基准平面（此处是"TOP"）作为草绘平面，再单击"草绘"话框中的"草绘"按钮，也可激活草绘器，如图3-2中⑤⑥所示。

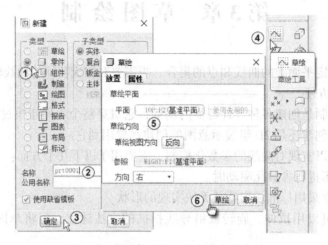

图3-2 在零件设计环境中激活草绘器

在零件设计环境中，插入某个特征，可以打开特征操控面板。例如，创建拉伸特征，在其操控面板中激活"草绘"对话框后，选取一个面作为草绘平面，同样可以激活草绘器并进入草图绘制环境。

3.2 草图的基本知识

草绘工作界面的特点是：在主菜单中新增"草绘"菜单；在上工具栏中新增"草绘器"和"草绘诊断工具"工具栏；在右工具栏中新增草绘命令工具栏，如图3-3中①～③所示。

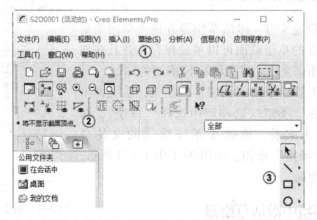

图3-3 新增"草绘显示控制器"和"草绘诊断工具"工具栏

"草绘器"和"草绘诊断工具"工具栏中的命令按钮说明见表3-1。

表 3-1 "草绘器"和"草绘诊断工具"工具栏中的命令按钮说明

按　钮	说　　明	图　　例
	控制草图中是否显示尺寸	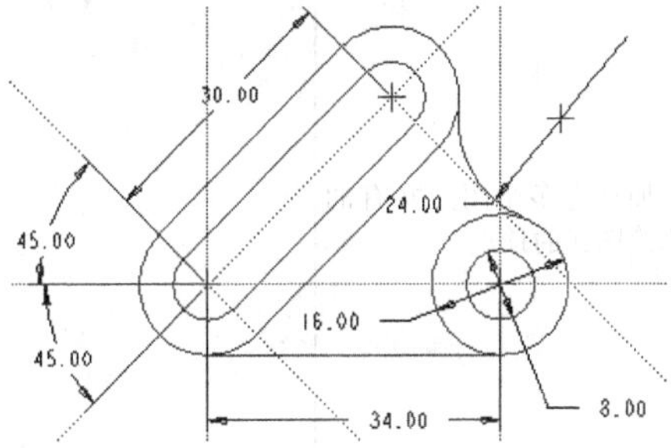
	控制草图中是否显示几何约束	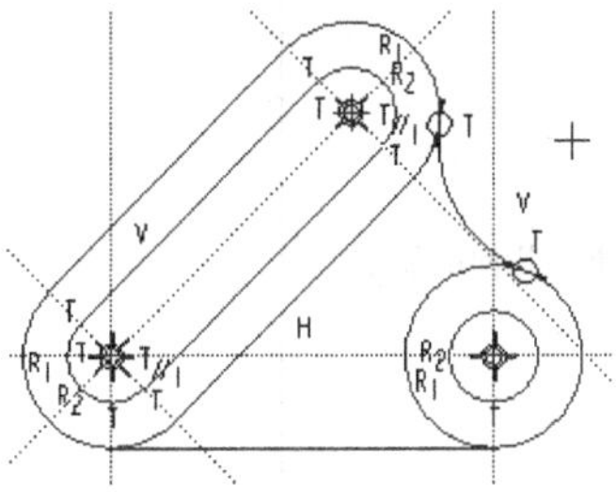
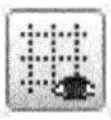	控制草图中是否显示网格	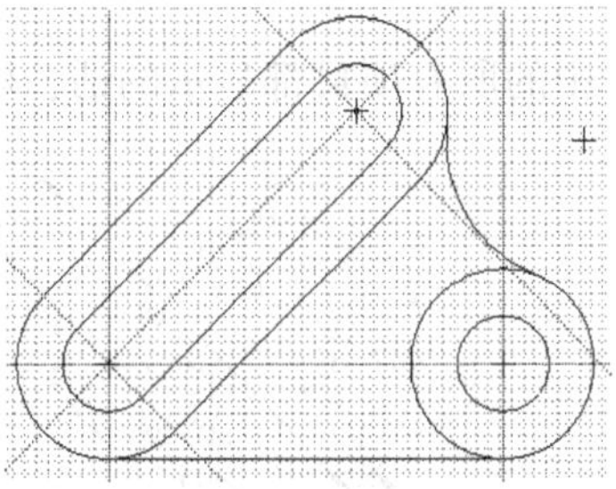
	控制草图中是否显示草绘实体端点	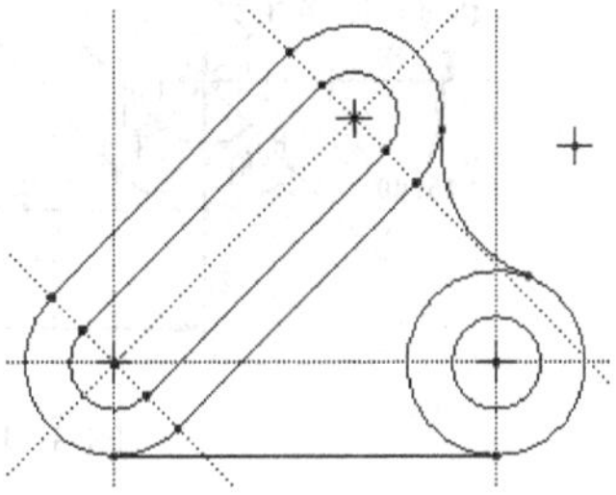
	对草绘图元的封闭链内部进行着色	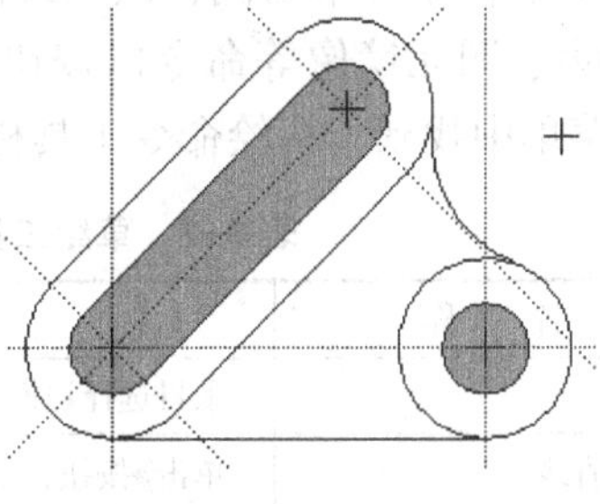

47

按　钮	说　明	图　例
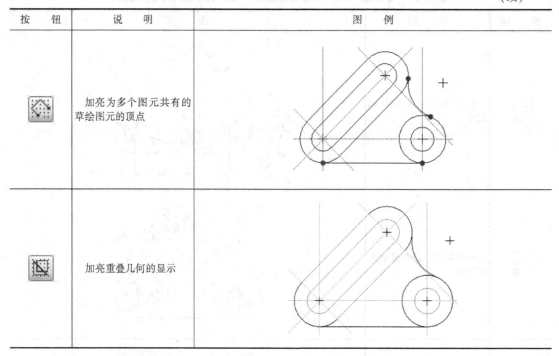	加亮为多个图元共有的草绘图元的顶点	
	加亮重叠几何的显示	

　　若让表3-1中的所有项目都显示的话，则草图结果如图3-4所示。

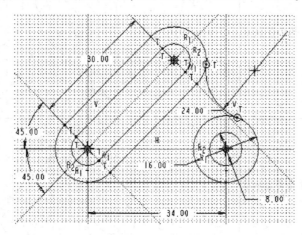

图3-4　示例草图

　　草绘命令工具栏位于屏幕右侧，该工具栏中将绘制草图的各种绘制命令、尺寸标注、尺寸修改、几何约束、图元镜像等命令以按钮的形式给出，与之对应的草绘命令也可在菜单"草绘"的下拉菜单中找到。草绘命令工具栏中各命令按钮的功能说明见表3-2。

表3-2　草绘工具栏中命令按钮说明

按　钮	名　称	说　明
	依次	项目选择切换按钮，处于按下状态时为选取对象模式
	绘制直线	单击▶按钮，系统弹出4种绘制直线的按钮

按　　钮	名　　称	说　　明
＼	实线	创建两点直线，显示为实线，通常用于实体模型截面图形中直线的绘制
✕	直线相切	创建与两实体相切的直线，实体为圆或圆弧
⋮	中心线	创建两点中心线，显示为虚线，且无限延伸。中心线为构造中心线，不参与建模，只起辅助线的作用
┆	几何中心线	创建两点几何中心线，作为对称图形中的辅助线。绘制完成退出草绘后，会在模型中形成一条基准轴
▢▸	绘制四边形	单击▸按钮，系统弹出 3 种绘制四边形的按钮
▢	矩形	通过两对角点绘制矩形
◇	斜矩形	通过先绘制一条边（方向任意）再确定矩形的宽度来绘制矩形
▱	平行四边形	通过先绘制一条边（方向任意）再确定另一条边上的一点来绘制平行四边形
◎▸	绘制圆和椭圆	单击▸按钮，系统弹出 6 种绘制圆或椭圆的命令
○	圆心和点	通过确定圆心和半径上的 1 点绘制圆
◎	同心	在草绘中已有圆或圆弧的情况下绘制它们的同心圆
○	3 点	通过确定 3 点的方式绘制圆
◌	3 相切	绘制与 3 个实体相切的圆
⊘	轴端点椭圆	通过先绘制椭圆一个轴的两个端点，再拖动鼠标确定另一个轴的长度的方法来绘制椭圆
⊘	中心和轴椭圆	通过先绘制椭圆中心和一个轴的一个端点，再拖动鼠标确定另一个轴的长度的方法来绘制椭圆
⌒▸	绘制圆弧	单击▸按钮，系统弹出 5 种绘制圆弧的命令按钮
⌒	3 点/相切端	通过 3 点绘制圆弧，或通过在其端点与图元相切绘制圆弧
⌇	同心	在草绘中已有圆或圆弧的情况下绘制它们的同心圆弧
⌒	圆心和端点	通过确定的中心和圆弧两端点绘制圆弧
⌂	3 相切	创建与 3 个实体相切的圆弧
⌒	圆锥	通过先绘制两点确定圆锥曲线的两端点，再拖动鼠标确定圆锥曲线弧形状的方法来创建圆锥曲线
⺊▸	绘制圆角	单击▸按钮，系统弹出两种绘制圆角的命令按钮
⺊	圆形	创建与两图元相切的圆角
⺊	椭圆形	创建与两图元相切的椭圆圆角
⟋▸	绘制倒角	单击▸按钮，系统弹出两种绘制倒角的命令按钮
⟋	倒角	通过选择两条相交的直线对两相交的直线进行倒角，倒角后被倒掉的线段用虚线显示
⟋	倒角修剪	通过选择两条相交的直线对两相交的直线进行倒角，倒角后被倒掉的线段被删除
∿	样条	绘制样条曲线
✕▸	创建坐标系或点	单击▸按钮，系统弹出 4 种绘制命令
✕	点	单击创建点，该点为构造点，起参照作用，不参与实体建模
✕	几何点	单击创建点，该点为几何点，参与实体建模
⊥	坐标系	单击创建坐标系，该坐标系为构造坐标系，起参照作用，不参与实体建模

按　钮	名　　称	说　　明
几何坐标系	几何坐标系	单击创建坐标系，该坐标系为几何坐标系，参与实体建模。绘制完成后会在实体模型中形成一个基准坐标系
使用边界图元	使用边界图元	单击▶按钮，系统弹出 3 种使用边界图元的按钮。只有在工作环境中已有其他创建好的特征的边界时，该命令才处于可用状态
使用	使用	使用已有的几何边界作为草绘图元
偏移	偏移	选择已有的边界，并给定偏移量，得到的偏移线作为草绘图元
加厚	加厚	选择已有的边界并给定厚度和偏移量，所得线作为草绘图元
人工标注尺寸	人工标注尺寸	单击▶按钮系统弹出 4 种用于标注的按钮
法向	法向	选择要标注的图元，再将鼠标移动到要放置所标尺寸的位置单击中键（滚轮鼠标为滚轮）即可完成尺寸的标注
周长	周长	
参照	参照	
基线	基线	
修改	修改	修改尺寸值，样条几何或文本图元
对图元施加几何约束	对图元施加几何约束	单击▶按钮，系统弹出 9 种创建约束按钮
竖直	竖直	使线或两点垂直
水平	水平	使线或两点水平
垂直	垂直	使两图元正交
相切	相切	使两图元相切
中点	中点	在线或弧的中间放置点
重合	重合	创建相同点、图元中的点或共线约束
对称	对称	使两点或顶点关于中心线对称
相等	相等	创建等长、等半径、等尺寸或相同曲率的约束
平行	平行	使两条线平行
文本	文本	创建文字作为草绘图
调色板	调色板	将调色板中的外部数据插入到当前绘图区域中
修剪图元	修剪图元	单击▶按钮，系统弹出 3 种修剪图元的命令按钮
删除段	删除段	动态修剪图元，按住左键拖动鼠标，鼠标指针经过的图元将被删除
拐角	拐角	将图元修剪或延伸到其他图元
分割	分割	在选取点的位置分割图元
操作图元	操作图元	单击▶按钮，系统弹出两种操作图元的命令按钮。只有先选定一个图元该命令才处于可用状态
镜像	镜像	对选定图元进行镜像
移动和调整大小	移动和调整大小	对选定图元缩放和旋转

3.3　草图的绘制

当选择某一种草绘命令时鼠标指针会发生变化，在鼠标指针箭头上会多一个小的十字叉

$\searrow$ ，表示当前处于图形绘制状态。在草图绘制过程中选择某一绘图命令完成图元绘制时，单击鼠标中键（即滚轮）可退出当前图形的绘制（如绘制直线）或退出当前的绘图命令（如绘制圆）回到鼠标指针选取状态，工具栏中的"依次" $\searrow$ 按钮变成选中的状态。进行实体建模的草图绘制时，再次单击鼠标中键可确认草绘图形并退出当前的草绘，回到实体建模状态。草图绘制时尺寸的显示与关闭可以通过上工具栏中的"显示尺寸" 按钮来控制。

线的绘制说明见表 3-3。

表 3-3　线的绘制

按　钮	名　　称	绘制步骤	说　　明
＼	线		单击"草绘器"工具栏中的"线" ＼ 按钮，或选择菜单"草绘"→"线"→"线"。在工作区单击，确定线的方向和长度
＼	直线相切		单击"草绘器"工具栏中的"直线相切" ＼ 按钮，或选择菜单"草绘"→"线"→"直线相切"。在工作区中圆或圆弧的切点附近单击，确定切线的方向，可以为内切或外切
┊	中心线		单击"草绘器"工具栏中的"中心线" 按钮，或选择菜单"草绘"→"线"→"中心线"。在工作区单击确定两点，并通过这两点来确定中心线的方向，可以绘制水平、竖直或倾斜的中心线
┊	几何中心线		单击"草绘器"工具栏中的"几何中心线" 按钮，或选择菜单"草绘"→"线"→"几何中心线"。在工作区单击确定两点，并通过这两点来确定中心线的方向，可以绘制水平、竖直或倾斜的中心线。绘制完成后会在模型中形成一条基准轴

四边形绘制说明见表 3-4。

表 3-4　四边形绘制

按　钮	名　　称	绘制步骤	说　　明
▢	矩形		单击"草绘器"工具栏中的"矩形" ▢ 按钮，或选择菜单"草绘"→"矩形"→"矩形"。在工作区单击确定矩形的两对角点，进而确定矩形的大小
◇	斜矩形		单击"草绘器"工具栏中的"斜矩形" ◇ 按钮，或选择菜单"草绘"→"矩形"→"斜矩形"。在工作区单击确定两点，先通过这两点来确定斜矩形底边的长度和底边的倾斜度，再移动鼠标指针来确定斜矩形另一条边的长度，符合要求后单击即可完成绘制
▱	平行四边形		单击"草绘器"工具栏中的"平行四边形" ▱ 按钮，或选择菜单"草绘"→"矩形"→"平行四边形"。在工作区单击确定两点，先通过这两点来确定平行四边形底边的长度和底边的倾斜度，再移动鼠标指针来确定平行四边形另一条边的长度和倾斜度，符合要求后单击即可完成绘制

圆的绘制说明见表 3-5。

表 3-5　圆的绘制

按　钮	名　称	绘制步骤	说　明
◎	圆心和点		单击"草绘器"工具栏中的"圆心和点" ◯按钮，或选择菜单"草绘"→"圆"→"圆心和点"。在工作区单击确定圆心位置，再移动鼠标指针确定圆的大小，符合要求后单击即可完成绘制
◉	同心	选择已有圆 确定所绘圆大小	单击"草绘器"工具栏中的"同心" ◉按钮，或选择菜单"草绘"→"圆"→"同心"。使用此命令时必须草绘中已有绘制好的圆或圆弧。在工作区选择要与其同心的已有圆或圆弧，再移动鼠标指针确定圆的大小，符合要求后单击即可完成绘制。该命令一次可绘制多个同心圆
◎	3 点		单击"草绘器"工具栏中的"3 点" ◯按钮，或选择菜单"草绘"→"圆"→"3 点"。在工作区单击确定 3 点，系统会自动绘制通过这 3 点的圆
◎	3 相切		单击"草绘器"工具栏中的"3 相切" ◯按钮，或选择菜单"草绘"→"圆"→"3 相切"。使用该命令时必须草绘中已有绘制好的圆、圆弧或直线用来和所要绘制的圆相切。在工作区中各图元的切点附近单击即可完成绘制
⬭	轴端点椭圆		单击"草绘器"工具栏中的"轴端点椭圆" ⬭按钮，或选择菜单"草绘"→"圆"→"轴端点椭圆"。在工作区中单击确定椭圆一轴的长度和倾斜方向，再移动鼠标指针确定椭圆另一轴的长度，符合绘制意图时单击即可完成绘制
⬭	中心和轴椭圆		单击"草绘器"工具栏中的"中心和轴椭圆" ⬭按钮，或选择菜单"草绘"→"圆"→"中心和轴椭圆"。在工作区中单击确定椭圆中心，再单击确定一轴的长度和倾斜方向，然后移动鼠标指针确定椭圆另一轴的长度，符合绘制意图时单击即可完成绘制

圆弧的绘制说明见表 3-6。

表 3-6　圆弧的绘制

按　钮	名　称	绘制步骤	说　明
⌒	3 点/相切端		单击"草绘器"工具栏中的"3 点/相切端" ⌒按钮，或选择菜单"草绘"→"弧"→"3 点/相切端"。在工作区单击确定 3 点，系统会绘制通过这 3 点的圆弧

按　钮	名　称	绘制步骤	说　明
	同心		单击"同心"按钮，或选择菜单"草绘"→"弧"→"同心"。使用该命令时草绘中必须已有绘制好的圆或圆弧。在工作区选择要与其同心的已有圆或圆弧，再移动鼠标指针确定圆弧的半径（此时的鼠标单击处就是圆弧的起点），移动鼠标指针后单击可确定圆弧终点。该命令一次可绘制多个同心圆弧
	圆心和端点		单击"草绘器"工具栏中的"圆心和端点"按钮，或选择菜单"草绘"→"弧"→"圆心和端点"。在工作区单击确定圆弧的中心，再单击确定圆弧的起点和终点，完成圆弧的绘制
	3相切		单击"草绘器"工具栏中的"3相切"按钮，或选择菜单"草绘"→"弧"→"3相切"。使用该命令时草绘中必须已有绘制好的圆、圆弧或直线用来和所要绘制的圆相切。在工作区中各图元的切点附近单击即可完成绘制
	圆锥		单击"草绘器"工具栏中的"圆锥"按钮，或选择菜单"草绘"→"弧"→"圆锥"。在工作区单击确定两点，并通过这两点确定圆锥的轴线，再移动鼠标指针确定圆锥曲线的形状，单击完成圆锥曲线的绘制。rho值（0.50，如绘制步骤中③所示）是指圆锥曲线的曲度，是表示曲线弯曲程度的量。rho可以在0.05～0.95内取值，它的值越大，曲线弯曲程度就越大

圆角的绘制说明见表3-7。

表3-7　圆角的绘制

按　钮	名　称	绘制步骤	说　明
	圆形		单击"草绘器"工具栏中的"圆形"按钮，或选择菜单"草绘"→"圆角"→"圆形"。应用该命令时在工作区中必须已有可用于绘制圆角的图元，如矩形。在矩形角的两边上单击确定所绘制圆角的大小，单击处离矩形角的顶点的远近确定了圆角半径的大小
	椭圆形		单击"草绘器"工具栏中的"椭圆形"按钮，或选择菜单"草绘"→"圆角"→"椭圆形"。应用该命令时在工作区中必须已有可用于绘制椭圆角的图元，如矩形。在矩形角的两边上单击确定所绘制椭圆角两半轴的长度大小，单击处离矩形角的顶点的远近确定了椭圆角半轴的长度

倒角的绘制说明见表3-8。

表 3-8 倒角的绘制

按　钮	名　　称	绘制步骤	说　　明
	倒角		单击"草绘器"工具栏中的"倒角" 按钮，或选择菜单"草绘"→"倒角"→"倒角"。应用该命令时在工作区中必须已有可用于绘制倒角的图元，如矩形。在矩形角的两边上单击确定所绘制倒角的大小，单击处离矩形顶点的远近确定了倒角边的长度
	倒角修剪		单击"草绘器"工具栏中的"倒角修剪" 按钮，或选择菜单"草绘"→"倒角"→"倒角修剪"。应用该命令时在工作区中必须已有可用于绘制倒角的图元，如矩形。在矩形角的两边上单击确定所绘制倒角的大小，单击处离矩形顶点的远近确定了倒角边的长度

样条曲线的绘制说明见表 3-9。

表 3-9 样条曲线的绘制

按　钮	名　　称	绘制步骤	说　　明
	样条		单击"草绘器"工具栏中的"样条" 按钮，或选择菜单"草绘"→"样条"。在工作区中单击确定样条曲线所通过的点的位置，即可完成样条曲线的创建。由绘制步骤可知样条曲线既可以绘制成封闭的也可以绘制成开放的，单击鼠标中键即可完成一条曲线的绘制 绘制样条曲线的方法比较简单，但是样条曲线往往要经过多次的修改编辑之后才能满足设计要求，所以必须要熟练地掌握样条曲线的修改方法

点和坐标系的绘制说明见表 3-10。

表 3-10 点和坐标系的绘制

按　钮	名　　称	绘制步骤	说　　明
	点		单击"草绘器"工具栏中的"点" 按钮，或选择菜单"草绘"→"点"。在工作区中单击确定所绘制点的位置，即可完成点的创建
	几何点		单击"草绘器"工具栏中的"几何点" 按钮。在工作区中单击确定所绘制点的位置，即可完成几何点的创建
	坐标系		单击"草绘器"工具栏中的"坐标系" 按钮，或选择菜单"草绘"→"坐标系"。在工作区中单击确定所绘制坐标系的位置，即可完成坐标系的创建
	几何坐标系		单击"草绘器"工具栏中的"几何坐标系" 按钮。在工作区中单击确定所绘制几何坐标系的位置，即可完成几何坐标系的创建

文本的绘制说明见表 3-11。

表 3-11 文本的绘制

按　钮	名　称	绘　制　步　骤	说　明
⒜	文本	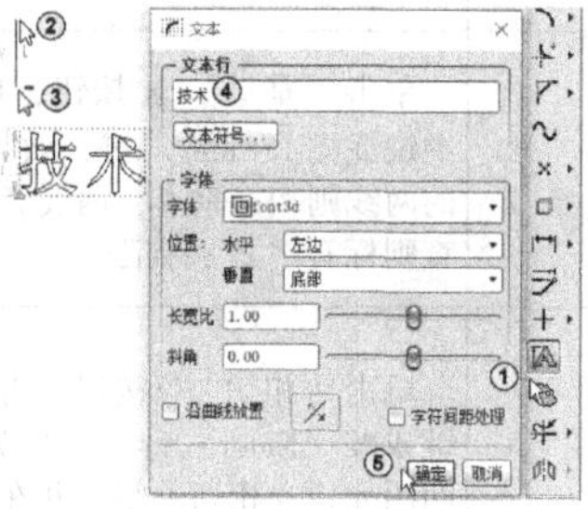	单击"草绘器"工具栏中的"文本"⒜按钮，或选择菜单"草绘"→"文本"。在工作区中单击确定两点，这两点的距离确定了文字的高度，如绘制步骤中②③所示。再输入要绘制的文本，如绘制步骤中④所示，即可把文字添加到当前的草绘当中。（说明："文本"对话框中的其他选项都为默认） 若在工作区绘制一个圆弧，在对话框中单击"确定"按钮，并选中该圆弧，单击"确定"按钮即可看到文本沿着圆弧曲线分布。若单击"将文本反向到曲线另一侧"⚡按钮，可切换文本至曲线另一侧

调色板的应用说明见表 3-12。

表 3-12 调色板的应用

按　钮	名　称	绘　制　步　骤	说　明
⬮	调色板 （绘制多边形等）	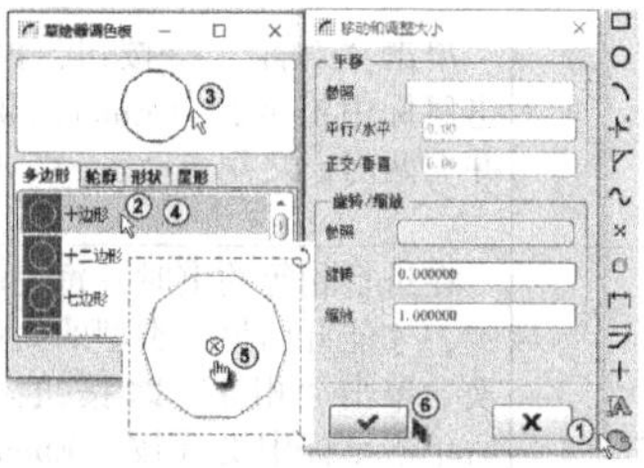	单击"草绘器"工具栏中的"调色板"⬮按钮，或选择菜单"草绘"→"数据来自文件"→"调色板"。系统弹出"草绘器调色板"对话框，在"草绘器调色板"对话框中选择一种图案（此处是"十边形"），该图案的预览效果可以在"草绘器调色板"对话框中看到，如绘制步骤中①~③所示。双击图形（此处是"十边形"），鼠标指针会变成，工作区中移动鼠标指针到适当的位置后单击放置图形，得到的图形如绘制步骤中④⑤所示。系统弹出"移动和调整大小"对话框，调整好旋转和缩放的比例后，单击"应用并保存"✓按钮，即可把图形添加到当前的草绘当中

3.4 草图的几何约束

一个确定的草图必须有充足的约束，约束分尺寸约束和几何约束两种类型。尺寸约束是指控制草图大小的参数化驱动尺寸；几何约束是指控制草图中几何图元的定位方向及几何图元之间的相互关系。在工作区中尺寸约束显示为参数符号或数字，几何约束显示为字母符号。几何约束见表 3-13。

表 3-13 几何约束

按钮	名称	绘　制　步　骤	说　明
＋	竖直		单击"竖直"＋按钮，再选中两条斜线，然后单击鼠标中键或按〈Enter〉键，效果如绘制步骤中④所示。被选取的线成为竖直状态，线旁标有"V"标记

按钮	名称	绘制步骤	说 明
┼	水平		单击"水平"┼按钮，再选中两条斜线，然后单击鼠标中键或按〈Enter〉键，效果如绘制步骤中④所示。被选取的线成为水平状态，线旁标有"H"标记
⊥	垂直		单击"垂直"⊥按钮，再选中两条斜线，然后单击鼠标中键或按〈Enter〉键，效果如绘制步骤中④所示。被选取的两线则相互垂直，两线旁标有"⊥|"标记，以拐角形式垂直则标有"⊥"标记
⁹	相切		单击"相切"⁹按钮，再选中斜线和圆，然后单击鼠标中键或按〈Enter〉键，效果如绘制步骤中④所示。被选取的两图元建立相切关系，并在切点旁标有"T"标记
╲	中点		单击"中点"╲按钮，再选中两条斜线，然后单击鼠标中键或按〈Enter〉键，效果如绘制步骤中④所示，并在中点旁边有"M"标记
⊙	重合		单击"重合"⊙按钮，再选中两条斜线，然后单击鼠标中键或按〈Enter〉键，效果如绘制步骤中④所示，并在重合点附近有"↙"标记
⊣⊢	对称		单击"对称"⊣⊢按钮，再选中两个点和一条线，然后单击鼠标中键或按〈Enter〉键，效果如绘制步骤中⑤所示，并在两对象之间有"→←"标记
=	相等		在进行相等约束时，每完成一个类型的约束需单击鼠标中键，才能开始另一类型的约束，如半径相等切换到长度相等的切换。单击"相等"═按钮，再选中两个圆和两条斜线，然后单击鼠标中键或按〈Enter〉键，效果如绘制步骤中⑦所示，并在两对象之间有"▬ ▬"标记
∥	平行		单击"平行"∥按钮，再选中两条斜线，然后单击鼠标中键或按〈Enter〉键，效果如绘制步骤中④所示，并在两对象之间有"∥₁"标记

系统对尺寸约束要求很严，尺寸过多或几何约束与尺寸约束有重复，都会导致过度约束，此时系统弹出"解决草绘"对话框。根据对话框中的提示或根据设计要求对显示的尺寸或约束进行相应取舍即可。

具体的操作方法与解决尺寸冲突的方法一样，可以撤销当前的操作、删除已有的尺寸或约束、把已有尺寸变为参照尺寸。

3.5 草图的尺寸标注

在二维图形中，尺寸是图形的重要组成部分之一。尺寸驱动的基本原理就是根据尺寸数值大小来精确确定模型的形状和大小。尺寸驱动简化了设计过程，增加了设计自由度。在绘图时不必为精确的形状斤斤计较，只需画出图形的大致轮廓，然后通过尺寸标注再生成精确的模型。本节主要介绍在图形上创建各种尺寸标注的方法。

一个完整的尺寸一般包括尺寸数字、尺寸线、尺寸界线和尺寸箭头等部分。

在绘制完图形后系统会自动为图形添加尺寸并以灰色显示，该尺寸称为弱尺寸。系统产生的弱尺寸有时并不符合设计要求，可使用"草绘"命令工具栏中的"法向"|↔按钮重新标注尺寸。

系统对草图的几何尺寸或尺寸约束有严格的要求，可通过尺寸标注或添加几何约束定义草图，使其成为完全定义状态。尺寸不足或尺寸过多，系统都会显示出错信息。

如果不希望显示由系统自动标注的弱尺寸，可以选择菜单"草绘"→"选项"，如图3-5中①②所示。系统弹出"草绘器首选项"对话框，在"其它"选项卡中取消选中"弱尺寸"复选框，单击"应用并保存"✔按钮，如图3-5中③④所示。

图 3-5　取消弱尺寸显示

基本尺寸标注方法见表3-14。

表 3-14　基本尺寸标注方法

尺寸类型	标注示例	说　明
直线长度		1. 单击"法向"|↔按钮 2. 选中要标注尺寸的直线 3. 将鼠标指针移动到要放置尺寸的位置单击鼠标中键 4. 在系统弹出的尺寸文本框中输入尺寸的数值或使用默认数值 5. 再次单击鼠标中键或按〈Enter〉键完成尺寸标注。得到如标注示例中⑥所示的标注效果

尺寸类型	标注示例	说　　明
直线高度		通过直线两端点来标注直线时，单击鼠标中键的位置不同最终得到的效果不同。如标注示例中把直线周围划分成了 10 个区域，在不同的区域单击鼠标中键就会得到对应的尺寸 1. 单击"法向"|↔按钮 2. 选中要标注尺寸的直线的一个端点 3. 再选中要标注尺寸的直线的另一个端点 4. 将鼠标指针移动到要放置尺寸的位置单击鼠标中键，且确定放置位置在高度标注区内 5. 在系统弹出的尺寸文本框中输入尺寸的数值或使用默认数值 6. 再次单击鼠标中键或按〈Enter〉键完成尺寸标注。得到如标注示例中⑦所示的标注效果
直线宽度		1. 单击"法向"|↔按钮 2. 选中要标注尺寸的直线的一个端点 3. 再选中要标注尺寸的直线的另一个端点 4. 将鼠标指针移动到要放置尺寸的位置单击鼠标中键，且确定放置位置在宽度标注区内 5. 在系统弹出的尺寸文本框中输入尺寸的数值或使用默认数值 6. 再次单击鼠标中键或按〈Enter〉键完成尺寸标注。得到如标注示例中⑦所示的标注效果
圆直径		1. 单击"法向"|↔按钮 2. 在圆上选中所要标注的圆 3. 再在圆上选中所要标注的圆 4. 将鼠标指针移动到要放置尺寸的位置单击鼠标中键 5. 在系统弹出的尺寸文本框中输入尺寸的数值或使用默认数值 6. 再次单击鼠标中键或按〈Enter〉键完成尺寸标注。得到如标注示例中⑦所示的标注效果 通常对大于 180° 的弧进行直径标注
圆半径		1. 单击"法向"|↔按钮 2. 在圆上选中所要标注的圆 3. 将鼠标指针移动到要放置尺寸的位置单击鼠标中键 4. 在系统弹出的尺寸文本框中输入尺寸的数值或使用默认数值 5. 再次单击鼠标中键或按〈Enter〉键完成尺寸标注。得到如标注示例中⑥所示的标注效果
圆弧半径		1. 单击"法向"|↔按钮 2. 在圆弧上选中所要标注的圆弧 3. 将鼠标指针移动到要放置尺寸的位置单击鼠标中键 4. 在系统弹出的尺寸文本框中输入尺寸的数值或使用默认数值 5. 再次单击鼠标中键或按〈Enter〉键完成尺寸标注。得到如标注示例中⑦所示的标注效果

尺寸类型	标注示例	说　　明
角度		1. 单击"法向"|↔按钮 2. 选中构成角的一边 3. 再选中构成角的另一边 4. 将鼠标指针移动到要放置尺寸的位置单击鼠标中键 5. 在系统弹出的尺寸文本框中输入尺寸的数值或使用默认数值 6. 再次单击鼠标中键或按〈Enter〉键完成尺寸标注。得到如标注示例中⑦所示的标注效果
平行线距离		1. 单击"法向"|↔按钮 2. 选中一条直线 3. 再选中另一条直线 4. 将鼠标指针移动到要放置尺寸的位置单击鼠标中键 5. 在系统弹出的尺寸文本框中输入尺寸的数值或使用默认数值 6. 再次单击鼠标中键或按〈Enter〉键完成尺寸标注。得到如标注示例中⑦所示的标注效果
点到线距离		1. 单击"法向"|↔按钮 2. 选中点 3. 再选中直线 4. 将鼠标指针移动到要放置尺寸的位置单击鼠标中键 5. 在系统弹出的尺寸文本框中输入尺寸的数值或使用默认数值 6. 再次单击鼠标中键或按〈Enter〉键完成尺寸标注。得到如标注示例中⑦所示的标注效果
圆弧长度		1. 单击"法向"|↔按钮 2. 选中圆弧的一个端点 3. 再选中圆弧的另一端点 4. 再选中圆弧 5. 将鼠标指针移动到要放置尺寸的位置单击鼠标中键 6. 在系统弹出的尺寸文本框中输入尺寸的数值或使用默认数值 7. 再次单击鼠标中键或按〈Enter〉键完成尺寸标注。得到如标注示例中⑧所示的标注效果
两圆之间的圆心距离		1. 单击"法向"|↔按钮 2. 选中一个圆的圆心 3. 再选中另一个圆的圆心 4. 将鼠标指针移动到要放置尺寸的位置单击鼠标中键 5. 在系统弹出的尺寸文本框中输入尺寸的数值或使用默认数值 6. 再次单击鼠标中键或按〈Enter〉键完成尺寸标注。得到如标注示例中⑦所示的标注效果
两圆之间的最大距离		1. 单击"法向"|↔按钮 2. 选中一个圆的最外侧 3. 再选中另一个圆的最外侧 4. 将鼠标指针移动到要放置尺寸的位置单击鼠标中键 5. 在系统弹出的尺寸文本框中输入尺寸的数值或使用默认数值 6. 再次单击鼠标中键或按〈Enter〉键完成尺寸标注。得到如标注示例中⑦所示的标注效果

尺寸类型	标注示例	说　明
两圆之间的最小距离	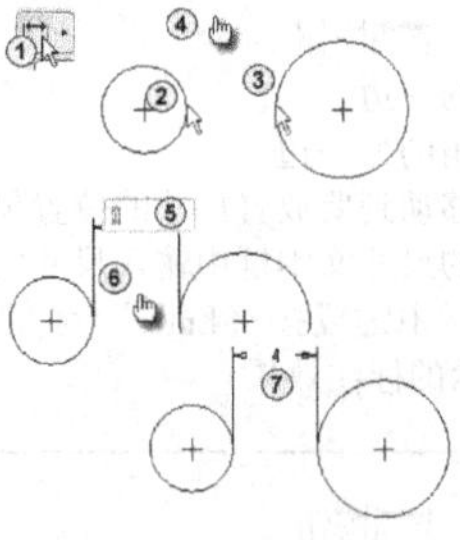	1. 单击"法向" ⟷ 按钮 2. 选中一个圆的最内侧 3. 再选中另一个圆的最内侧 4. 将鼠标指针移动到要放置尺寸的位置单击鼠标中键 5. 在系统弹出的尺寸文本框中输入尺寸的数值或使用默认数值 6. 再次单击鼠标中键或按〈Enter〉键完成尺寸标注。得到如标注示例中⑦所示的标注效果
对称尺寸	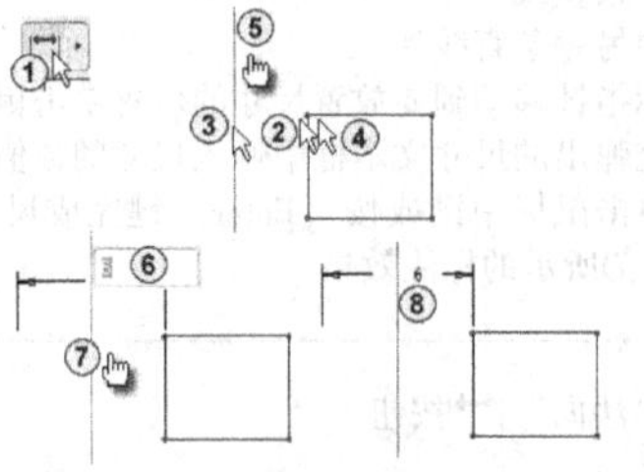	1. 单击"法向" ⟷ 按钮 2. 选中矩形的一个顶点 3. 再选中中心线 4. 再选中第2步所选的顶点 5. 将鼠标指针移动到要放置尺寸的位置单击鼠标中键 6. 在系统弹出的尺寸文本框中输入尺寸的数值或使用默认数值 7. 再次单击鼠标中键或按〈Enter〉键完成尺寸标注。得到如标注示例中⑧所示的标注效果

　　单击"依次" ↖ 按钮，选中需要调整的尺寸，拖动尺寸数字到合适位置，重新调整视图中各尺寸的布置，可使图面更加整洁。

　　单击"基线" ▭ 按钮，可创建一组尺寸标注的公共基线，基线一般是水平或竖直的。在直线、圆弧的圆心，以及线段几何端点处都可以创建基线，方法是选择完参照点后单击鼠标中键，对于水平或竖直的直线，直接创建与之重合的基线；对于参照点，系统弹出"尺寸定向"对话框，该对话框用于确定是创建经过该点的水平基线还是竖直基线。基线上有"0.00"标记。

　　尺寸的标注与修改往往安排在建立约束以后进行。

　　修改尺寸前要注意，如果要修改的尺寸大小与设计的尺寸相差太大，应该先用图元操纵功能将其拖拽到与设计尺寸相近，再进行修改。

　　修改尺寸时一定要注意先后顺序，为防止图形变得很凌乱，先修改对截面外观影响不大的尺寸。

　　在绘制草图的过程中需要对所标注的尺寸进行不断地修改编辑以达到绘制目标。编辑尺寸的方法有3种：①双击尺寸法；②右击法；③工具按钮法。下面就这3种方法做详细的说明。

　　单击"草绘器"工具栏中的"矩形" ▭ 按钮，在工作区中任意一点单击确定矩形的一个顶点，移动鼠标指针到角处单击，确定矩形的另一个顶点，如图3-6中①~③所示。

　　（1）双击尺寸法

　　在已经标注好的尺寸上双击，该尺寸变为可编辑状态，在尺寸文本框中输入目标尺寸"25"，最后单击鼠标中键或者按下〈Enter〉键即可完成尺寸的修改，如图3-6中④所示。

　　（2）右击法

　　在已经标注好的尺寸上右击该尺寸，在系统弹出的快捷菜单中选择"修改"，系统弹出

"修改尺寸"对话框,在尺寸文本框中输入目标尺寸,最后单击对话框中的"应用并保存"
✔按钮即可完成尺寸的修改。需要特别说明的是:右击需要稍微长一点的时间快捷菜单才
会弹出来,具体操作过程如图3-7中①~⑤所示。

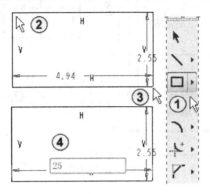

图3-6 双击修改尺寸

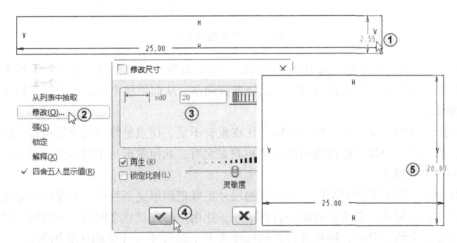

图3-7 右击修改尺寸

(3)工具按钮修改法

单击"草绘器"工具栏中的"矩形" ▢ 按钮,在工作区中捕捉矩形的右上顶点作为矩
形的第一个顶点,向左下方移动鼠标指针确定矩形的另一个对角点,如图3-8中①~③
所示。

单击"草绘器"工具栏中的"修改" ⌐ 按钮,系统弹出"选取"和"修改尺寸"对话
框,此时选择已经标注好的尺寸,则该尺寸以可编辑状态出现在"修改尺寸"对话框中,
再依次输入各尺寸的目标尺寸,最后单击"修改尺寸"对话框中的"应用并保存" ✔按钮
即可完成尺寸的修改,如图3-8中④~⑨所示。

"修改尺寸"对话框中各选项含义如下。

● 尺寸文本框或滚轮:通过在尺寸文本框输入新的尺寸值或调节尺寸滚轮对尺寸值进行
修改。

● "灵敏度"滑块:通过调节"灵敏度"滑块,可改变尺寸滚轮滚动时尺寸的变化量。

● "再生"复选框:选中该复选框,会在每次修改尺寸标注后立即使用新尺寸动态再生

成图形，否则将在单击"应用并保存" ✓按钮关闭"修改尺寸"对话框后才生成图形。

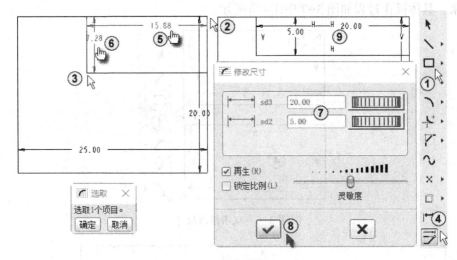

图 3-8　工具按钮修改尺寸

- "锁定比例"复选框：选中该复选框后，则在调整一个尺寸的大小时，图形上其他同种类型的尺寸同时被自动以同等比例进行调整，从而使整个图形中的同类尺寸被等比例缩放。

在实际操作中，动态再生成图形既有优点也有不足。优点是修改尺寸后可以立即查看修改效果，但是当一个尺寸修改前后的数值相差太大时，几何图形再生成后变形严重，不便于对图形的进一步操作。

系统中的草图是全约束草图，即所有的尺寸正好把图形完全约束，不允许有多余的尺寸存在。若多标注尺寸，系统会弹出警告对话框，让用户解决尺寸之间的冲突问题。若所标注的尺寸不够完全约束草图，则系统会自动标注若干个弱尺寸（在绘图区域用灰色显示），此时所有的弱尺寸和用户所标注的尺寸（称为强尺寸）加起来正好把图形完全约束。出现尺寸冲突警告时的修改方法有 3 种：①撤销当前标注的尺寸，让图形回到上一状态；②选择一个已有的尺寸，将其删除；③选择一个已有的或当前标注的尺寸，将其变成参照尺寸。

（1）撤销当前尺寸

单击"法向" |↔| 按钮，分别选中要标注尺寸的两条竖直线，将鼠标指针移动到要放置尺寸的位置单击鼠标中键，如图 3-9 中①~③所示。系统弹出"解决草绘"对话框。单击"撤消"按钮即可把正在标注的尺寸撤销，单击上工具栏中的 按钮，关闭约束显示。如图 3-9 中④⑤所示。

（2）删除已有尺寸

单击"法向" |↔| 按钮，分别选中要标注尺寸的两条竖直线，将鼠标指针移动到要放置尺寸的位置单击鼠标中键，如图 3-10 中①~③所示。系统弹出"解决草绘"对话框。单击"删除"按钮即可把已标注的尺寸删除，如图 3-10 中④⑤所示。

（3）将尺寸变为参照尺寸

单击"法向" |↔| 按钮，分别选中要标注尺寸的两条竖直线，将鼠标指针移动到要放置

尺寸的位置单击鼠标中键。系统弹出"解决草绘"对话框,选择"约束",单击"解释"按钮,获得说明,如图 3-11 中①~③所示;选择"尺寸",单击"解释"按钮,获得说明,如图 3-11 中④~⑥所示。单击"尺寸>参照"按钮即可将该尺寸转变为参照尺寸,如图 3-11 中⑦⑧所示。

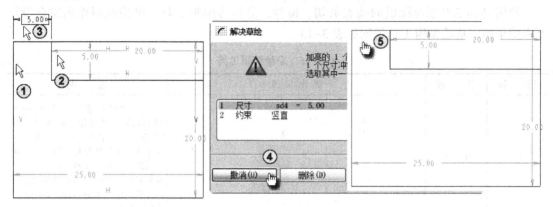

图 3-9　撤销当前尺寸

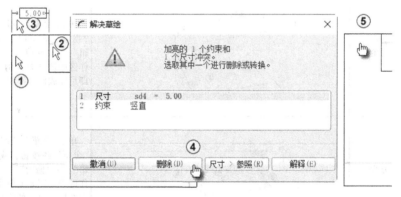

图 3-10　删除已有尺寸

图 3-11　将尺寸变为参照尺寸

参照尺寸仅用于显示模型或图元的尺寸信息,而不像基本尺寸那样用作驱动尺寸,且不能直接修改。但在修改模型尺寸后参照尺寸将自动更新。参照尺寸的创建与基本尺寸类似,为了同基本尺寸相区别，在参照尺寸后添加了"参照"符号。

3.6 草绘的编辑工具

使用 Creo 5.0 系统提供的动态剪切、镜像、分割等编辑工具，可快速制作出符合设计要求的草图。草绘编辑工具说明见表 3-15。

表 3-15 草绘编辑工具

按　钮	名　称	操作步骤	说　明
	删除段		单击"草绘器"工具栏中的"删除段" 按钮，或选择菜单"编辑"→"修剪"→"删除段"。在工作区中按住鼠标左键滑过要修剪的图元，此时出现选择轨迹，当放开鼠标左键时，与轨迹相交的图元即被删除。或者直接单击图元完成删除操作
	拐角		单击"草绘器"工具栏中的"拐角" 按钮，或选择菜单"编辑"→"修剪"→"拐角"。在工作区中选择要修剪或延长的拐角，即可完成修剪操作
	分割		单击"草绘器"工具栏中的"分割" 按钮，或选择菜单"编辑"→"修剪"→"分割"。在工作区中的图元上单击，一个图元即会在鼠标单击处断开形成两个图元
	镜像		在工作区中选择已经绘制好的图元，单击"草绘器"工具栏中的"镜像" 按钮，或选择菜单"编辑"→"镜像"。单击中心线即可完成图元的镜像。该命令的操作特点是必须先选择要镜像的图元，必须有已绘制好的中心线
	移动和调整大小		在工作区中选择已经绘制好的图元，单击"草绘器"工具栏中的"移动和调整大小" 按钮，或选择菜单"编辑"→"移动和调整大小"。在系统弹出的对话框中输入平移、旋转、缩放的参照，最后单击对话框中的 按钮即可完成操作。该命令的特点是必须先选中要进行操作的对象

单击"删除段"⊬按钮，在工作区中单击右上方的一条水平线和一条竖直线，完成删除操作，如图3-12中①~④所示。

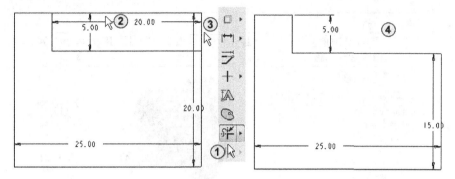

图3-12 修剪图形

单击"草绘器"工具栏中的"线"╲按钮，在工作区中单击确定两点，通过这两点绘制一条水平线，如图3-13中①②所示。单击"修改"⊋按钮，系统弹出"选取"和"修改尺寸"对话框，选择已经标注好的尺寸，在"修改尺寸"对话框中输入"10"，单击对话框中的"应用并保存"✔按钮即可完成尺寸的修改，结果如图3-13中③所示。

单击"删除段"⊬按钮，在工作区中分别单击左右方的两条竖直线和最下方的一条水平线，完成删除操作，如图3-14中①所示。

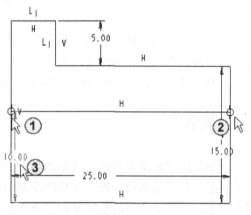

图3-13 绘制直线并修改尺寸

单击"草绘器"工具中的"几何中心线"┋按钮，或选择菜单"草绘"→"线"→"几何中心线"。在工作区单击确定两点，通过这两点来绘制水平中心线，如图3-14中②③所示。单击屏幕右侧"草绘器"工具栏中的"完成"✔按钮，如图3-14中④所示。

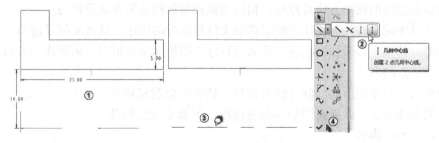

图3-14 绘制几何中心线

单击屏幕右侧"基础特征"工具栏中的"旋转"◇◇按钮，或选择菜单"插入"→"旋转"，如图3-15中①所示。屏幕上方出现"旋转"特征操控面板，默认情况下已按下"实体特征"□按钮，表示旋转特征的截面草图完全由材料填充，如图3-15中②所示。系统自动选择内部的水平基准轴为旋转轴，并显示旋转特征的预览，此处均取默认值，单击"旋转"操控面板中的"应用并保存" ✔️ 按钮,如图3-15中③所示。效果如图3-15中④所示。

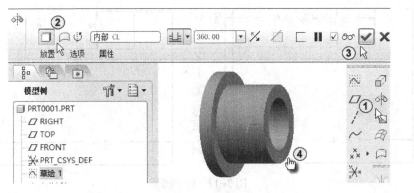

图3-15 绘制旋转体

单击快速访问工具栏中的"保存" 🖫 按钮,系统弹出"保存对象"对话框,打开查找范围下拉列表框,选择当前文件的保存目录。单击"确定"按钮,工作窗口中的模型保存到选定的文件夹,得到prt0001. prt零件(参见"素材文件\第3章\3-1")。

3.7 实例

草图是构建模型的基础,也是初学者的第一个设计环节。若要熟练掌握草图绘制要领,除了熟悉各草图绘制命令外,在草图绘制的动手操作方面还要多加练习。本节以几个草图绘制实例来温习本章介绍的草图知识。下面用实例来讲述草图的绘制步骤及操作方法,进一步加深理解前面几节的内容。

在绘制复杂草图时经常使用构造线作为辅助线,要建立构造线只需右击要成为构造线的图元对象,然后在快捷菜单中选择"构建"命令即可。

本节将通过4个实例详细介绍草图的绘制、编辑和标注的一般过程,通过本节的学习,可重点掌握参照线的操作方法及技巧,相切约束和对称约束等方法及技巧。

在创建草图时,首先需要注意绘制草图大概轮廓时的顺序,其次要尽量避免系统自动捕捉到不必要的约束。如果初次绘制的轮廓与目标草图轮廓相差很多,则要拖动最初轮廓至与目标轮廓较接近的形状。

一般而言,一个图形的绘制方法有多种,读者可以尝试适合自己习惯的其他方法,以提高图形绘制的速度。下面通过绘制几个实例作进一步的讲解。

3.7.1 顶板实例

在绘制一些较复杂的草图时,常绘制一条或多条参照线,以便更好、更快地调整草图。

绘制如图3-16所示的图形,详细的绘制步骤如下:

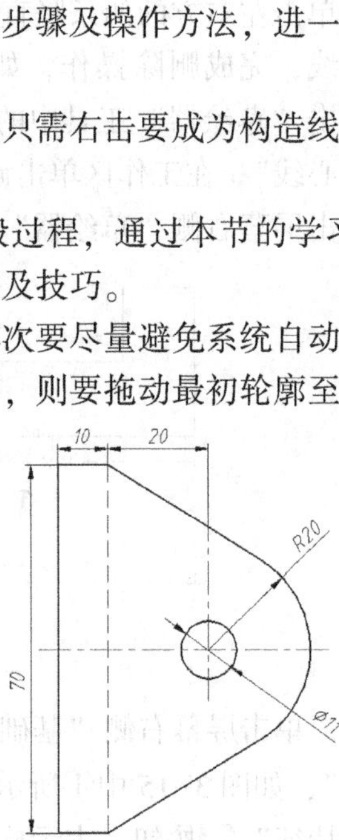

图3-16 顶板

（1）新建文件

单击快速访问工具栏中的"新建" □ 按钮，系统弹出"新建"对话框，选择"类型"为"零件"，"子类型"为"实体"，"名称"为默认的"prt0001"，单击"确定"按钮，如图 3-17 中①~⑤所示。系统进入零件设计环境，单击屏幕右侧工具栏中的"拉伸" ⬚ 按钮，屏幕上方出现"拉伸"特征操控面板，输入拉伸深度数值"15"，如图 3-17 中⑥⑦所示。单击"基准"工具栏的"草绘" ⬚ 按钮，如图 3-17 中⑧所示。

（2）选择草绘平面

系统弹出"草绘"对话框，将鼠标指针移至模型树，单击"TOP"，其余均取默认值，单击对话框中的"草绘"按钮，如图 3-18 中①②所示。

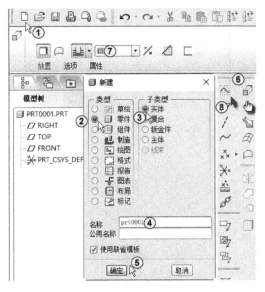

图 3-17　新建文件

图 3-18　选择草绘平面

（3）绘制圆和矩形

系统进入草绘环境，单击"草绘器"工具栏中的"圆心和点" ◯ 按钮，或选择菜单"草绘"→"圆"→"圆心和点"。在工作区单击确定圆心位置，再拖动鼠标确定圆的大小。

单击"草绘器"工具栏中的"矩形" □ 按钮，或选择菜单"草绘"→"矩形"→"矩形"。在工作区单击确定矩形的两对角点，进而确定矩形的大小。

单击"草绘器"工具栏中的"修改" ⥂ 按钮，系统弹出"选取"和"修改尺寸"对话框，此时选择已经标注好的尺寸，依次输入各尺寸的目标尺寸，最后单击"修改尺寸"对话框中的"完成" ✔ 按钮，结果如图 3-19 所示。

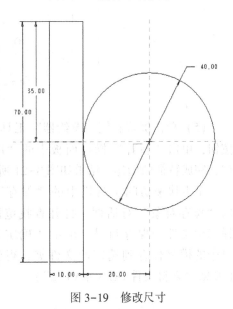

图 3-19　修改尺寸

（4）绘制斜线

单击"草绘器"工具栏中的"线" 按钮，或选择菜单"草绘"→"线"→"线"。在工作区绘制一条一个端点与矩形重合的斜线，如图 3-20 中①所示。

单击"相切" 按钮，选中斜线和圆，单击鼠标中键或按〈Enter〉键，再单击"草绘器"工具栏中的"删除段" 按钮，或选择菜单"编辑"→"修剪"→"删除段"。在工作区中直接单击图元完成删除操作，效果如图 3-20 中②所示。

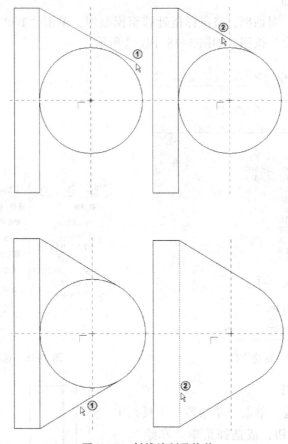

图 3-20 斜线绘制及修剪

（5）单击屏幕右侧"草绘器"工具栏中的"完成" 按钮，单击"拉伸"操控面板中的"应用并保存" 按钮，完成特征的创建，结果如图 3-21 所示。

单击快速访问工具栏中的"保存" 按钮，系统弹出"保存对象"对话框，打开查找范围下拉列表框，选择当前文件的保存目录。单击"确定"按钮，将工作窗口中的模型保存到选定的文件夹，得到 prt0002. prt 零件（参见"素材文件\第 3 章\3-2"）。

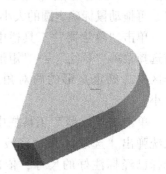

图 3-21 顶板效果图

3.7.2　垫片实例

绘制如图3-22所示的垫片图形。

（1）新建文件

选择"文件"→"新建"，在系统弹出的"新建"对话框中选择"类型"为"草绘"，在文件"名称"文本框中输入"3-1"，单击"确定"按钮完成文件的新建。

（2）绘制中心线

先绘制好中心线，并进行角度约束，如图3-23所示；再绘制3个同心圆，再对同心圆进行尺寸标注，圆的直径分别为100、184、200，如图3-24所示。

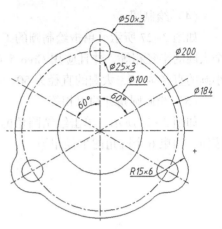

图3-22　草绘图形一

绘制步骤如图3-23、图3-24中的序号所示，具体每种图元的绘制方法，请参照前面图元绘制的详细讲解。

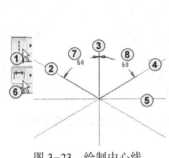

图3-23　绘制中心线

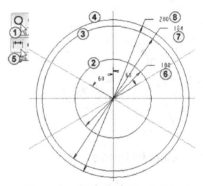

图3-24　绘制圆并标注尺寸一

（3）将图元转化为构造线

如图3-25所示，先选中直径为184的圆，再右击该圆，在系统弹出的快捷菜单中选择"构建"命令，把圆转化成辅助线。图3-26所示为转化后的效果。

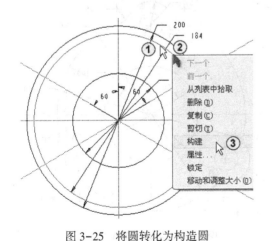

图3-25　将圆转化为构造圆

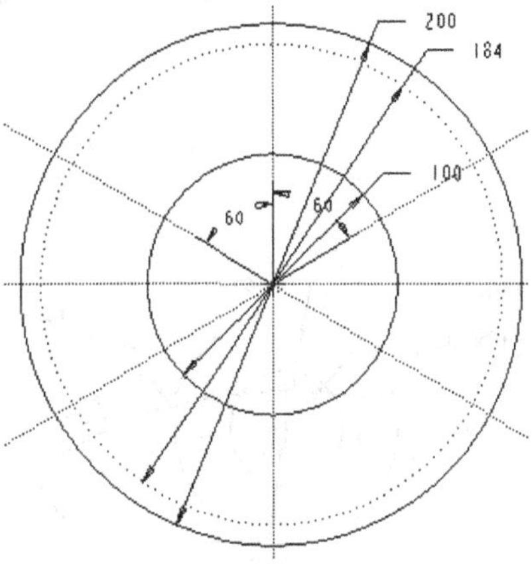

图3-26　转化后的效果

69

（4）绘制圆

如图 3-27 所示，单击绘制圆的工具按钮，绘制 6 个圆。要求三个小圆的半径相等，三个大圆的半径相等，并且应用 Creo 5.0 的自动约束功能。然后再单击尺寸标注按钮，标注小圆的直径为 25，大圆的直径为 50。

（5）绘制圆角并约束相等

如图 3-28 所示，单击绘制圆角的工具按钮，绘制 6 个圆角。然后再单击约束"相等"按钮，约束 6 个圆角的半径相等。

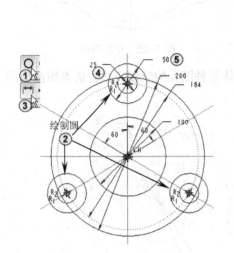

图 3-27　绘制圆并标注尺寸二

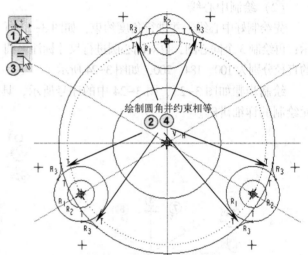

图 3-28　绘制圆角并约束相等

（6）标注圆角并删除多余线

如图 3-29 所示，单击标注工具按钮，标注圆角半径。然后再单击"动态删除"按钮删除多余的线段，如图 3-30 所示。

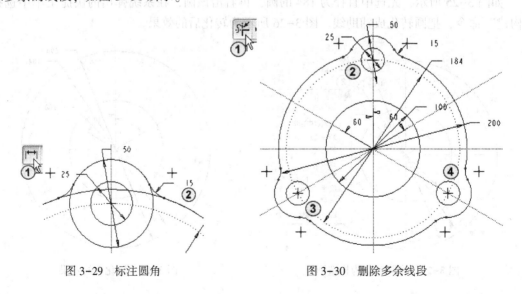

图 3-29　标注圆角

图 3-30　删除多余线段

70

3.7.3　支架实例

绘制如图 3-31 所示的图形，详细的绘制步骤如下。

（1）新建文件

选择"文件"→"新建"，在系统弹出的"新建"对话框中选择"类型"为"草绘"，在文件"名称"文本框中输入"3-2"，单击"确定"按钮完成文件的新建。

（2）绘制中心线

绘制如图 3-32、图 3-33 所示的中心线，并对中心线进行尺寸标注。绘制步骤如图中的序号所示，具体每种图元的绘制方法，可参照前面图元绘制的详细讲解。图 3-32 中⑥所示中心线与⑦所示中心线平行。

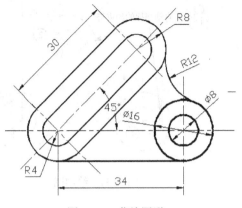

图 3-31　草绘图形二

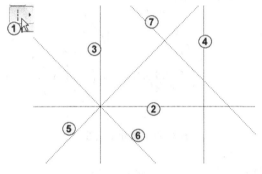

图 3-32　绘制中心线

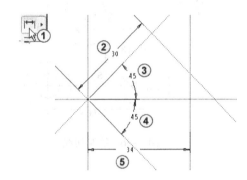

图 3-33　并标注尺寸

（3）绘制圆并标注圆的尺寸

单击绘制圆的工具按钮，绘制如图 3-34 所示的 6 个圆，其中 3 个大圆的半径相等，三个小圆的半径相等，在草图绘制过程中系统会自动添加合适的约束。绘制如图 3-34 中④所示的小圆，当拖动鼠标确定圆的半径时，在半径与步骤②的小圆半径接近时系统会显示符号"R"，此时单击确定半径即可实现步骤④小圆的半径与步骤②小圆的半径相等。用同样的办法可使 3 个大圆的半径也相等。如果不想应用自动约束，则在确定步骤④的小圆半径时，应拖动鼠标至自动约束符号"R"不会出现时再单击确定小圆的半径。如图 3-35 所示，可看到 3 个小圆半径相等的符号为"R_1"，三个大圆半径相等的符号为"R_2"。标注小圆的直径为 8，大圆的直径为 16，此时受相等约束的其他圆的直径会同时发生变化。

（4）绘制相切直线并删除多余线

如图 3-36 所示，用绘制切线工具绘制图中的 5 条切线。如图 3-37 所示，应用动态删除工具删除多余的曲线，得到如图 3-38 所示的效果。

（5）绘制相切圆并删除多余线

绘制如图 3-39 中②所示的圆。在绘制圆的过程中不要让圆与其他的图元产生自动约束，即绘制的过程中不出现自动约束符号。如图 3-40 所示，手动添加圆与圆之间的约束，添加完成后图中会出现相切符号"T"。如图 3-41 所示，用动态删除工具删除多余的线段，并标注连接圆弧的半径为"12"。完成实例的绘制。

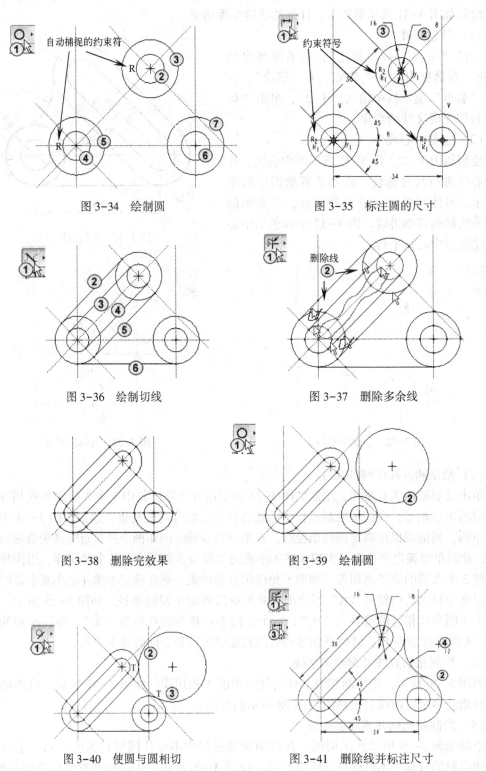

图 3-34　绘制圆

图 3-35　标注圆的尺寸

图 3-36　绘制切线

图 3-37　删除多余线

图 3-38　删除完效果

图 3-39　绘制圆

图 3-40　使圆与圆相切

图 3-41　删除线并标注尺寸

3.7.4 吊勾实例

绘制如图 3-42 所示的图形。

（1）新建文件

选择"文件"→"新建"，在系统弹出的"新建"对话框中选择"类型"为"草绘"，在文件的"名称"文本框中输入"3-3"，单击"确定"按钮完成文件的新建。

（2）绘制中心线

绘制如图 3-43 所示的中心线，并对中心线进行尺寸标注。绘制步骤如图中的序号所示，具体每种图元的绘制方法，可参照前面图元绘制的详细讲解。两对中心线间的距离都是 8。

（3）绘制圆和直线并标注尺寸

单击圆绘制按钮绘制两个直径分别为 28 和 66 的圆。单击直线绘制按钮绘制图 3-44 中②所示的 4 条线段，长度分别为 16、22、22、22，其位置尺寸如图 3-44 所示。

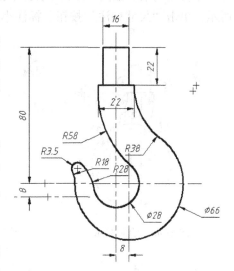

图 3-42　草绘图形三

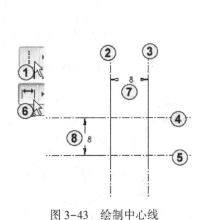

图 3-43　绘制中心线

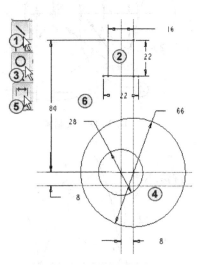

图 3-44　绘制直线和圆

（4）绘制圆弧并标注尺寸

如图 3-45 所示，绘制圆弧按钮绘制两段圆弧。如图 3-46 所示，单击"相切"按钮使圆弧与圆相切。如图 3-47 所示，单击尺寸标注按钮标注两圆弧的半径分别为 38 和 58。

（5）绘制圆

单击绘制圆按钮绘制如图 3-48 中②~④所示的 3 个圆，步骤②圆的直径为 36，步骤③圆的直径为 84。同时步骤②的圆和前面所述直径 66 的圆有"相切"约束，步骤④的圆和前面所述直径 28 的圆也有"相切"约束。然后再单击标注尺寸按钮标注如图 3-48 中②③所示圆的直径。如图 3-49 所示，单击绘制圆按钮绘制小圆，在绘制小圆时不要让小圆与其他图元产生自动约束。如图 3-50 所示，单击"相切"按钮使小圆与周围大圆相切。如图 3-51 所示，单击"尺寸标注"按钮，标注小圆的直径为 7。

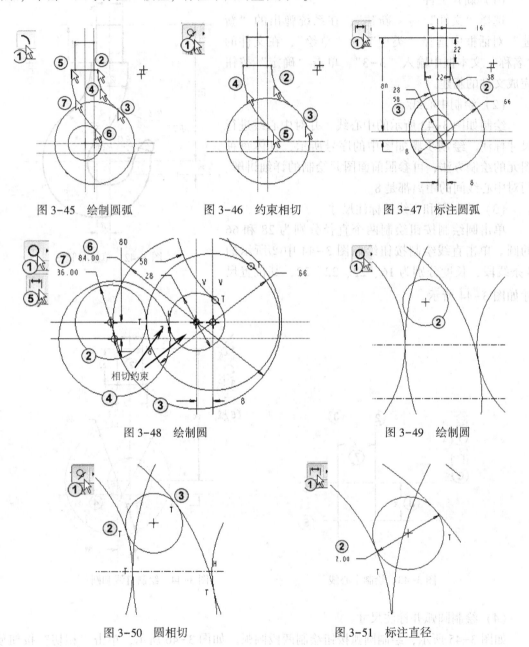

图 3-45　绘制圆弧　　　　　图 3-46　约束相切　　　　　图 3-47　标注圆弧

图 3-48　绘制圆　　　　　　　　　　　图 3-49　绘制圆

图 3-50　圆相切　　　　　　　　　　图 3-51　标注直径

（6）转化图元

如图 3-52 所示，选中直径为 84 的圆，再右击并在弹出的快捷菜单中选择"构建"。得到的转化效果如图 3-53 所示。

74

（7）删除多余圆弧

单击"动态删除"按钮，选中要删除的线段进行删除，如图3-54中②~④所示。最终完成效果图如图3-42所示。

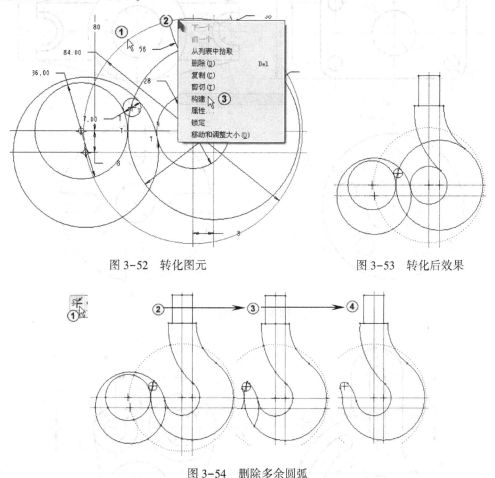

图3-52　转化图元　　　　　　　　图3-53　转化后效果

图3-54　删除多余圆弧

3.8　习题

一、问答题

1. 想一想圆和圆弧有几种绘制方式？圆锥曲线的绘制步骤是怎样的？如何绘制一条抛物线？

2. 如何绘制样条曲线？绘制文字的操作步骤是怎样的？如何实现沿指定的曲线放置文字？如何标注直径尺寸，如何标注角度尺寸？

二、操作题

1. 熟悉草绘命令各工具按钮的功能。

2. 绘制如图3-55所示的平面图形。

3. 绘制如图3-56所示的圆弧连接图形。

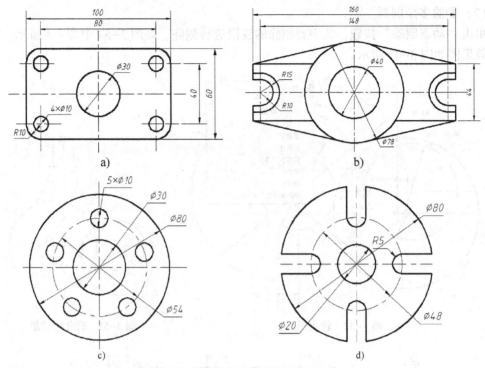

图 3-55 习题一

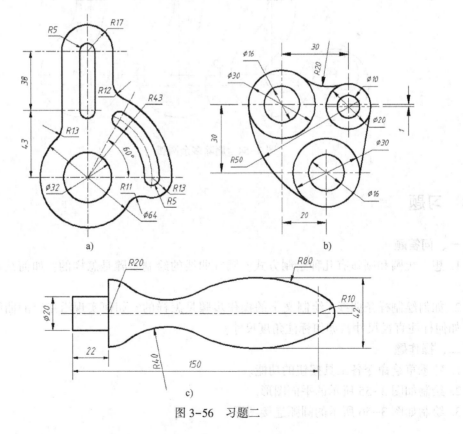

图 3-56 习题二

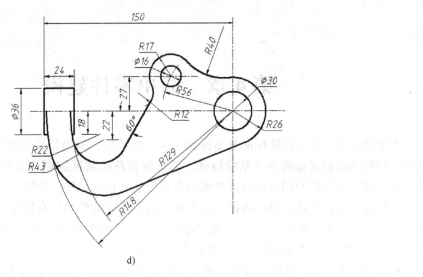

d)

图 3-56 习题二(续)

第 4 章　简单零件建模

本章将介绍三维零件建模的基本操作——草绘特征。草绘特征是零件建模的重要特征，任何三维零件的创建都离不开草绘特征，熟练掌握草绘特征的创建是学习三维设计的基本功。本章将详细介绍利用草绘特征建模的多种方法，包括拉伸、旋转。

三维建模是在系统提供的虚拟空间中进行的，建立的模型具有长度、宽度、高度 3 个方向的尺寸。在三维建模中，首先要选定虚拟工作空间的坐标系（包括坐标原点、坐标轴和基准平面），然后再明确草绘平面与参照平面即可。

- 草绘平面：在该平面上要绘制模型的特征截面或扫描轨迹线等图元。
- 参照平面：选定的与草绘平面垂直的一个平面，作为参照平面，以确定草绘平面在进入草绘器时的放置方向。

本章所述特征均由二维截面经过拉伸、旋转等方式生成，因为特征截面以草图的方式绘制，因此这种建模方式又称为零件建模的草绘特征，而且所绘制的特征的截面一定要为一个封闭的图形。在零件建模过程中可使用草绘特征增加材料或去除材料，也可以用草绘特征生成薄板或曲面。

4.1　拉伸特征

将绘制的截面沿给定方向和给定深度生成的三维特征称为拉伸特征。它适合于构造等截面的实体特征。

拉伸特征是最基本和常用的特征造型方法，而且操作简单，工程实践中的多数零件模型，都可以看作是多个拉伸特征相互叠加或切除的结果。

4.1.1　拉伸特征概述

打开"素材文件\第 4 章\4-1"。选取拉伸特征命令的一般方法是单击屏幕右侧"基础特征"工具栏中的"拉伸" 按钮，单击"基准"工具栏中的"草绘" 按钮，如图 4-1 中①②所示。系统弹出"草绘"对话框，将鼠标指针移至模型表面并选中，其余均取默认值，单击对话框中的"草绘"按钮，如图 4-1 中③④所示。

系统进入草绘环境，单击"草绘器"工具栏中的"矩形" 按钮，或选择菜单"草绘"→"矩形"→"矩形"。在工作区，单击确定矩形的两对角点，如图 4-2 中①~③所示。

单击"草绘器"工具栏中的"修改" 按钮，系统弹出"选取"和"修改尺寸"对话框，此时选择已经标注好的尺寸，依次输入各尺寸的目标尺寸，最后单击"修改尺寸"对话框中的"应用并保存" 按钮，如图 4-2 中④~⑥所示。单击屏幕右侧"草绘器"工具栏中的"完成" 按钮，图 4-2 中⑦所示。

图 4-1 选择面

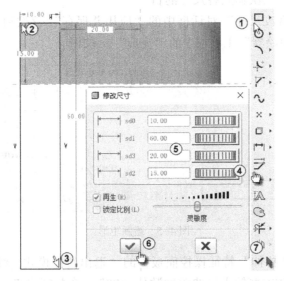

图 4-2 绘制矩形

单击屏幕上方的"拉伸"特征操控面板中的"退出暂停模式,继续使用此工具" ▶ 按钮,返回到特征的编辑状态。"拉伸"特征操控面板中的"定值" ⊥ 选项表示将按照所输入的深度值,向草绘平面的某一侧进行拉伸。此处输入拉伸深度数值"70",如图 4-3 中①②所示。单击 ％ 按钮,系统在工作区都会有相应的箭头加以明示,如图 4-3 中③④所示,其余均取默认值。单击"应用并保存" ✔ 按钮,完成特征的创建,如图 4-3 中⑤⑥所示。

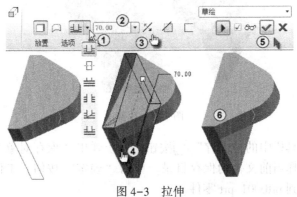

图 4-3 拉伸

单击屏幕右侧"基础特征"工具栏中的"拉伸" 按钮，单击"基准"工具栏中的"草绘" 按钮，系统弹出"草绘"对话框。将鼠标指针移至模型表面并选中，其余均取默认值，单击对话框中的"草绘"按钮，如图 4-4 中①②所示。

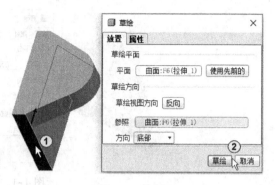

图 4-4　选择面

系统进入草绘环境，单击"草绘器"工具栏中的"矩形" 按钮，在工作区单击确定矩形的两对角点。单击"草绘器"工具栏中的"修改" 按钮，依次输入各尺寸的目标尺寸，最后单击"修改尺寸"对话框中的"应用并保存" 按钮，如图 4-5 中①②所示。单击屏幕右侧"草绘器"工具栏中的"完成" 按钮。

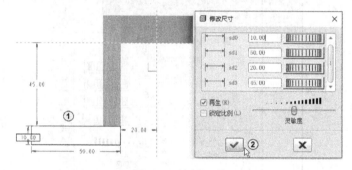

图 4-5　绘制矩形

单击屏幕上方的"拉伸"特征操控面板中的"退出暂停模式，继续使用此工具" 按钮，在"定值" 选项右侧输入拉伸深度数值"70"，单击 按钮，其余均取默认值，单击"应用并保存" 按钮，完成特征的创建，如图 4-6 中①~⑤所示。

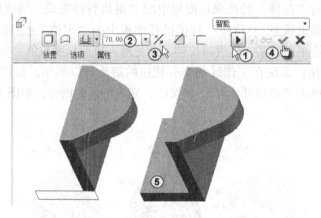

图 4-6　拉伸

单击快速访问工具栏中的"保存" 按钮，系统弹出"保存对象"对话框，打开查找范围下拉列表框，选择当前文件的保存目录。单击"确定"按钮，工作窗口中的模型保存到选定的文件夹，得到 prt0001. prt 零件。

"拉伸"操控面板中的按钮介绍见表4-1。

表4-1　拉伸操控面板中的按钮介绍

按　钮	说　明
〓	沿指定方向拉伸到下一曲面
〓	沿指定的方向拉伸并穿过所有特征
〓	拉伸到与选定的曲面相交。只能选择与截面拉伸过程中所能相交的曲面，否则不能创建特征。如果强行创建特征会弹出"故障排除器"对话框
〓	沿指定的方向拉伸到选定的点、曲线、平面或曲面
％	变换特征的拉伸方向。也可以用鼠标接近图形上表示方向的箭头，当指针标识改变时单击即可
▮▮	暂时中止使用当前的特征工具
✕	放弃当前特征的建立或重定义

- **选项**：单击该选项，如图4-7中①所示，系统弹出选项卡。通过选项卡中的"侧1" "侧2"下拉列表可选择拉伸特征的方式，该选项卡显示当前的拉伸尺寸，也可直接更改拉伸尺寸。
- **封闭端**：如图4-7中②所示。建立曲面拉伸特征时该项被激活，以选择拉伸曲面的端口是封闭的还是开放的。
- **属性**：单击该选项，如图4-7中③所示，系统弹出选项卡。选项卡中的"名称"文本框中显示当前特征的名称，可在"名称"文本框修改特征的名称。单击"显示此特征的信息" ▮按钮，可以显示当前拉伸特征的具体信息。

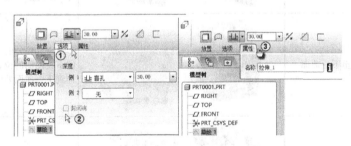

图4-7　"选项"和"属性"选项卡面板

4.1.2　拉伸特征的其他选项

首先用拉伸工具拉伸如图4-8所示的特征，它的草绘截面如图4-9所示。拉伸深度为200 。再用拉伸工具拉伸一圆柱体，选如图4-8中所示拉伸特征的上表面为草绘平面，草绘如图4-10所示的截面，然后再应用不同的拉伸深度控制方式进行拉伸。不同拉伸深度控制的方式见表4-2。

图4-8　拉伸特征效果

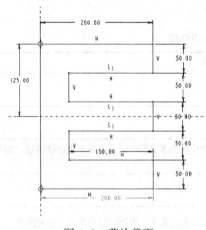

图 4-9 草绘截面

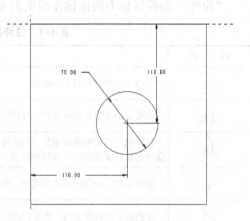

图 4-10 草绘截面

表 4-2 拉伸深度控制方式

按　钮	名　称	图　形	说　明
	输入深度值		该方式拉伸的深度靠在"拉伸"控制面板中的文本框中输入具体的深度值来控制
	对称拉伸		该方式拉伸的深度靠在"拉伸"控制面板中的文本框中输入具体的深度值来控制，且整个深度对称地分布在草绘平面两侧
	拉伸至下一曲面		该方式拉伸的深度靠在拉伸方向上的下一曲面的位置控制，特征自动拉伸到下一曲面处停止
	穿透所有		该方式拉伸的深度为穿透拉伸方向上的所有曲面
	拉伸至指定曲面		该方式拉伸的深度靠所选的拉伸方向上的曲面的位置控制，特征自动拉伸到该曲面处停止

按　钮	名　称	图　形	说　明
 拉伸至指定图元	拉伸至指定图元	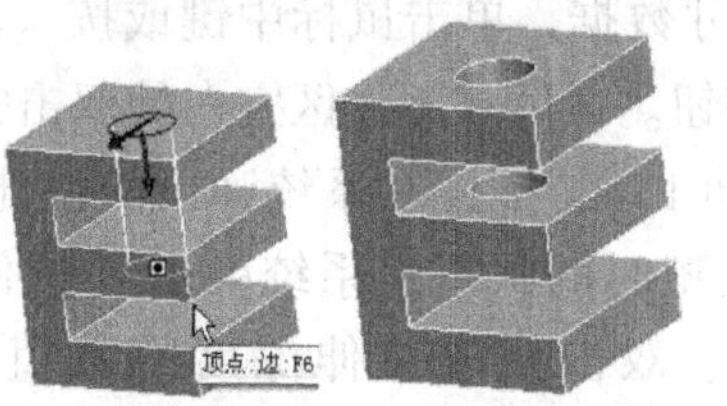 顶点·边·F6	该方式拉伸的深度靠所选的拉伸方向上的图元的位置控制，特征自动拉伸到该图元处停止（参见"素材文件\第4章\4-2"）

4.1.3　拉伸特征的注意事项

1）拉伸时所绘制的草绘截面可以是封闭的，也可以是开放的。但零件模型的第一个拉伸特征的拉伸截面必须是封闭的。如果拉伸截面是开放的，那么只能有一条轮廓线，所有的开放截面必须与零件模型的边界对齐。封闭的截面可以是单个或多个不重叠的环线。封闭的截面如果是嵌套的环线，最外面的环线被用作外环，其他环线被当作"洞"来处理。若所绘截面不满足以上要求，通常不能正常结束草绘进入到下一步骤。

2）灵活应用拉伸深度的各种控制方式。

3）在去除材料时还应注意材料的剪切方向，它既可以把截面内部的材料去除也可以把截面外的材料去除而保留截面内的材料。

4.1.4　拉伸特征的编辑

① 右击模型树上的"拉伸1"特征，在系统弹出的快捷菜单中选择"编辑"，此时工作区中的模型上会显示出模型的相关尺寸，双击要修改的尺寸并输入新的尺寸数据，单击鼠标中键或按〈Enter〉键，此时模型的尺寸即被修改，再单击"再生"按钮，即可得到编辑后的模型，如图4-11中①~⑥所示。

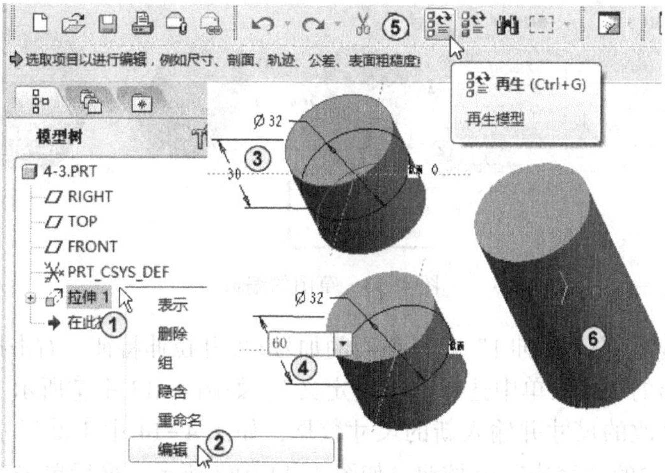

图4-11　特征的编辑

② 右击模型树上的"拉伸1"特征，在系统弹出的快捷菜单中选择"动态编辑"。此时工作区中的模型上会显示出模型的相关尺寸，拖动拉伸深度滑块可调整拉伸特征的深度。双击要修改的尺寸并输入新的尺寸数据，单击鼠标中键或按〈Enter〉键，此时模型即可立即更新无需再单击"再生" 按钮。最后在工作区空白处双击完成动态编辑。

③ 右击模型树上的"拉伸1"特征，在系统弹出的快捷菜单中选择"编辑定义"。此时工作区中的模型回到建立模型时的状态，系统弹出"拉伸"操控面板，拖动拉伸深度滑块可调整拉伸特征的深度、双击修改拉伸深度的数值或在文本框中输入数值，如图4-12中①~③所示。最后单击"应用并保存" 按钮，完成编辑定义操作，如图4-12中④⑤所示。

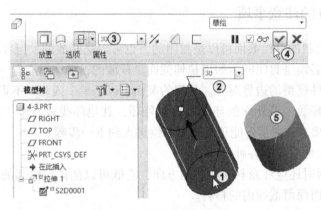

图4-12　特征的编辑定义

④ 单击模型树上的"拉伸1"特征前面的加号 展开拉伸特征。右击拉伸特征中的草绘文件，在系统弹出的快捷菜单中选择"编辑"，如图4-13中①~③所示。

此时工作区中的模型上会显示出草图的相关尺寸，双击要修改的尺寸并输入新的尺寸数据，单击鼠标中键或按〈Enter〉键，此时模型的尺寸即被修改，再单击"再生" 按钮，即可得到编辑后的模型，如图4-13中④~⑥所示。

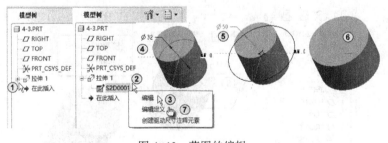

图4-13　草图的编辑

⑤ 单击模型树上的"拉伸1"特征前面的加号 展开拉伸特征。右击拉伸特征中的草绘文件，在系统弹出的快捷菜单中选择"编辑定义"，如图4-13中⑦所示。此时系统进入草绘环境，双击要修改的尺寸并输入新的尺寸数据，如图4-14中①②所示。单击屏幕右侧"草绘器"工具栏中的"完成" 按钮，如图4-14中③所示。最后单击草绘环境中的"应用并保存" 按钮即可完成草绘的编辑定义操作。

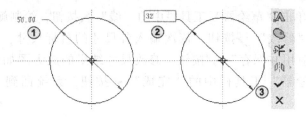

图 4-14　草图的编辑定义

4.2　旋转特征

将绘制的截面沿给定旋转轴和给定旋转角度生成的三维特征称为旋转特征。它适合于构造有轴线的旋转实体特征。

旋转几何可以是实体，也可以是曲面，可添加或移除材料。

旋转特征的旋转轴可以是外部参照，也可以是内部参照。当选择外部参照时可使用现有线性几何：基准轴、直边、直曲线和坐标系的轴。

内部参照使用在"草绘器"工具栏中创建的几何中心线作为旋转轴。"草绘器"工具栏中创建的中心线是不能作为旋转轴的。

创建的内部参照在退出草绘环境后会自动添加到"参照"收集器中。默认情况下系统使用内部参照，如果没有创建内部参照，在退出草绘环境后可选择外部参照。

如果截面包含一条以上的几何中心线，则创建的第一条几何中心线作为旋转轴。旋转轴（几何参照或中心线）必须位于截面的草绘平面中。

4.2.1　旋转特征概述

单击屏幕右侧工具栏中的"旋转" 按钮，或选择菜单"插入"→"旋转"，单击"基准"工具栏中的"草绘" 按钮，系统弹出"草绘"对话框。将鼠标指针移至模型树中选择"FRONT"，该对话框中显示指定的草绘平面、参照平面、视图方向等内容。其余均取默认值，单击对话框中的"草绘"按钮，如图 4-15 中①②所示。

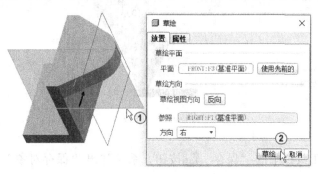

图 4-15　选择面

单击"草绘器"工具栏中的"几何中心线" 按钮，或选择菜单"草绘"→"线"→"几何中心线"。在工作区单击确定两点通过这两点来绘制垂直中心线作为旋转轴，如

图 4-16 中①所示。单击"草绘器"工具栏中的"线" \ 按钮，绘制旋转截面。单击"草绘器"工具栏中的"修改" ⯐ 按钮，依次输入各尺寸的目标尺寸，最后单击"修改尺寸"对话框中的"应用并保存" ✔ 按钮，修改尺寸结果的放大图如图 4-16 中②所示。单击屏幕右侧"草绘器"工具栏中的"完成" ✔ 按钮，系统回到"旋转"特征操控面板。

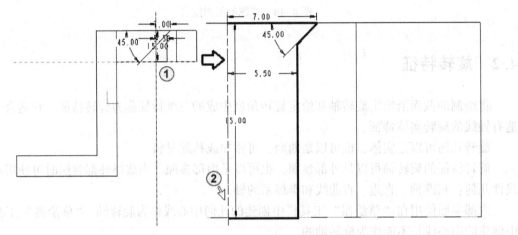

图 4-16　绘制几何中心线并修改尺寸

单击屏幕上方的"旋转"特征操控面板中的"退出暂停模式，继续使用此工具" ▶ 按钮，单击"切削特征类型" ⬚ 按钮，其余均取默认值，单击"应用并保存" ✔ 按钮，完成特征的创建，如图 4-17 中①~③所示。

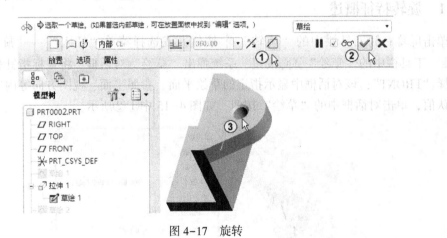

图 4-17　旋转

单击快速访问工具栏中的"保存" 🖫 按钮，系统弹出"保存对象"对话框，打开查找范围下拉列表框，选择当前文件的保存目录。单击"确定"按钮，工作窗口中的模型保存到选定的文件夹，得到 prt0002.prt 零件。

因与"拉伸"特征操控面板极为相似，故只将"旋转"操控面板中形似而意不同的按钮和选项介绍如下。详见表 4-3。

表 4-3　旋转操控面板按钮介绍

按　　钮	说　　明
（图标）	旋转轴设定
（图标）	从草绘平面按指定的角度值旋转
（图标）	从草绘平面两侧分别按给定的旋转角度值的一半旋转
（图标）	沿指定的方向旋转到选定的点、曲线、平面或曲面
360.00 ▼	旋转角度输入文本框，系统默认的角度有 90°、180°、270°、360°。设定旋转的角度：在操控面板上输入数值，或者双击图形区域中的深度尺寸并在尺寸文本框中输入新的值进行更改；也可以用鼠标拖动角度控制滑块调整数值 系统默认特征沿逆时针方向旋转到指定角度
（图标）	使用开放截面创建曲面旋转
（图标）	移出材料
（图标）	生成薄板。单击"加厚草绘" □ 按钮后，操控面板上的内容将发生变化，在薄板按钮右面会多出来两项 5.000 ▼ ％。第一项用来输入薄板的厚度，第二项用来切换薄板生成的方向（在草绘曲线内部还是在草绘曲线外部）

4.2.2　旋转特征的注意事项

1）绘制草绘截面时，应首先绘制一条中心线作为旋转轴，这样做有利于提高建模速度。此中心线不能利用草绘的"中心线"工具来创建，只能利用草绘的"几何中心线"工具来创建。

2）在草绘时系统会把所绘制的第一条几何中心线默认为旋转轴，若想设置某一条中心线为旋转轴，可右击该中心线，在弹出的快捷菜单中选择"旋转轴"即可。

3）截面轮廓不能与中心线交叉。

4）若创建实体类型，其截面必须是封闭的，而且草绘的截面必须位于旋转轴的一侧。

5）若创建薄壁或曲面类型的实体，其截面可以是封闭的，也可以是开放的。

在创建旋转特征过程中，指定旋转角度的方法与拉伸深度的方法类似，增加和去除材料选项也与拉伸特征类似，以后不再赘述。

4.3　孔特征

本节将详细介绍孔特征的建立方法。

Creo 5.0 提供了许多类型的放置特征，如孔特征、倒角特征和抽壳特征等。在零件建模过程中使用放置特征，一般需要给系统提供以下信息：放置特征的位置和放置特征的尺寸。

零件建模的放置特征通常是指由系统提供的或用户自定义的一类模板特征。它的特征几何形状是确定的，用户通过改变其尺寸，可得到不同的相似几何特征，如钻孔，用户通过改变孔的直径尺寸，可得到一系列大小不同的孔。

1）放置特征的位置。如钻孔特征，用户需要首先为系统指定在哪一个平面上钻孔，然后需要确定孔在该平面上的定位尺寸。

2）放置特征的尺寸。如钻孔的直径尺寸、圆角特征的半径尺寸、抽壳特征的壁厚尺寸等。

孔分为简单孔、草绘孔和标准孔。除使用前面讲述的减料功能创建孔外，还可直接使用"孔"命令，从而更方便、快捷地创建孔特征。

在使用"孔"命令创建孔特征时，只需指定孔的放置平面并给定孔的定位尺寸及孔的直径、深度即可。

4.3.1 简单孔

选择菜单"插入"→"孔"，或单击屏幕右侧"工程特征"工具栏中的"孔" 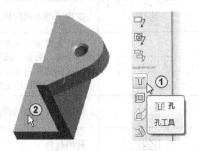按钮，选择一个平面，如图 4-18 中①②所示。

图 4-18 孔的放置平面

将两个绿色小方块分别拖到对应的边上，如图 4-19 中①②所示。修改"偏移参照"选项组中的"偏移"均为"15"，如图 4-19 中③所示。系统弹出"孔"特征操控面板，且默认选中了"简单孔" 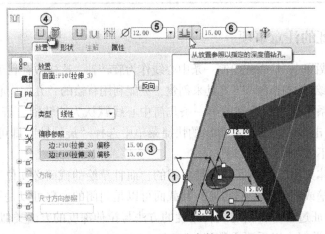，输入直径值"12"和孔深度值"15"，如图 4-19 中④~⑥所示。

图 4-19 设置孔参数

单击"孔"操控面板中的"应用并保存" ✔按钮，效果如图 4-20 中①②所示（**参见"素材文件\第4章\4-3"**）。

建立简单孔的操作步骤如下：

1）选择菜单"插入"→"孔"选项，或单击"孔" 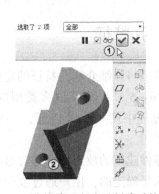按钮，系统弹出"孔"特征操控面板。

2）系统默认选中"简单孔" ∪。

3）确定孔的放置平面及孔的尺寸定位方式，并相应标注孔的定位尺寸。

图 4-20 孔的放置方式及创建后的效果

4）输入孔的直径，选定深度定义方式，并相应给出孔的深度。

5）单击"孔"操控面板右侧的"预览" 按钮，观察生成的孔特征，单击"孔"操控面板中的"应用并保存" 按钮完成孔特征的建立。

提示：建立简单孔，只需选定放置平面，给定形状尺寸与定位尺寸即可，而不需要设置草绘面、参照面等，这也是将孔特征归为放置特征的原因。

与拉伸特征操控面板极为相似，"孔"操控面板按钮的介绍见表4-4。

表4-4 孔操控面板按钮的介绍

按 钮	说 明
	创建简单孔
	创建标准孔
	使用预定义矩形作为钻孔轮廓
	使用标准孔轮廓作为钻孔轮廓
	使用草绘定义钻孔轮廓
Ø 12.00 ▼	输入钻孔的直径
	以指定的深度值钻孔
	以指定深度的一半在选定平面的两侧进行钻孔
	钻孔至下一曲面
	钻孔至与所有曲面相交
	钻孔至与选定的曲面相交
	钻孔至选定的点、曲线、平面、曲面
	暂停当前工具的使用
☑ 𝄜	特征预览
☑	确定并关闭操控面板
✕	取消特征创建或重定义
▶	退出暂停模式继续使用该工具

4.3.2 标准轮廓孔

所谓标准轮廓孔就是使用标准孔的截面形状完成孔特征的建立，其特征生成原理与简单孔特征类似。

绘制标准轮廓孔的步骤如下：

1）选择菜单"插入"→"孔"选项，或单击"孔" 按钮，系统显示孔特征操控面板。

2）选定孔的类型为"标准轮廓孔" 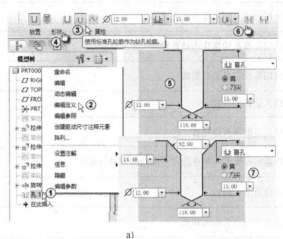。

3）确定孔的放置平面及孔的尺寸定位方式，并相应标注孔的定位尺寸。

4）输入孔的直径，选定深度定义方式，并相应给出孔的深度。

5）单击"孔"操控面板右侧的"预览" ∞ 按钮，观察生成的孔特征，单击"孔"操控面板中的"应用并保存" ✔ 按钮，完成标准轮廓孔特征的建立。

右击模型树上的"孔1"特征，在系统弹出的快捷菜单中选择"编辑定义"，如图4-21a中①②所示。工作区中的模型回到建立模型时的状态，系统弹出"孔"操控面板，单击"标准轮廓孔" ∪ 按钮，如图4-21a中③所示。单击"形状"选项，如图4-21a中④所示，得到标准轮廓孔的默认形状，效果如图4-21a中⑤所示。单击"埋头孔" ╳ 按钮，如图4-21a中⑥所示，得到标准轮廓孔的埋头孔形状，效果如图4-21a中⑦所示。

a)

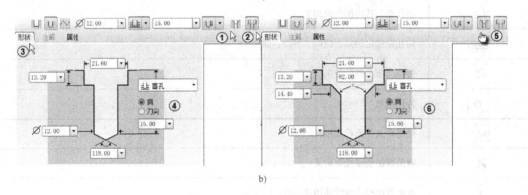

b)

图4-21 标准轮廓孔的效果

a）标准轮廓孔的效果1 b）标准轮廓孔的效果2

再次单击"埋头孔" ╳ 按钮，使之弹起，如图4-21b中①所示。单击"沉头孔" ╬ 按钮，如图4-21b中②所示，单击"形状"选项，得到标准轮廓孔的沉头孔形状，如图4-21b中③④所示。单击"埋头孔" ╳ 按钮，如图4-21b中⑤所示（两按钮都按下），单击"形状"选项，得到标准轮廓孔两形状叠加，效果如图4-21b中⑥所示。

最后单击"应用并保存" ✔ 按钮，完成标准轮廓孔特征的建立。

另外"钻孔肩部深度" 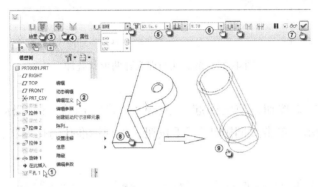按钮和"钻孔深度" 按钮可用来控制孔的两个不同的深度。

4.3.3 标准孔

右击模型树上的"孔1"特征，在系统弹出的快捷菜单中选择"编辑定义"，如图4-22中①②所示。工作区中的模型回到建立模型时的状态，系统弹出"孔"操控面板，单击"标准孔" 按钮，如图4-22中③所示。此时默认选中了"攻螺纹" 按钮，如图4-22中④所示。选定标准孔的类型为"ISO"，直径为"M3.5×0.6"，深度为"8.7"，最后单击"应用并保存" 按钮，完成标准孔特征的建立，如图4-22中⑤~⑧所示。标准孔特征的放大图如图4-22中⑨所示。

图4-22　标准孔

绘制标准孔的步骤如下：

1）选择菜单"插入"→"孔"选项，或单击"孔" 按钮，系统弹出"孔"特征操控面板。

2）选定标准孔的类型，系统提供了3种标准孔类型ISO、UNC、UNF，并可选择孔的形状，如埋头孔、沉头孔等。

3）确定孔的放置平面及孔的尺寸定位方式，并相应标注孔的定位尺寸。

4）选定标准孔的直径，选定深度定义方式，并相应给出孔的深度。

5）单击"孔"操控面板右侧的"预览" 按钮，观察生成的孔特征，单击"孔"操控面板中的"应用并保存" 按钮，完成标准孔特征的建立。

右击模型树上的"孔1"特征，在系统弹出的快捷菜单中选择"编辑定义"，单击"形状"选项，系统默认的标准孔的形状如图4-23中②所示。单击"标准孔"操控面板上"埋头孔" 按钮，得到标准孔的埋头孔形状，如图4-23中③④所示。

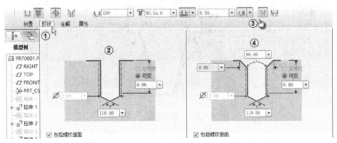

图4-23　标准孔的埋头孔形状

91

再次单击"埋头孔" ┃┃ 按钮，使之弹起，如图4-24中①所示，单击"沉头孔" ┗┛ 按钮，如图4-24中②所示，单击"形状"选项，得到标准孔的沉头孔形状，如图4-24中③所示。单击"埋头孔" ┃┃ 按钮，如图4-24中④所示（两按钮都按下），单击"形状"选项，得到标准孔两形状叠加，如图4-24中⑤所示的效果。

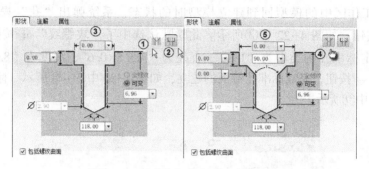

图4-24　沉头孔与埋头孔两形状叠加

单击"攻螺纹" ⊕ 按钮，使之弹起。单击"形状"选项，得到标准孔的孔形状，如图4-25中①~③所示。单击"间隙孔" ┃┃ 按钮，得到标准孔的孔形状，如图4-25中④⑤所示。

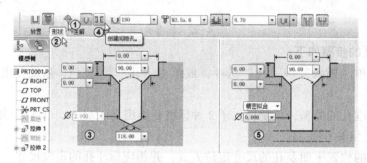

图4-25　取消攻螺纹的效果和创建间隙孔效果

单击"攻螺纹" ⊕ 按钮和"锥孔" ┃┃ 按钮得到如图4-26所示的效果。

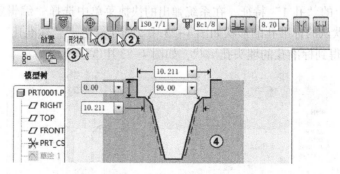

图4-26　创建锥孔效果

4.3.4 孔的放置方式

使用"孔"命令建立孔特征，应指定孔的放置平面并标注孔的定位尺寸，系统提供了 4 种标注方法：线性、径向、直径和同轴。

1) **放置**。单击"放置"选项，如图 4-27 中①所示。系统弹出选项卡，在该选项卡可进行放置孔特征的操作。

"放置"选项组：在其下的列表框中定义孔的放置平面信息，如图 4-27 中②所示。

"反向"按钮：单击"反向"按钮，如图 4-27 中③所示，改变孔放置的方向。

"类型"下拉列表中各选项说明如下。

- 线性：选择孔类型为"线性"，如图 4-27 中④所示，使用两个线性尺寸定位孔，标注孔中心线到实体边或基准面的距离，标注的信息将显示在选项卡。线性孔的放置情况如图 4-27 中⑤所示。标注时可拖动标注滑块到相应的标注基准上，如图 4-27 中⑥⑦所示。也可以在"偏移参照"列表框中单击后，再在工作区中按住〈Ctrl〉键选择两个偏移参照。

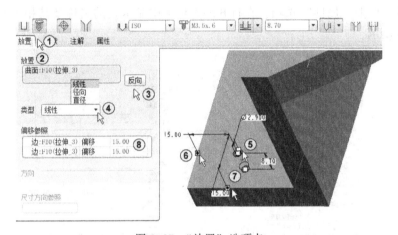

图 4-27 "放置"选项卡

- 径向：使用一个线性尺寸和一个角度尺寸定位孔，以极坐标的方式标注孔的中心线位置。此时应指定参照轴和参照平面，以标注极坐标的半径及角度尺寸，如图 4-28 所示。标注时可拖动标注滑块到相应的标注基准上，也可以在"偏移参照"列表框中单击后，再在工作区中按住〈Ctrl〉键选择两个偏移参照。

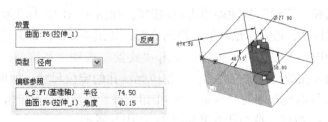

图 4-28 "径向"方式放置孔

● 直径：使用一个线性尺寸和一个角度尺寸定位孔，以直径的尺寸标注孔的中心线位置，此时应指定参照轴和参照平面，以标注极坐标的直径及角度尺寸，如图 4-29 所示。标注时可拖动标注滑块到相应的标注基准上，也可以在"偏移参照"下的列表框中单击后，再在工作区中按住〈Ctrl〉键选择两个偏移参照。

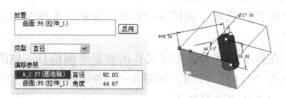

图 4-29　"直径"方式放置孔

偏移参照：在其下的列表框中定义孔的定位信息，如图 4-27 中⑧所示。

2）**形状**。单击"形状"选项，显示如图 4-30 中①所示的选项卡。在该面板设置孔的形状及其尺寸，并可对孔的生成方式进行设定，其尺寸也可即时修改。

3）**注释**。当生成标准孔时，单击此选项，显示该标准孔的信息，如图 4-30 中②所示。

4）**属性**。单击"属性"选项，在打开的选项卡中显示孔的名称及其相关参数信息，如图 4-30 中③所示。

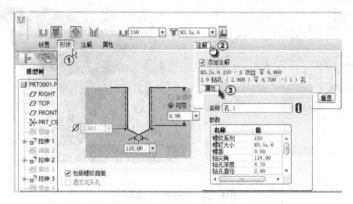

图 4-30　"形状""注释""属性"等选项卡

4.3.5　草绘孔

所谓草绘孔就是使用草图中绘制的截面形状完成孔特征的建立，其特征生成原理与旋转减料特征类似。选择菜单"插入"→"孔"选项，或单击"孔" 按钮，系统弹出"孔"特征操控面板。选择"草绘"选项即单击 按钮，如图 4-31 中①所示。单击"激活草绘器以创建截面" 按钮，进入草绘环境，绘制截面，如图 4-31 中②③所示。单击屏幕右侧"草绘器"工具栏中的"完成" 按钮。单击"放置"选项，系统弹出"放置"选项卡，确定孔的放置平面及孔的尺寸定位方式，并相应标注孔的定位尺寸，如图 4-31 中④~⑦所示。单击"孔"操控面板右侧的"预览" 按钮，查看预览效果后单击"孔"操控面板中的"应用并保存" 按钮，草绘孔效果如图 4-31 中⑧所示。

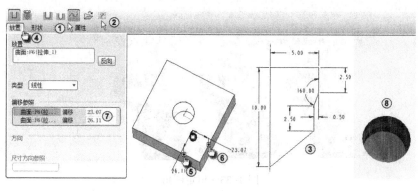

图 4-31 草绘孔

4.4 圆角特征

圆角特征是在一条或多条边、边链或曲面之间添加半径创建的特征。机械零件中圆角可用来完成表面之间的过渡,增加零件强度。

圆角特征在零件设计中必不可少,且有助于模型设计中造型的变化或产生平滑的效果。图 4-32 所示为 4 种常用圆角类型的示意图。

1)恒定:一条边上倒圆角的半径数值为常数。

2)可变:一条边上倒圆角的半径数值是变化的。

3)曲线驱动倒圆角:由基准曲线来驱动倒圆角的半径。

4)全圆角:两个不相邻的对接面的棱边直接变为对接面距离的圆角。

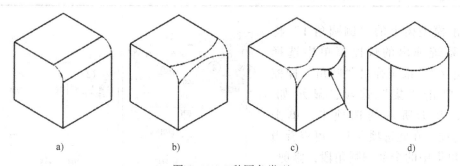

图 4-32 4 种圆角类型

a)半径为常数的圆角 b)有多个半径的圆角 c)由曲线驱动的圆角 d)全圆角

单击屏幕右侧"工程特征"工具栏中的"圆角"　按钮,或选择菜单"插入"→"倒圆角"选项,如图 4-33 中①所示,系统弹出"圆角"特征操控面板。在模型上选择要进行圆角的垂直边,在文本框中输入"15",如图 4-33 中②③所示。单击"圆角"操控面板右侧的"预览"　按钮,查看预览效果后单击"圆角"操控面板中的"应用并保存"　按钮,如图 4-33 中④~⑥所示。

"圆角"操控面板各功能选项说明见表 4-5。

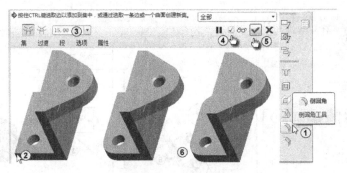

图 4-33 恒定圆角

表 4-5 "圆角"操控面板按钮说明

按　　钮	说　　明
	打开圆角设定模式
	打开圆角过渡模式
1.60	定义圆角半径大小
集	在该选项卡上设定模型中各圆角或圆角集的特征及大小。在该选项卡"参照"下面的列表框内单击，再在模型上选择要进行倒圆角的边
过渡	该选项卡中列出除默认过渡外的所有用户定义的过渡
段	可查看倒圆角特征的全部倒圆角集
选项	单击该选项，在弹出的选项卡中选择创建实体圆角或者曲面圆角
属性	显示当前圆角特征名称及其相关信息

右击模型树上的"倒圆角 1"特征，在系统弹出的快捷菜单中选择"编辑定义"。系统弹出"圆角"操控面板，单击"集"选项，显示如图 4-34 中①所示的选项卡。单击"段"选项，在此选项卡上，可查看当前倒圆角集中的全部倒圆角段、修剪、延伸或排除这些倒圆角段，以及处理放置模糊问题。如图 4-34 中②③所示。单击"选项"选项，如图 4-34 中④⑤所示。单击"属性"选项，如图 4-34 中⑥⑦所示。

1. 建立圆角特征的操作步骤

1）选择菜单"插入"→"倒圆角"命令，或单击"倒圆角" 按钮，打开"圆角"特征操控面板。

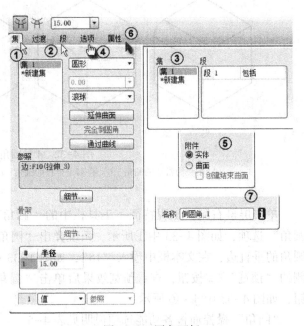

图 4-34 圆角面板

96

2）单击"集"选项，在打开的选项卡中设定圆角类型、形成圆角的方式、圆角的参照、圆角的半径等。

3）单击"切换至过渡模式" ⌒ 按钮，设置转角的形状。此时需在工作区的模型上单击拐角处以激活过渡模式的选项列表，如图 4-35 所示，选项列表如图 4-36 所示。可以通过不同的形式来控制过渡处的形状。

图 4-35　圆角过渡处　　　　　　图 4-36　圆角过渡的选项列表

4）单击"选项"选项，选择生成的圆角是实体形式还是曲面形式。

5）单击"圆角"操控面板右侧的"预览" ∞ 按钮，观察生成的圆角，单击"圆角"操控面板中的"应用并保存" ✔ 按钮，完成圆角特征的建立。

提示： 如果想把多条边的圆角放入同一组（集）中，即同时具有一个圆角半径，应按下〈Ctrl〉键，然后单击要加入的边线即可。

2. 其他倒圆角方式

单击"集"选项，在"集"对话中单击"圆形"右侧的下三角 ▼ 按钮，系统弹出选项列表，其中有"圆形""圆锥""C2 连续""D1×D2 圆锥"和"D1×D2 C2"。选中"圆锥"后，工作区中的圆角处出现一个拖动滑块，它可以用来控制倒圆角的形状，如图 4-37 中①~⑦所示。

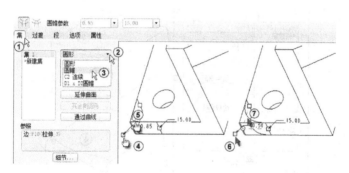

图 4-37　圆角形状控制

在"集"选项卡中单击"新建集"，再在模型上选择要增加倒角的边即可创建新集，如图 4-38 中①②所示。

在模型上选择一组平行的对边，在"集"选项卡中单击"完全倒圆角"按钮，得到完全倒圆角效果，如图 4-39 中①~④所示。

在工作区中长方体的表面画一条曲线（选中该面进行草绘即可），如图 4-40 中①所示。单击"倒圆角" ⌒ 按钮，再选择曲线附近的边作为要进行倒圆角的边，在"集"选项卡中单击"通过曲线"按钮，得到通过曲线的倒圆角，如图 4-40 中②~④所示。

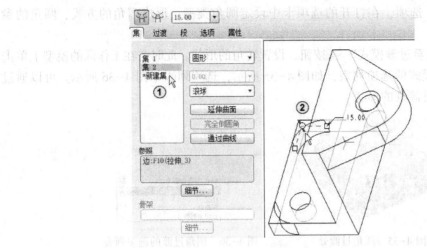

图 4-38 新组增加效果

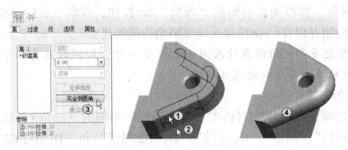

图 4-39 完全倒圆角效果

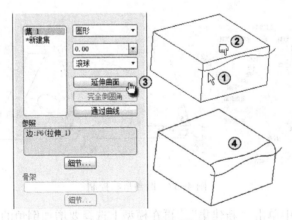

图 4-40 通过曲线倒圆角

倒圆角特征还可以通过添加半径来实现变半径倒圆角。单击"倒圆角" 🌙 按钮,选择要进行倒圆角的边,再在圆角的控制滑块处右击,在弹出的快捷菜单中选择"添加半径",如图 4-41a 所示。用同样的方法再添加一个半径,如图 4-41b 所示。添加半径后得到如图 4-42 所示的效果。单击"圆角"操控面板右侧的"预览" 👓 按钮,查看预览效果后单击"圆角"操控面板中的"应用并保存" ✔ 按钮,得到如图 4-43 所示的变半径倒圆角。

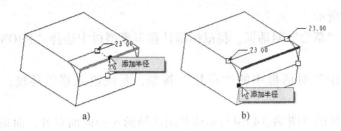

图 4-41 添加半径

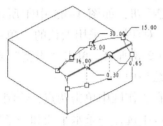

图 4-42 添加半径效果

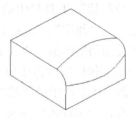

图 4-43 变半径倒圆角

如果有多条边相切，在选取其中一条边时，与之相切的边链会同时被全部选中，进行倒圆角。

自动倒圆角工具是针对图形区中所有实体或曲面进行自动倒圆角的工具。当需要对模型中统一的尺寸倒圆角时，此工具可以快速创建圆角特征。

4.5 筋特征

对于需要设置加强筋的零件，可通过"筋"命令为零件添加筋特征。有效的筋特征草绘必须满足如下规则：单一的开放环；连续的非相交草绘图元；草绘端点必须与形成封闭区域的连接曲面对齐。

无论是创建内部草绘，还是用外部草绘生成筋特征，用户均可轻松地修改筋特征草绘，因为它在筋特征的内部。对原始种子草绘所做的任何修改（包括侧除）都不会影响到筋特征，因为草绘的独立副本被存储在特征中。为了修改筋草绘几何，必须修改内部草绘特征，在模型树中，它是筋特征的一个子节点。

建立筋特征的操作步骤如下：

1）选择菜单"插入"→"筋"选项，或单击屏幕右侧"工程特征"工具栏中的"轮廓筋" 按钮，如图 4-44 中①所示。系统弹出"筋"特征操控面板。

2）单击该特征操控面板中的"参照"选项，在弹出的选项卡中单击"定义"按钮，

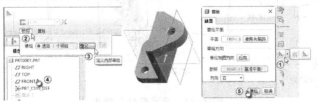

图 4-44 "筋"特征面板

如图 4-44 中②③所示。

3）系统弹出"草绘"对话框，将鼠标指针移至模型树中选择"FRONT"，系统会自动选择一参照平面。

4）单击"草绘"对话框中的"草绘"按钮，系统进入草绘环境，如图 4-44 中⑤所示。

5）由于筋特征的草图端点必须与形成封闭区域的连接曲面对齐，而初学者无论是通过标注尺寸还是通过添加几何约束，都不容易达到要求，从而导致筋特征创建失败。因此，此处先用"使用"命令建立两条辅助线，以便于找到端点，然后再绘制所需要的斜线，删除辅助线。单击"草绘器"工具栏中的"使用" □按钮，如图 4-45 中①所示，或选择菜单"草绘"→"边"→"使用"，系统弹出"类型"对话框。采用默认的"单一"选项，在工作区中选择所要使用的实体的边界，如图 4-45 中②③所示。单击"类型"对话框中的"关闭"按钮，即可把实体模型的边线加入到当前草绘当中。

单击"草绘器"工具栏中的"线" ＼按钮，在工作区中单击两点，绘制一条斜线，如图 4-46 中①所示。单击"删除段" ∺按钮，在工作区中选择一条水平线和一条竖直线，完成删除操作，如图 4-46 中②③所示。单击屏幕右侧"草绘器"工具栏中的"完成" ✓按钮。输入筋厚度为"10"，单击"反向"按钮，再单击"筋"操控面板右侧的"预览" ∞按钮，查看预览效果后单击"筋"操控面板中的"应用并保存" ✓按钮，如图 4-46 中④~⑥所示。

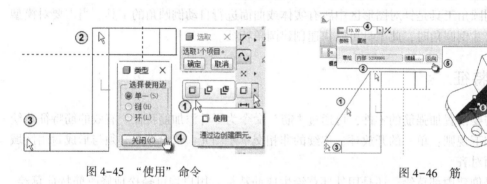

图 4-45 "使用"命令　　　　　　　　图 4-46 筋

筋特征截面还可以绘制成其他形状，但该截面不能封闭，必须有一处开口，如图 4-47 中①所示。输入筋厚度为"16"，单击"筋"操控面板右侧的"预览" ∞按钮，预览完成后单击"筋"操控面板中的"应用并保存" ✓按钮，可得如图 4-47 中②③所示的筋特征效果。

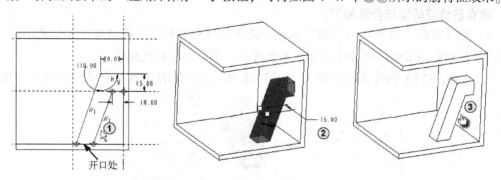

图 4-47 预览筋特征效果

4.6 倒角特征

倒角是处理模型周围棱角的方法之一，建立倒角的基本方法同倒圆角。系统提供了两种方式的倒角，即边倒角和拐角倒角。边倒角沿着所选择边创建斜面，拐角倒角在 3 条边的交点处创建斜面。

打开第 3 章保存的文件 prt0001. prt 零件（参见"素材文件\第 3 章\3-1"），单击屏幕右侧"工程特征"工具栏中的"边倒角" ![icon]按钮，如图 4-48 中①所示。屏幕上方出现"边倒角"特征操控面板，在倒角类型中选择"角度×D"类型，如图 4-48 中②所示。系统默认值是 45°，在"D"文本框中输入"1"，如图 4-48 中③所示。在模型上选择要进行倒角的外圆边，单击"边倒角"操控面板中的"应用并保存" ![icon]按钮，如图 4-48 中④所示。得到的效果如图 4-48 中⑤所示。

类似地在模型上选择内圆边倒 1.5×45°，如图 4-48 中⑥⑦所示。

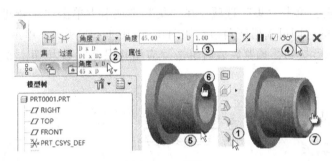

图 4-48　倒角

边倒角包括 4 种倒角类型。

- D×D：距离选择边尺寸都为 D 的位置建立一倒角。只需确定参照边和 D 值即可，系统默认选取此选项。
- D1×D2：距离选择边尺寸分别为 D1 与 D2 的位置建立一倒角。需要分别确定参照边和 Dl、D2 的数值。
- 角度×D：距离所选择边为 D 的位置，建立一个可自行设置角度的倒角。需要分别指定参照边、D 值和夹角数值。
- 45×D：在距选择的边尺寸为 D 的位置建立 45°的倒角，此选项仅适用于在两个垂直平面相交的边上建立倒角。需要分别指定参照边和 D 值。

4.6.1　角度方式的倒角

建立 45×D 倒角特征的操作步骤如下：

单击屏幕右侧"工程特征"工具栏中的"边倒角" ![icon]按钮，屏幕上方出现"边倒角"特征操控面板，在倒角类型中选择"45×D"类型，在"D"文本框中输入"25"。单击"集"选项，在打开的选项卡中单击"参照"下的列表框，然后在模型上选择要进行倒角的边。如图 4-49 中①~⑤所示。单击"边倒角"操控面板右侧的"预览" ![icon]按钮，预览完成后单击"应用并保存" ![icon]按钮，效果如图 4-49 中⑥所示。

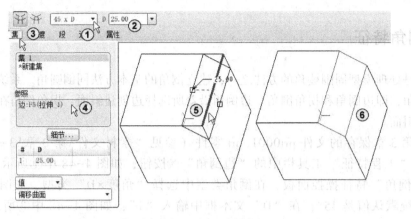

图 4-49 45×D 边倒角

右击模型树上的"倒圆角 1"特征，系统弹出快捷菜单，选择"编辑定义"。系统弹出"边倒角"操控面板，单击"集"选项，在"集"选项卡中单击"＊新建集"，然后在模型上选取要进行倒角的边即可新增倒角边，如图 4-50 中①~③所示。单击"边倒角"操控面板右侧的"预览"∞ 按钮，预览完成后单击"应用并保存"✔ 按钮，效果如图 4-50 中④所示。

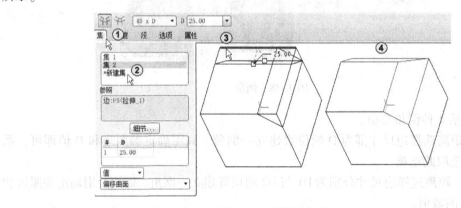

图 4-50 新增倒角边

提示：如果想把几条边的倒角放入同一集中，即同时具有一个倒角数值，应按下〈Ctrl〉键，然后单击要加入的边线即可。

连续两次单击 ↶ 按钮，使模型恢复到长方体。单击屏幕右侧"工程特征"工具栏中的"边倒角" ◥ 按钮，屏幕上方出现"边倒角"特征操控面板，在倒角类型中选择"45×D"类型，在"D"文本框中输入"25"。单击"集"选项，在打开的选项卡中单击"参照"下的列表框，按住〈Ctrl〉键选择 3 条相交的边，如图 4-51 中①~③所示。单击"切换到过渡模式" ⋎ 按钮，此时需在工作区的模型上单击拐角处，以激活过渡模式的选项列表，如图 4-51 中④~⑥所示。可以通过不同的形式来控制过渡处的形状。单击"边倒角"操控面板右侧的"预览" ∞ 按钮，"缺省（相交）"效果如图 4-51 中⑦所示，"曲面片"效果如图 4-51 中⑧所示，"拐角平面"效果如图 4-51 中⑨所示。最后单击"应用并保存" ✔ 按钮。

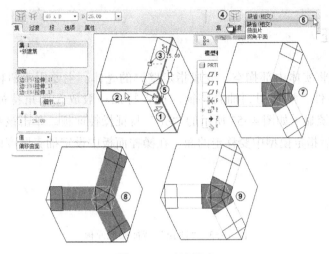

图 4-51 过渡模式

4.6.2 拐角倒角

拐角倒角从零件的拐角处移除材料，以在共有该拐角的 3 个原曲面间创建斜角曲面。拐角倒角的大小是以每条棱线上开始倒角处和顶点的距离来确定的。

建立拐角倒角特征的操作步骤如下：

选择菜单"插入"→"倒角"→"拐角倒角"命令，如图 4-52 中①~③所示。系统弹出"倒角（拐角）：拐角"对话框，选中模型上需要倒角的一条边，如图 4-52 中④所示。系统弹出"菜单管理器"，从中选取一种定义拐角大小的方式"输入"，系统弹出直接输入尺寸的对话框，即可从键盘输入"30"，单击"接受值" ☑ 按钮，如图 4-52 中⑤~⑦所示。单击"输入"，系统自动选中垂直线，从键盘输入"20"，单击"接受值" ☑ 按钮。再次单击"输入"，系统自动选中直线，从键盘输入"40"，单击"接受值" ☑ 按钮。单击"预览"按钮，观察生成的倒角，单击"确定"按钮，完成拐角倒角特征的建立，结果如图 4-52 中⑧所示。

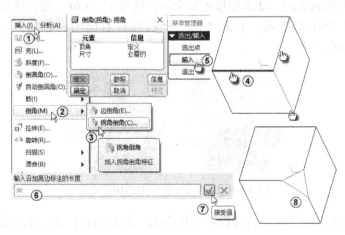

图 4-52 拐角倒角

4.7 抽壳特征

抽壳特征就是将实体内部掏空，变成指定壁厚的壳体，主要用于塑料和铸造零件的设计。建立箱体类零件，常常用到抽壳特征。抽壳特征一般放在圆角特征之前进行。单击"壳"  按钮，系统显示如图 4-53 所示的"壳"特征操控面板。单击该特征操控面板中的"参照"选项，然后指定模型中要移走的面，在操控面板中设定抽壳厚度即可完成模型的抽壳特征。

图 4-53　"抽壳"特征操控面板

建立抽壳特征的操作步骤如下：

1）选择菜单"插入"→"壳"选项，或单击屏幕右侧"工程特征"工具栏中的"壳"  按钮，如图 4-54 中①所示。屏幕上方出现"壳"特征操控面板。

2）设定壳体厚度为"5"。单击该特征操控面板中的"参照"选项，在模型中选择要移除的面，如图 4-54 中②~④所示。单击"壳"操控面板右侧的"预览" 按钮，得到如图 4-54 中⑤所示的效果。

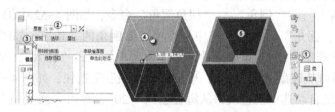

图 4-54　移除单个面的抽壳效果

3）单击屏幕上方的"壳"特征操控面板中的"退出暂停模式，继续使用此工具" 按钮，返回到特征的编辑状态。如果要移走多个面，应按下〈Ctrl〉键，然后依次单击要移走的面，如图 4-55 中①②所示。单击"壳"操控面板右侧的"预览" 按钮，得到如图 4-55 中③所示的效果。

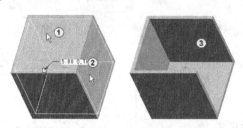

图 4-55　选择多个移除面的抽壳效果

4）单击屏幕上方的"壳"特征操控面板中的"退出暂停模式，继续使用此工具" 按钮，返回到特征的编辑状态。单击该特征操控面板中的"参照"选项，在"非缺省厚度"下的列表框中单击，在模型上选择要设定非默认厚度的面，如图 4-56 中①~③所示。双击尺寸，将厚度修改为"20"，单击"壳"操控面板右侧的"预览" 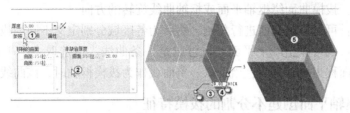 按钮，效果如图4-56
中④⑤所示。

图4-56　非默认厚度面的抽壳效果

单击屏幕上方的"壳"特征操控面板中的"退出暂停模式，继续使用此工具" ▶按钮，返
回到特征的编辑状态。单击"选项"选项，系统弹出"选项"选项卡。可通过设定"选项"
选项卡中的项目来调整抽壳的效果，如图4-57中①②所示。单击"属性"选项，系统弹出
"属性"选项卡，如图4-57中③④所示。单击"壳"操控面板中的"应用并保存" ✔按钮。

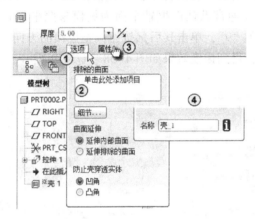

图4-57　"选项"选项卡和"属性"选项卡

4.8　拔模特征

对于用模具制造的零件需要为零件创建拔模角度以便于出模。拔模（斜度）特征就是
用来创建模型的拔模斜面。可以选择的拔模曲面有平面或圆柱面，并且当曲面为圆柱面或平
面时，才能进行拔模操作。曲面边的边界周围有圆角时不能拔模，但可以先拔模，再对边进
行圆角操作。

拔模特征有4种创建方法：基本拔模、可变拔模、可变拖拉方向拔模和分割拔模。

下面介绍有关拔模的几个关键术语。

- 拔模曲面：要进行拔模的模型曲面。
- 拔模枢轴：拔模曲面可绕着拔模枢轴与拔模曲面的交线旋转而形成拔模斜面。
- 拔模曲线：拔模曲面可绕着一条曲线旋转而形成拔模斜面。这条曲线就是拔模枢轴，
  它必须在要拔模的曲面上。
- 拔模参照：用于确定拔模方向的平面、轴和模型的边。
- 拔模方向：拔模方向总是垂直于拔模参照平面或平行于拔模参照轴和参照边。

- 拔模角度：拔模方向与生成的拔模曲面之间的角度。如果拔模曲面被分割，则可为拔模的每一部分定义两个独立的角度。拔模角度必须在-30°~30°范围内。
- 旋转方向：拔模曲面绕枢轴平面或枢轴曲线旋转的方向。
- 分割区域：可对拔模曲面进行分割，然后为各区域分别定义不同的拔模角度和方向。
- 拔模枢轴：既可以是一个平面，也可以是一条曲线。当选取一个平面作为拔模枢轴时，该平面称为枢轴平面；当选取一条曲线作为拔模枢轴时，该曲线称为枢轴曲线。

4.8.1　根据枢轴平面创建不分割的拔模特征

本节介绍如何根据枢轴平面创建一个不分割的拔模特征。

1）选择菜单"插入"→"拔模"选项，或单击"拔模"⬛按钮，如图4-58中①所示，系统弹出"拔模"特征操控面板。

2）单击该特征操控面板中的"参照"选项，在模型中选择"拔模曲面"，以及"拔模枢轴"如图4-58中②~⑥所示。若选择平面为拔模枢轴则不用再选择"拖拉方向"，系统会自动选择"拖拉方向"（通常默认以枢轴平面为拔模参照平面）。在操控面板的"角度"文本框中输入拔模角度"9"，单击其后⭣按钮调整拔模的方向。单击"拔模"操控面板右侧的"预览"👓按钮，得到拔模效果如图4-58中⑦~⑨所示。

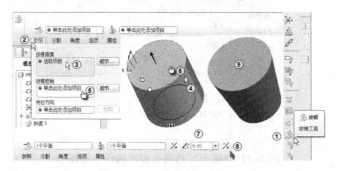

图4-58　参照设定和拔模效果

3）拔模特征的拔模枢轴也可设定为一曲线，此时需另外选择拔模方向。选择菜单"插入"→"拔模"选项，或单击"拔模"⬛按钮，系统弹出"拔模"特征操控面板。单击该特征操控面板中的"参照"选项，在模型中选择环曲面为拔模曲面，如图4-59中①②所示。选择下环边线为拔模枢轴，如图4-59中③所示。选择平面为"拖拉方向"，如图4-59中④所示。在操控面板输入拔模角度"10"，并确定拔模方向，单击"拔模"操控面板右侧

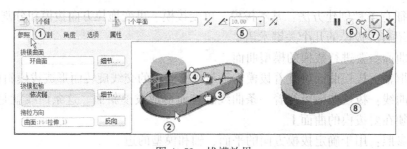

图4-59　拔模效果

的"预览"按钮，预览完成后单击"拔模"操控面板中的"应用并保存"✔按钮，完成拔模特征创建，如图4-59中⑤~⑧所示。

4.8.2 根据枢轴平面创建分割的拔模特征

拔模模型被枢轴平面分离成两个拔模侧面（拔模1和拔模2），这两个拔模侧面可以有独立的拔模角度和方向。下面以图4-60所示模型为例，介绍如何根据枢轴平面创建一个分割的拔模特征。

1）右击模型树上的"斜度1"特征，在系统弹出的快捷菜单中选择"编辑定义"。系统弹出"拔模"操控面板。

2）单击该特征操控面板中的"参照"选项，右击拔模枢轴平面，在系统弹出的快捷菜单中选择"移出"，如图4-60中①~③所示。单击（●单击此处添加项目），再选择TOP平面为拔模枢轴平面（TOP面同时也是默认的拔模方向参照平面），如图4-60中④所示。

3）单击该特征操控面板中的"分割"选项，在"分割选项"中选择"根据拔模枢轴分割"，再选择"侧选项"为"独立拔模侧面"，然后输入拔模角度为16°和7°。如图4-60中⑤~⑧所示。单击"拔模"操控面板右侧的"预览"按钮，得到分割的两个拔模效果，如图4-60中⑨所示。

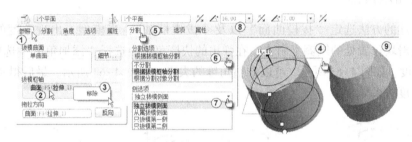

图4-60　分割拔模效果

单击屏幕上方的"拔模"特征操控面板中的"退出暂停模式，继续使用此工具"▶按钮，单击该特征操控面板中的"分割"选项，在"侧选项"中选择"从属拔模侧面"，单击"拔模"操控面板右侧的"预览"按钮，得到拔模效果如图4-61中①所示。

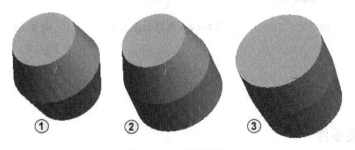

图4-61　拔模效果

单击屏幕上方的"拔模"特征操控面板中的"退出暂停模式，继续使用此工具"▶按钮，单击该特征操控面板中的"分割"选项，在"侧选项"中选择"只拔模第一侧"，单击"拔模"操控面板右侧的"预览"按钮，得到拔模效果如图4-61中②所示。

单击屏幕上方的"拔模"特征操控面板中的"退出暂停模式，继续使用此工具" ▶按钮，单击该特征操控面板中的"分割"选项，在"侧选项"中选择"从只拔模第二侧"，单击"拔模"操控面板右侧的"预览" ∞按钮，得到拔模效果如图 4-61 中③所示。

单击"角度"选项，系统弹出"角度"选项卡，如图 4-62 中①所示。单击"选项"选项，系统弹出"选项"选项卡，如图 4-62 中②所示。单击"属性"选项，系统弹出"属性"选项卡，如图 4-62 中③所示。

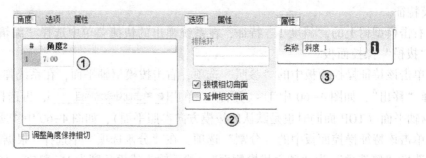

图 4-62　"角度""选项""属性"选项卡

4.8.3　变角度拔模

通过上述的方法选定"拔模曲面"以及"拔模枢轴"，当模型上出现角度的拖动滑块后，在拖动滑块位置处的圆圈上右击，在弹出的快捷菜单中选择"添加角度"选项，即可多出来一个角度，如图 4-63 所示。可以调整角度的大小，如图 4-64 所示。最后得到如图 4-65 所示的变角度拔模效果。

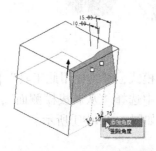
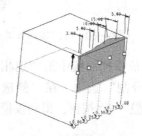
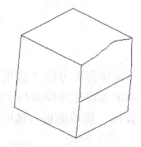

图 4-63　添加角度　　　　　图 4-64　调整角度大小　　　　图 4-65　变角度拔模

4.9　实例

4.9.1　支架类零件

1）进入零件设计模式，选择菜单"插入"→"拉伸"选项，或直接单击"拉伸" ⎚按钮，打开"拉伸"特征操控面板。

2）单击"放置"选项卡中的"定义内部草绘"按钮，或单击右侧工具栏中"草绘" ⌇按钮，在工作区中根据提示选择相应的基准平面作为草绘平面，再选择一个与草绘平面垂直的平面作为参照平面，在"草绘"对话框中设定参照平面的方向，该方向将决定进入草绘器时草绘平面的摆放方向。单击"草绘"对话框中的"草绘"按钮，系统进入草绘状态。如图4-66中①~④所示。

3）在草绘环境中绘制要拉伸的截面，绘制完毕后单击"草绘"工具栏中的"完成" ✔ 按钮，系统回到"拉伸"特征操控面板。步骤如图4-66中⑤~⑥所示。

4）单击屏幕上方的"拉伸"特征操控面板中的"退出暂停模式，继续使用此工具" ▶ 按钮，输入拉伸深度为"15"，单击"拉伸"操控面板右侧的"预览" ∞ 按钮，预览完成后，单击"应用并保存" ✔ 按钮完成拉伸，得到拉伸效果如图4-66中⑦所示。

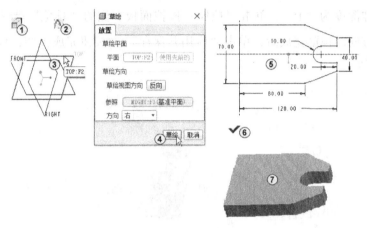

图4-66　创建底板

5）单击"拉伸" 按钮，再单击"草绘" 按钮，选择上一拉伸特征的一个表面为草绘平面，单击"草绘"按钮进入草绘环境，如图4-67中①~④所示。

图4-67　选择草绘平面

6）为了便于找到该草绘图的端点，选择菜单"草绘"→"参照"，系统弹出"参照"对话框。选中如图4-68所示草图矩形的上边与左右两边，关闭"参照"对话框，如图4-68中①~③所示。在草绘环境中绘制如图4-68中④所示的草绘图。

7）草绘完成后单击"草绘"工具栏中的"完成" ✔ 按钮，系统回到"拉伸"特征操控面板。单击屏幕上方的"拉伸"特征操控面板中的"退出暂停模式，继续使用此工具" ▶

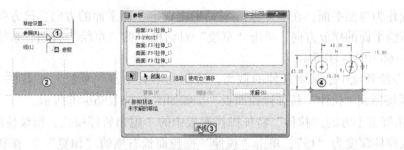

图 4-68　利用参照创建草绘图

按钮，输入拉伸深度为"15"。单击"拉伸"操控面板右侧的"预览" 👓 按钮，单击
按钮调整拉伸方向。预览完成后，单击"应用并保存" ✔ 按钮完成拉伸，得到拉伸效果如
图 4-69 中⑤所示。

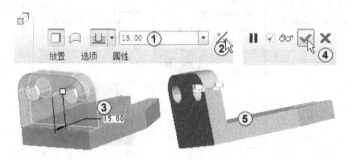

图 4-69　选中截面进行拉伸

8）再次用拉伸工具进行拉伸，选择穿过零件中心的 FRONT 面为草绘平面。进入草绘
环境后，选择菜单"草绘"→"参照"，系统弹出"参照"对话框。选取草图中鼠标标记
的两条边后关闭对话框，如图 4-70 中①~⑥所示。

图 4-70　选择参照面

9）在草绘环境中绘制如图 4-71 所示的草绘图，草绘完成后返回到拉伸环境当中，选
择深度控制方式为"双向拉伸"，设定深度为"15"，完成拉伸后得到所设计的零件，如
图 4-71①~⑤所示。

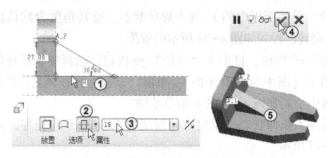

图 4-71　绘制截面进行拉伸

4.9.2　轴类零件

1）进入零件设计模式，选择菜单"插入"→"旋转"选项，或直接单击"旋转"
按钮打开"旋转"特征操控面板。

2）单击"放置"选项卡中的"定义"按钮，系统显示如图 4-72 所示的"草绘"对话框。该对话框中显示指定的草绘平面、参照平面、视图方向等内容。

3）在工作区中根据提示选择相应的基准平面或已有零件的表面作为草绘平面，再选择一个与草绘平面垂直的平面作为参照平面（当用户选择的草绘平面为系统的任一基准面时，系统会自动添加上参照平面而且会确定一个默认的方向）。在"草绘"对话框中设定参照平面的方向，该方向将决定进入草绘器时草绘平面的摆放方向。

图 4-72　"草绘"对话框

4）单击"草绘"对话框中的"草绘"按钮，系统进入草绘状态。

5）在草绘环境中绘制要旋转的截面，绘制完毕单击"草绘"工具栏中的"完成" ✔
按钮，系统回到"旋转"特征操控面板。所绘草图如图 4-73 所示。

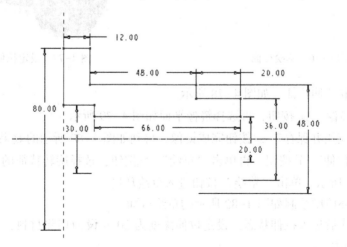

图 4-73　草绘旋转截面

6）单击"旋转"操控面板中的 ▶ 进入旋转状态，旋转角度为默认值，单击"应用并保存" ✔ 按钮完成旋转，得到如图 4-74 所示的效果。

7）单击"拉伸" 🗗 按钮，再单击"草绘" 🖾 按钮，选择旋转特征的一个表面为草绘平面，如图 4-75 所示（图中为 TOP 平面）。单击"草绘"按钮进入草绘环境。

8）在草绘环境中绘制如图 4-76 所示的草绘图。

9）草绘完成后进入拉伸状态，设定拉伸深度为 50 并为双向拉伸，同时单击"去除材料"按钮，如图 4-77 所示。

图 4-74　旋转效果

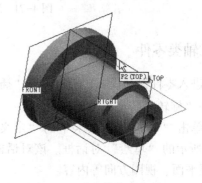

图 4-75　选取拉伸草绘平面

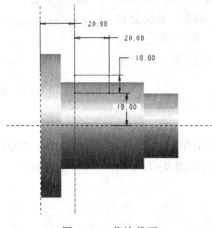

图 4-76　草绘截面

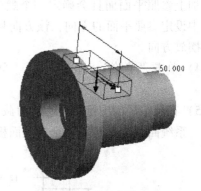

图 4-77　设定拉伸深度

10）单击选取拉伸特征，如图 4-78 所示。

11）单击"镜像" 🗓 按钮，再选择镜像平面如图 4-79 所示。

12）单击"应用并保存" ✔ 按钮完成镜像，得到如图 4-80 所示的效果。

13）单击"拉伸" 🗗 按钮，再单击"草绘" 🖾 按钮，选择旋转特征的一个表面为草绘平面，如图 4-81 所示。单击"草绘"按钮进入草绘环境。

14）在草绘环境中绘制如图 4-82 所示的草绘截面。

15）草绘完成后进入拉伸状态，设定拉伸深度为 20 并设为切除材料，然后进行镜像操作。如图 4-83 所示。

16）最终得到的零件如图 4-84 所示。

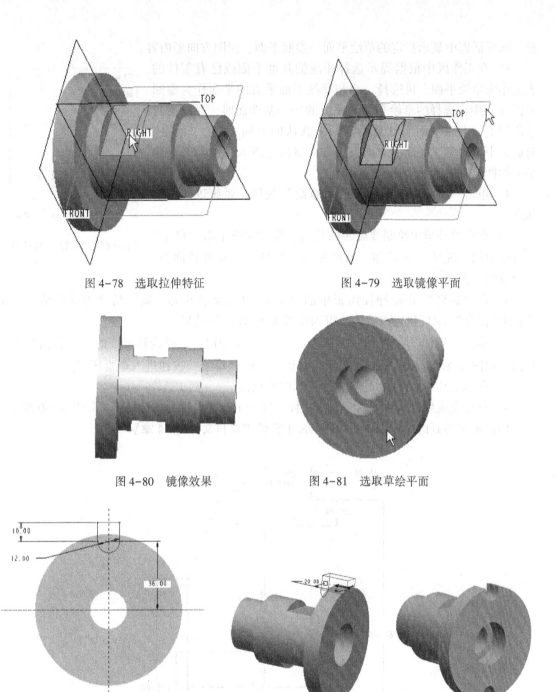

图 4-78　选取拉伸特征　　　　　　　　图 4-79　选取镜像平面

图 4-80　镜像效果　　　　　　　　图 4-81　选取草绘平面

图 4-82　绘制草绘截面　　　　　图 4-83　拉伸与镜像　　　　　图 4-84　最终结果

4.9.3　盘类零件

1）进入零件设计模式，选择菜单"插入"→"旋转"选项，或直接单击"旋转" 按钮打开"旋转"特征操控面板。

2）单击"放置"选项卡中的"定义"按钮，系统显示如图 4-85 所示的"草绘"对话框。该对话框中显示指定的草绘平面、参照平面、视图方向等内容。

3）在工作区中根据提示选择相应的基准平面或已有零件的表面作为草绘平面，再选择一个与草绘平面垂直的平面作为参照平面（当用户选择的草绘平面为系统的任一基准面时，系统会自动添加上，参照平面而且会确定一个默认的方向）。在"草绘"对话框中设定参照平面的方向，该方向将决定进入草绘器时草绘平面的摆放方向。

图4-85 "草绘"对话框

4）单击"草绘"对话框中的"草绘"按钮，系统进入草绘状态。

5）在草绘环境中绘制要旋转的截面，绘制完毕单击"草绘"工具栏中的"完成" ✔ 按钮，系统回到"旋转"特征操控面板。所绘草图如图4-86所示。

6）在"旋转"特征操控面板中的单击 ▶ 进入旋转状态，旋转角度为默认值，单击"应用并保存" ✔ 按钮完成旋转，得到如图4-87所示的效果。

7）单击"拉伸" 按钮，再单击"草绘" 按钮，选择旋转特征的一个表面为草绘平面，如图4-88所示。单击"草绘"对话框中的"草绘"按钮进入草绘环境。

8）在草绘环境中绘制如图4-89所示的草绘图。

9）草绘完成后进入拉伸状态设定拉伸深度为150并设置为切除材料，如图4-90所示。

10）最终得到的零件如图4-91所示（**参见"素材文件\第4章\4-4"**）。

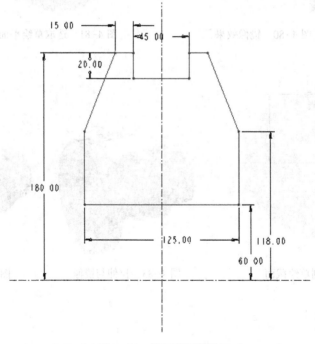

图4-86 旋转截面草绘

图 4-87　旋转效果　　　　　　　　图 4-88　选取草绘平面

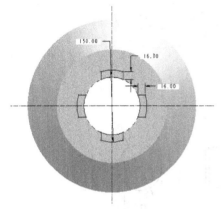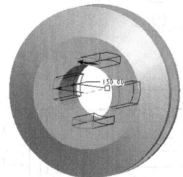

图 4-89　拉伸截面草绘　　　　图 4-90　拉伸深度设定　　　图 4-91　最终零件效果

4.10　习题

一、问答题

1. 可以建立哪几种类型的孔？各有何特点？
2. 孔的定位方式有哪几种？具体如何操作？
3. 请说出几种常见的圆角类型，并简述其具体实现步骤。
4. 边倒角与拐角倒角有何不同？如何建立这两种类型的倒角？
5. 简述建立抽壳特征的操作步骤。
6. 在抽壳特征中如何移走多个面？如何设定壳体不同面的厚度？
7. 草绘平面与参照平面在设计过程中扮演着什么角色？
8. 想一想拉伸特征的概念与操作步骤。
9. 本章中提到的"增加材料"与"去除材料"两个词，你是如何理解这两个词的？
10. 想一想旋转特征的概念与操作步骤，它与拉伸特征有何不同？
11. 想一想筋特征的概念与操作步骤？如何变更筋特征的生成方向？

二、操作题

1. 根据二维图建立三维图，如图 4-92 所示。
2. 根据轴的二维图建立轴的三维图，如图 4-93 所示。

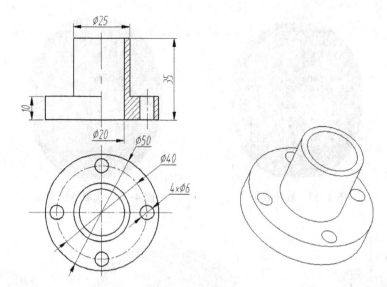

图 4-92 组合体一

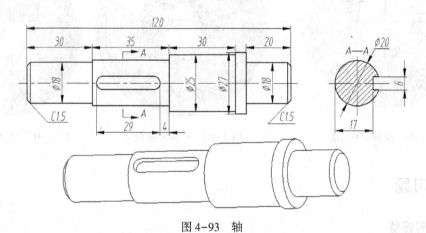

图 4-93 轴

3. 根据二维图建立三维图，如图 4-94 所示。

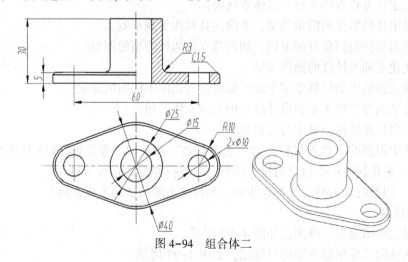

图 4-94 组合体二

4. 根据二维图建立三维图，如图4-95所示。

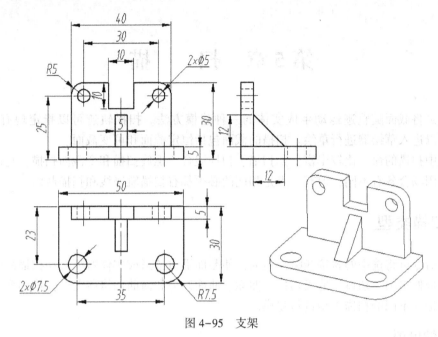

图 4-95　支架

第 5 章 扫 描

扫描是将截面随轨迹运动生成实体的一种建模方法。扫描轨迹可以指定现有的曲线、边，也可以进入草绘器进行草绘。扫描的截面包括恒定截面和可变截面。

系统中扫描的命令比较丰富，如扫描、扫描混合、螺旋扫描和变截面扫描。它们的使用方法和适用场合各有不同，但有一点是相同的必须都有扫描轨迹线和扫描截面。

5.1 扫描类型

扫描命令可将选中的轨迹线赋予截面，使截面沿轨迹形成实体特征。在扫描命令中有伸出项、薄板伸出项、切口、薄板切口、曲面、曲面修剪和薄曲面修剪七个扫描类型，可根据设计需要选择不同的扫描类型进行建模。

5.1.1 伸出项

"伸出项"类型扫描是将截面沿轨迹线扫掠形成实体特征。

1. 创建"伸出项"类型扫描的步骤

1）定义扫描轨迹：可以选择已有的曲线或模型边作为扫描轨迹；也可以草绘一个扫描轨迹线。轨迹线可以是闭合的，也可以是开放的。

2）定义扫描属性：可以选择"添加内表面"和"不添加内表面"选项。

● 添加内表面：截面轮廓在环形的轨迹线内形成封闭。

● 不添加内表面：截面轮廓在环形轨迹线内不形成封闭。

3）定义截面：绘制出扫描截面。如果选择了"不添加内表面"选项，截面轮廓必须是闭合的。如果选择了"添加内表面"选项，截面轮廓可以是开放的。

4）单击"确定"按钮。

2. 创建"伸出项"类型扫描实例

1）选择扫描类型，选择绘制轨迹草图平面。选择菜单"插入"→"扫描"→"伸出项"，如图 5-1 中①所示。系统弹出"扫描轨迹"菜单管理器，在菜单管理器中有"草绘轨迹"和"选取轨迹"两个选项。单击"草绘轨迹"，系统弹出"设置草绘平面"菜单管理器，采用默认设置。移动鼠标选择"前视基准平面"为绘制草图平面，系统弹出设置平面方向菜单管理器，单击"确定"选项，如图 5-1 中②~⑤所示。

2）绘制扫描轨迹草图，设置扫描属性。在参照方向菜单管理器中单击"缺省"选项，系统进入草图绘制界面，如图 5-2 中①所示。用"圆" ○ 命令绘制出一个直径 300 的圆，圆心落在原点上，再用"直线" ＼ 命令绘制出一个五角星，五角星的五个角点分别与圆重合，用约束工具将五条边作"相等"约束，如图 5-2 中②所示。用"圆角" ⊾ 命令将五个外角倒圆角 R8，五个内角倒圆角 R20，得到如图 5-2 中③所示的图形。单击"完成" ✔ 按钮退出草图绘制。系统弹出"属性"菜单管理器，选择"无内表面"，单击"完成"选项，如图5-2中④所示。

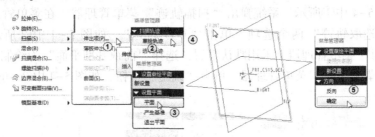

图5-1　选择扫描类型，选择绘制轨迹线草图平面

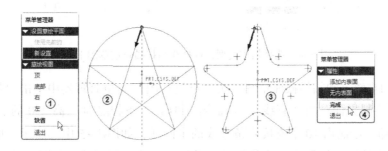

图5-2　绘制轨迹草图，定义属性

3）绘制扫描截面，单击"确定"按钮。定义属性后系统进入绘制扫描截面草图界面。用"圆"〇命令绘制出一个圆R8，圆心落在轨迹线的起点上。单击"完成"✔按钮退出草图绘制。在"伸出项：扫描"对话框中单击"确定"按钮，完成扫描操作。结果如图5-3中④所示（**参见"素材文件\第5章\5-1"**）。

图5-3　绘制扫描截面，创建伸出项扫描特征

5.1.2　薄板伸出项

"薄板伸出项"类型扫描是将截面沿轨迹线扫掠形成薄板特征。

1. 创建"薄板伸出项"类型扫描的步骤

1）定义扫描轨迹：可以选择已有的曲线或模型边作为扫描轨迹；也可以草绘一个扫描轨迹线。轨迹线可以是闭合的，也可以是开放的。

2）定义截面：绘制出扫描截面。

3）定义材料侧：指定材料向内、向外或两侧。

4）定义材料厚度：输入材料厚度值。

5）单击"确定"按钮。

2. 创建"薄板伸出项"类型扫描实例

1）选择扫描类型，选择绘制轨迹草图平面。选择菜单"插入"→"扫描"→"薄板伸出项"如图5-4中①所示。系统弹出"扫描轨迹"菜单管理器，在菜单管理器中有"草绘轨迹"和"选取轨迹"两个选项。单击"草绘轨迹"，如图5-4中②所示。系统弹出"设置草绘平面"菜单管理器，采用默认设置，选择"前视基准平面"为绘制草图平面，系统弹出"设置草绘平面"菜单管理器，单击"确定"按钮，如图5-4中③~⑤所示。

图5-4　选择扫描类型，选择绘制扫描轨迹草图平面

2）绘制扫描轨迹和扫描截面草图。在"草绘视图"菜单管理器中单击"缺省"选项，系统进入草图绘制界面。用"直线" ＼命令绘制出11条相隔30，高230的竖线，然后用"三点弧" ＼命令绘制出10个连接两条竖线的半圆弧，如图5-5中②所示。单击"完成" ✔按钮退出草图绘制，如图5-5中③所示。系统进入绘制扫描截面草图界面，用"圆" ○命令绘制出一个直径10的圆，圆心落在轨迹线起点上，单击"完成" ✔按钮退出草图绘制，如图5-5中④~⑤所示。

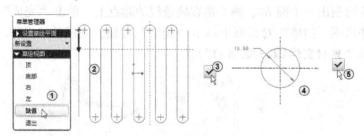

图5-5　绘制扫描轨迹和扫描截面草图

3）定义加厚方向，输入薄板厚度。绘制扫描截面草图后，系统弹出"薄板选项"菜单管理器，要求确定加厚方向，单击"确定"选项，如图5-6中①②所示。系统弹出"输入薄特征的宽度"对话框，输入"2"，然后单击"接受值" ✅按钮，如图5-6中③④所示。

图5-6　定义加厚方向，输入厚度值

4）单击"确定"按钮。定义厚度后，在"伸出项：扫描，薄板"对话框中单击"确定"按钮完成扫描操作。结果如图5-7中②所示（**参见"素材文件\第5章\5-2"**）。

图 5-7 薄板伸出项扫描结果

5.1.3 切口

"切口"类型扫描是将截面沿轨迹线扫掠形成切除实体特征。切口扫描必须在有实体的情况下使用。

1. 创建"切口"类型扫描的步骤

1）定义扫描轨迹：可以选择已有的曲线或模型边作为扫描轨迹；也可以草绘一个扫描轨迹线。轨迹线可以是闭合的，也可以是开放的。

2）定义截面：绘制出扫描截面。

3）定义材料侧：定义材料向内或向外切除。

4）单击"确定"按钮。

2. 创建"切口"类型扫描实例

1）打开模型，选择扫描类型和扫描轨迹。打开"素材文件\第5章\5-3"的模型文件。选择菜单"插入"→"扫描"→"切口"，如图5-8中①所示。系统弹出"扫描轨迹"菜单管理器，在菜单管理器中有"草绘轨迹"和"选取轨迹"两个选项，单击"选取轨迹"，如图5-8中②所示。移动鼠标选择如图5-8中③所示的曲线作为扫描轨迹，单击"完成"选项，如图5-8中④所示。

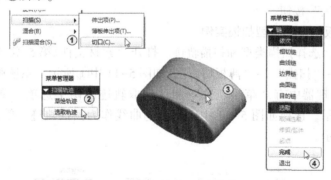

图 5-8 选择扫描类型和扫描轨迹

2）绘制扫描截面草图。定义轨迹线后，系统弹出绘制扫描截面参照方向的菜单管理器，单击"确定"选项，如图5-9中①～②所示。用"圆" ⚪命令绘制出一个直径为10的圆，圆心落在轨迹线起点上，单击"完成" ✓按钮退出草图绘制。如图5-9中③～④所示。

3）定义切除材料方向。定义扫描截面后系统弹出切除材料方向菜单管理器，接受默认的方内，单击"确定"选项如图5-10中①所示。定义切除材料方向后，在"切剪:扫描"定义对话框中单击"确定"按钮完成扫描操作，如图5-10中②所示。得到的最终结果如图5-10中③所示。

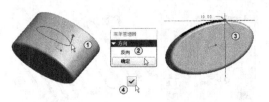

图 5-9　绘制扫描截面，确定切除材料方向

图 5-10　切口扫描结果

5.1.4　薄板切口

"薄板切口"类型扫描是将截面沿轨迹线扫掠形成薄板切除实体特征。薄板切口扫描必须在有实体的情况下使用。

1. 创建"薄板切口"类型扫描的步骤

1）定义扫描轨迹：可以选择已有的曲线或模型边作为扫描轨迹；也可以草绘一个扫描轨迹线。轨迹线可以是闭合的，也可以是开放的。

2）定义截面：绘制出扫描截面。

3）定义材料侧：定义材料"反向"或"两者"。

4）定义薄板厚度：输入厚度值。

5）单击"确定"按钮。

2. 创建"薄板切口"类型扫描实例

1）打开模型，选择扫描类型和扫描轨迹。打开"素材文件\第 5 章\5-4"的文件。选择菜单"插入"→"扫描"→"薄板切口"，如图 5-11 中①所示。系统弹出扫描轨迹菜单管理器，在菜单管理器中有"草绘轨迹"和"选取轨迹"两个选项，单击"选取轨迹"，如图 5-11 中②所示。选择如图 5-11 中③所示的曲线作为扫描轨迹，单击"完成"选项，如图 5-11 中④所示。

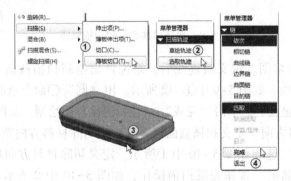

图 5-11　选择扫描类型和扫描轨迹

2）绘制扫描截面草图。定义轨迹线后，系统弹出绘制扫描截面参照方向菜单管理器，单击"确定"选项，如图5-12中①~③所示。用"直线" ↘ 命令绘制出两条竖线和一条水平线，竖线的起点落在轨迹线的起点上，单击"完成" ✓ 按钮退出草图绘制，如图5-12中④⑤所示。

3）定义材料方向，输入材料厚度。定义扫描截面后系统弹出材料方向菜单管理器，接受默认的方向，单击"确定"选项如图5-13中①~②所示。定义材料方向后，系统弹出"输入薄特征的宽度"文本框，输入材料厚度为"0.1"，单击"接受值" ☑ 按钮，如图5-13中③④所示。

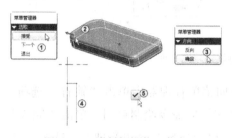

图5-12　绘制扫描截面草图

图5-13　定义材料方向，输入材料厚度

4）输入材料厚度值后在"切剪：扫描，薄板"对话框中单击"确定"按钮完成扫描操作，如图5-14中①所示。得到最终的结果，如图5-14中②所示（**参见"素材文件\第5章\5-4"**）。

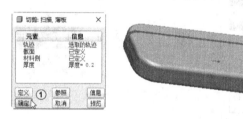

图5-14　薄板切口扫描结果

5.1.5　曲面

"曲面"类型扫描是将截面沿轨迹线扫掠形成曲面特征。

1. 创建"曲面"类型扫描的步骤

1）定义扫描轨迹：可以选择已有的曲线或模型边作为扫描轨迹；也可以草绘一个扫描轨迹线。轨迹线可以是闭合的，也可以是开放的。

2）定义扫描属性：可以选择"开放端"和"封闭端"选项。

3）定义截面：绘制出扫描截面。

4）单击"确定"按钮。

2. 创建"曲面"类型扫描实例

1）选择扫描类型，选择绘制轨迹草图平面。选择菜单"插入"→"扫描"→"曲面"，如图5-15中①所示。系统弹出"扫描轨迹"菜单管理器，在菜单管理器中有"草绘轨迹"和"选取轨迹"两个选项，单击"草绘轨迹"，如图5-15中②所示。系统弹出"设置草绘平面"菜单管理器，采用默认设置，选择"前视基准平面"为绘制草图平面，系统弹出设置平面方向菜单管理器，单击"确定"选项，如图 5-15 中③~⑤所示。

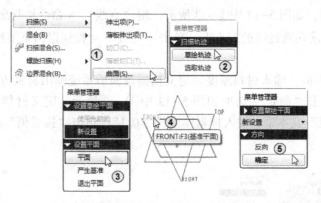

图 5-15　选择扫描类型，选择绘制轨迹草图平面

2）绘制扫描轨迹草图，设置扫描属性。在参照方向菜单管理器中单击"缺省"选项，系统进入草图绘制界面，如图 5-16 中①所示。用"样条" ∿ 命令绘制草图。单击"完成" ✔ 按钮退出草图绘制，如图 5-16 中②~③所示。系统弹出"属性"菜单管理器，选择"开放端"，单击"完成"选项，如图 5-16 中④所示。

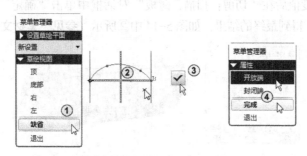

图 5-16　绘制轨迹草图，定义扫描属性

3）绘制扫描截面。定义属性后系统进入绘制扫描截面草图界面。用"三点弧" ⌒ 命令绘制出一个半径为 300 的圆弧，单击"完成" ✔ 按钮退出草图绘制，如图 5-17 中①~②所示。在"曲面：扫描"对话框中单击"确定"按钮完成扫描操作，如图 5-17 中③所示。结果如图 5-17 中④所示（**参见"素材文件\第 5 章\5-5"**）。

图 5-17　绘制扫描截面，创建曲面扫描特征

5.1.6 曲面修剪

"曲面修剪"类型扫描是用截面沿轨迹线扫掠形成的曲面去修剪已存在的曲面。曲面修剪扫描必须在已有曲面实体的情况下使用。

1. 创建"曲面修剪"类型扫描的步骤

1）选择需要修剪的曲面。

2）定义扫描轨迹：可以选择已有的曲线或模型边作为扫描轨迹；也可以草绘一个扫描轨迹线。轨迹线可以是闭合的，也可以是开放的。

3）定义截面：绘制出扫描截面。

4）定义材料侧：定义材料"侧1""侧2"或"双侧"。

5）单击"确定"按钮。

2. 创建"曲面修剪"类型扫描实例

1）打开模型，选择扫描类型和扫描轨迹。打开"素材文件\第5章\5-6"的文件。选择菜单"插入"→"扫描"→"曲面修剪"，如图5-18中①所示。这时系统要求选择要修剪的曲面，选择如图5-18中②所示的曲面，系统弹出"扫描轨迹"菜单管理器，在菜单管理器中有"草绘轨迹"和"选取轨迹"两个选项，单击"选取轨迹"，如图5-18中③所示。选择如图5-18中④所示的曲线作为扫描轨迹（**参见"素材文件\第5章\5-6"**）。

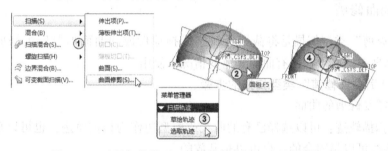

图5-18　选择扫描类型，选择修剪曲面，选择扫描轨迹

2）绘制扫描截面草图。定义轨迹线后，系统弹出绘制扫描截面参照方向菜单管理器，单击"确定"选项，如图5-19中①~③所示；用"圆"⚪命令绘制出一个半径为10的圆，圆心落在轨迹线的起点上，如图5-19中④所示；单击"完成"✓按钮退出草图绘制，如

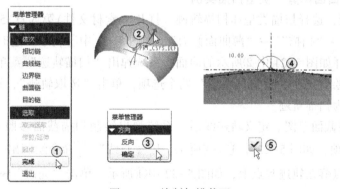

图5-19　绘制扫描截面

125

图 5-19 中⑤所示。

3）定义材料方向。定义扫描截面后系统弹出材料方向菜单管理器，选择"侧2"，单击"完成"选项，如图 5-20 中②所示。定义材料方向后，在"曲面裁剪：扫描"对话框中单击"确定"按钮完成扫描操作。结果如图 5-20 中④所示（**参见"素材文件\第 5 章\5-7"**）。

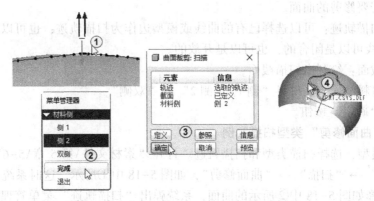

图 5-20　定义材料方向及曲面修剪扫描结果

5.1.7　薄曲面修剪

"薄曲面修剪"类型扫描是将截面沿轨迹线扫掠形成的曲面加厚后去修剪已存在的曲面。薄曲面修剪扫描必须在已有曲面实体的情况下使用。

1. 创建"薄曲面修剪"类型扫描的步骤

1）选择需要修剪的曲面。

2）定义扫描轨迹：可以选择已有的曲线或模型边作为扫描轨迹；也可以草绘一个扫描轨迹线。轨迹线可以是闭合的，也可以是开放的。

3）定义截面：绘制出扫描截面。

4）定义材料侧：定义材料"反向"或"两者"。

5）定义厚度：输入厚度值。

6）单击"确定"按钮。

2. 创建"薄曲面修剪"类型扫描实例

1）打开模型，选择扫描类型和扫描轨迹。打开"素材文件\第 5 章\5-7"的文件。选择菜单"插入"→"扫描"→"薄曲面修剪"，如图 5-21 中①所示。这时系统要求选择要修剪的曲面，选择如图 5-21 中②所示的曲面，系统弹出"扫描轨迹"菜单管理器，在菜单管理器中有"草绘轨迹"和"选取轨迹"两个选项，单击"选取轨迹"，选择如图 5-21 中④所示的曲线作为扫描轨迹。

2）绘制扫描截面草图。定义轨迹线后，系统弹出绘制扫描截面参照方向菜单管理器，单击"确定"选项，如图 5-22 中①~③所示。用"直线" \ 命令绘制出一条 10mm 长的竖线，竖线的上端点落在轨迹起点上，如图 5-22 中④所示。单击"完成" ✓ 按钮退出草图绘制。如图 5-22 中⑤所示。

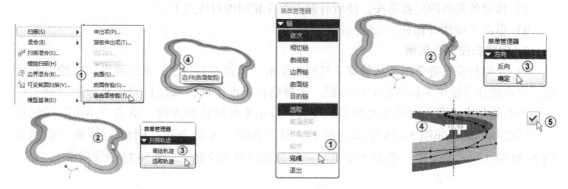

图 5-21　选择扫描类型，选择扫描轨迹

图 5-22　绘制扫描截面

3）定义材料方向，输入厚度值。定义扫描截面后系统弹出材料方向菜单管理器，接受默认方向，单击"确定"选项如图 5-23 中②所示。定义材料方向后，系统弹出"输入薄特征的宽度"文本框，输入"2"，单击"接受值"☑按钮如图 5-23 中④所示。

4）定义厚度后，在"曲面裁剪：扫描，薄板"对话框中单击"确定"按钮完成扫描操作，结果如图 5-24 中②所示。

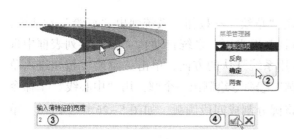

图 5-23　定义材料侧，输入厚度值

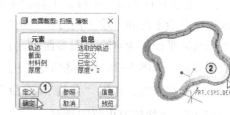

图 5-24　薄曲面修剪扫描结果

5.2　扫描混合

　　扫描混合是将多个截面沿一条轨迹线连接起来生成实体特征。扫描混合特征综合了扫描和混合两种特征。

　　扫描混合对各个截面的控制点有一定的要求，即各截面的控制点要相等，如不相等可用打断线段的方法来实现。扫描轨迹可以是草图曲线、投射线或模型边线，但只能是一条轨迹线。

1. 创建扫描混合的步骤

1）绘制扫描轨迹草图，如果选用模型边这一步省略。

2）绘制扫描截面，也可以在"扫描混合"操控面板的"截面"选项卡中，选择"草绘截面"选项进行扫描截面绘制。

3）单击"扫描混合"命令，系统弹出"扫描混合"操控面板。

4）选择扫描轨迹。

5）单击"截面"选项，在"截面"选项卡中选择"所选截面"，然后选择第一截面。

6）单击"插入"按钮，选择第二截面，如果还有截面再单击"插入"按钮。

7）移动各截面的起点箭头，使所有起点都在相同的对应点上。

8）单击"应用并保存" ✔按钮。

2. 创建扫描混合实例

1）绘制扫描轨迹草图。从特征工具栏中单击"草绘" ⚙按钮，系统弹出"草绘"对话框，要求选择草绘平面和草绘方向参照。选择前视基准平面，系统自动在"参照"列表框中选择右视基准平面作为草绘视图参照方向；采用系统默认的方向，单击"草绘"按钮进入草图绘制界面，如图5-25中②③所示。用"直线" ＼命令和"圆形" ⚙命令绘制如图5-25中④所示的草图。单击"完成" ✔按钮退出草图绘制，如图5-25中⑤所示。

图5-25　绘制扫描轨迹草图

2）绘制截面草图。从特征工具栏中单击"草绘" ⚙按钮，系统弹出"草绘"对话框，要求选择草绘平面和草绘方向参照。选择右视基准平面，系统自动在"参照"列表框中选择上视基准平面作为草绘视图参照方向；采用系统默认的方向，单击"草绘"按钮进入草图绘制界面，如图5-26中②③所示。用"圆" ○命令绘制出一个圆，用"中心线" ┊命令绘制出两条交叉线，再用"分割" ⚙命令将圆分割成四段圆弧，如图5-26中④所示。单击"完成" ✔按钮退出草图绘制。

图5-26　绘制扫描第一截面

3）绘制截面草图。从特征工具栏中单击"草绘" ⚙按钮，系统弹出"草绘"对话框，要求选择草绘平面和草绘方向参照。选择上视基准平面，系统自动在"参照"列表框中选择右视基准平面作为草绘视图参照方向；采用系统默认的方向，单击"草绘"按钮进入草图绘制界面，如图5-27中②③所示。用"矩形" □命令绘制出一个矩形，如图5-27中④所示。单击"完成" ✔按钮退出草图绘制。

4）创建扫描混合特征。选择菜单"插入" → "扫描混合"，系统弹出"扫描混合"操控面板，如图5-28中②所示，单击该操控面板中的"曲面" ⚙按钮，选择如图5-28中③所示的曲线作为扫描轨迹。

图 5-27　绘制扫描第二截面

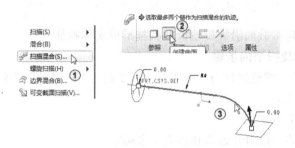

图 5-28　绘制扫描混合，选择扫描轨迹

5）选择扫描截面。单击操控面板中的"截面"选项，系统弹出选项卡，选择"所选截面"单选按钮，如图 5-29 中①②所示；选择矩形作为第一截面，如图 5-29 中③所示；选择"截面 1"，单击"插入"按钮，如图 5-29 中④所示；单击"确定"按钮，系统接受第二个截面输入，如图 5-29 中⑤所示。

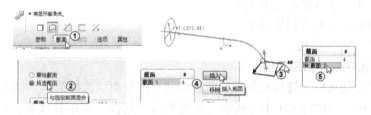

图 5-29　选择第一截面

6）选择第二扫描截面，调整截面起始点位置。选择如图 5-30 中①所示的圆作为第二截面，然后调整起始点位置，使起始点位置与矩形起始点位置相对应。单击"应用并保存"✔按钮，完成扫描混合操作，结果如图 5-30 中③所示（**参见"素材文件\第 5 章\5-8"**）。

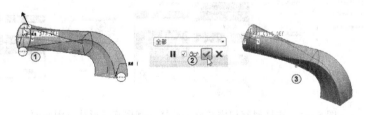

图 5-30　选择第二截面及扫描混合结果

5.3 螺旋扫描

螺旋扫描是将截面沿螺旋轨迹扫描形成实体特征。在螺旋扫描命令中有伸出项、薄板伸出项、切口、薄板切口、曲面、曲面修剪和薄曲面修剪七个扫描类型。可根据设计需要选择不同的扫描类型进行建模。

5.3.1 伸出项

伸出项螺旋扫描是将截面沿螺旋轨迹线扫描形成实体特征。

1. 创建伸出项螺旋扫描的步骤

1）定义螺旋属性：螺旋属性有"常数""可变的""穿过轴""垂直于轨迹""右手定则"和"左手定则"选项。

- 常数：节距固定不变。
- 可变的：节距的变化由开始值和结束值来确定。
- 穿过轴：扫描截面位于穿过旋转轴的平面内。
- 垂直于轨迹：确定截面方向，使之垂直于轨迹。
- 右手定则：螺旋线以右手定则旋转。
- 左手定则：螺旋线以左手定则旋转。

2）定义螺旋扫描轨迹：绘制螺旋线形状草图和旋转轴。

3）定义节距：输入螺旋线节距值。

4）定义截面：绘制出扫描截面。

5）单击"确定"按钮。

2. 创建伸出项螺旋扫描实例

1）定义螺旋线属性，选择绘制螺旋轨迹形状草图平面。选择菜单"插入"→"螺旋扫描"→"伸出项"，如图5-31中①所示。系统弹出"属性"菜单管理器，在菜单管理器中选择"常数""穿过轴""右手定则"，单击"完成"选项，如图5-31中②所示。系统弹出"设置草绘平面"菜单管理器，采用默认设置。选择前视基准平面作为绘制草图平面，如图5-31中③④所示。系统弹出设置平面方向菜单管理器，单击"确定"选项，如图5-31中⑤所示。

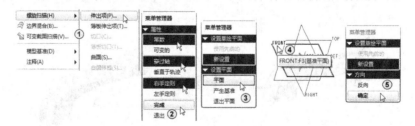

图5-31 选择螺旋扫描类型，选择绘制螺旋线形状草图平面

2）绘制螺旋形状草图，定义节距。在绘制草图方向参考菜单管理器中单击"缺省"选项，系统进入草图绘制界面。用"样条" ∿ 命令绘制出一条曲线，用"轴" ┆ 命令绘制出

一条竖轴，如图5-32中②所示，单击"完成" ✓ 按钮退出草图绘制。系统弹出"输入节距值"对话框，在对话框中输入"30"，单击"接受值" ☑ 按钮，如图5-32中⑤所示。

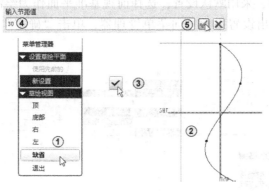

图5-32 绘制螺旋线形状草图，输入节距

3）绘制扫描截面草图。定义节距后，系统进入截面草图绘制界面，用"圆" ○ 命令绘制出一个直径为20的圆，圆心落在扫描轨迹的起点上，如图5-33中①所示；单击"完成" ✓ 按钮退出草图绘制，如图5-33中②所示。在"伸出项：螺旋扫描"对话框中单击"确定"按钮完成螺旋扫描，如图5-33中③~④所示（**参见"素材文件\第5章\5-9"**）。

图5-33 绘制扫描截面及伸出项螺旋扫描结果

5.3.2 薄板伸出项

薄板伸出项螺旋扫描是将截面沿螺旋轨迹线扫掠形成薄板特征。

1. 创建薄板伸出项螺旋扫描的步骤

1）定义螺旋属性：螺旋属性有"常数""可变的""穿过轴""垂直于轨迹""右手定则"和"左手定则"选项。

2）定义螺旋扫描轨迹：绘制螺旋线形状草图和旋转轴。

3）定义节距：输入螺旋线节距值。

4）定义截面：绘制出扫描截面。

5）定义材料侧：可设定"反向"。

6）定义薄板厚度：输入厚度值。

7）单击"确定"按钮。

2. 创建薄板伸出项螺旋扫描实例

1）定义螺旋线属性，选择绘制螺旋轨迹形状草图平面。选择"插入"→"螺旋扫描"→

"薄板伸出项"，如图 5-34 中①所示。系统弹出"属性"菜单管理器，在菜单管理器中选择"常数""穿过轴""右手定则"，单击"完成"选项如图 5-34 中②所示。系统弹出"设置草绘平面"菜单管理器，采用默认设置，选择前视基准平面作为绘制草图平面，如图 5-34 中③~④所示。系统弹出设置平面方向菜单管理器，单击"确定"选项，如图 5-34 中⑤所示。

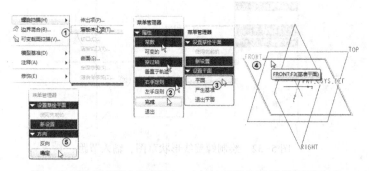

图 5-34　选择螺旋扫描类型，选择绘制螺旋线形状草图平面

2）绘制螺旋形状草图，定义节距。在绘制草图方向参考菜单管理器中单击"缺省"选项，如图 5-35 中①所示。系统进入草图绘制界面。用"直线" ＼命令绘制出一条竖线，用"轴" ┋ 命令绘制出一条竖轴，如图 5-35 中②所示，单击"完成" ✔ 按钮退出草图绘制。系统弹出"输入节距值"对话框，在对话框中输入"30"，单击"接受值" ☑ 按钮，如图 5-35 中④⑤所示。

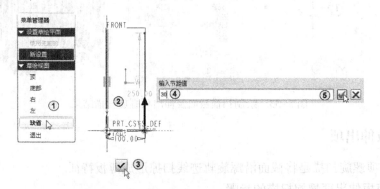

图 5-35　绘制螺旋线形状草图，定义节距

3）绘制扫描截面草图，定义材料侧。定义节距后系统进入截面草图绘制界面，用"圆" ○命令绘制出一个直径为 25 的圆，圆心落在扫描轨迹的起点上，如图 5-36 中①所示，单击"完成" ✔ 按钮退出草图绘制。系统弹出"薄板选项"菜单管理器，要求确定加厚方向，接受默认设置，单击"确定"选项，如图 5-36 中④所示。

4）定义薄板厚度。定义材料侧后，系统弹出"输入薄特征的宽度"文本框，输入"3"，然后单击"接受值" ☑ 按钮如图 537 中①②所示。在"伸出项：螺旋扫描，薄板"对话框中单击"确定"按钮完成螺旋扫描，如图 5-37 中③所示。得到的结果如图 5-37 中④所示（**参见"素材文件\第 5 章\5-10"**）。

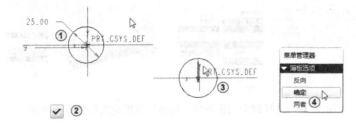

图 5-36　绘制扫描截面，定义材料侧

图 5-37　定义厚度及薄板伸出项螺旋扫描

5.3.3　切口

切口螺旋扫描是将截面沿轨迹线扫描形成切除实体特征。切口螺旋扫描必须在已有实体的情况下使用。

1. 创建切口螺旋扫描的步骤

1) 定义螺旋属性：螺旋属性有"常数""可变的""穿过轴""垂直于轨迹""右手定则"和"左手定则"选项。

2) 定义螺旋扫描轨迹：绘制螺旋线形状草图和旋转轴。

3) 定义节距：输入螺旋线节距值。

4) 定义截面：绘制出扫描截面。

5) 定义材料侧：可设定"反向"。

6) 单击"确定"按钮。

2. 创建切口螺旋扫描实例

1) 打开模型（参见"**素材文件\第 5 章\5-11**"）。定义螺旋线属性，选择绘制螺旋轨迹形状草图平面。选择"插入"→"螺旋扫描"→"切口"，如图 5-38 中①所示。系统弹出"属性"菜单管理器，在菜单管理器中选择"常数""穿过轴""右手定则"，单击"完成"选项如图 5-38 中②所示。系统弹出"设置草绘平面"菜单管理器，采用默认设置，选择前视基准平面作为绘制草图平面，如图 5-38 中③④所示。系统弹出设置平面方向菜单管理器，单击"确定"选项，如图 5-38 中⑤所示。

2) 绘制螺旋形状草图，定义节距。在绘制草图方向参考菜单管理器中单击"缺省"选项，系统进入草图绘制界面。用"直线" \ 命令绘制出一条水平线，用"轴" ⋮ 命令绘制出一条水平轴，如图 5-39 中②所示，单击"完成" ✓ 按钮退出草图绘制。系统弹出"输入

图 5-38　选择螺旋扫描类型，选择绘制螺旋线形状草图平面

节距值”对话框，在对话框中输入“1.5”，单击“接受值”☑按钮，如图 5-39 中⑤所示。

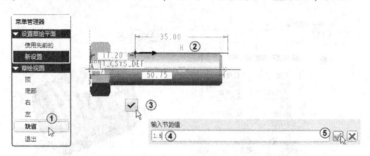

图 5-39　绘制螺旋线形状草图，定义节距

3）绘制扫描截面草图，定义材料侧。定义节距后系统进入截面草图绘制界面。用“直线”╲命令绘制出一个三角形，如图 5-40 中①所示，单击“完成”☑按钮退出草图绘制。系统弹出“方向”菜单管理器，要求确定切除材料方向，接受默认设置，单击“确定”选项，如图 5-40 中④所示。定义材料侧后，在“切剪：螺旋扫描”对话框中单击“确定”按钮完成螺旋扫描，如图 5-40 中⑤所示。结果如图 5-40 中⑥所示（**参见“素材文件\第 5 章\5-11a”**）。

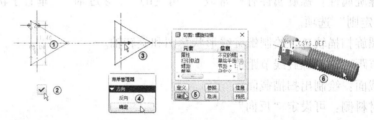

图 5-40　绘制扫描截面及切口螺旋扫描结果

5.3.4　薄板切口

薄板切口螺旋扫描是将截面沿轨迹线扫描形成薄板切除实体特征。薄板切口螺旋扫描必须在已有实体的情况下使用。

1. 创建薄板切口螺旋扫描的步骤

1）定义螺旋属性：螺旋属性有“常数”“可变的”“穿过轴”“垂直于轨迹”“右手定则”和“左手定则”选项。

2）定义螺旋扫描轨迹：绘制螺旋形状草图和旋转轴。

3）定义节距：输入螺旋线节距值。

4）定义截面：绘制出扫描截面。

5）定义材料侧：可设定"反向"。

6）定义厚度：输入厚度值。

7）单击"确定"按钮。

2. 创建薄板切口螺旋扫描实例

1）打开模型（参见**"素材文件\第5章\5-12"**），定义螺旋线属性，选择绘制螺旋形状的草图平面。选择菜单"插入"→"螺旋扫描"→"薄板切口"，如图5-41中①所示。系统弹出"属性"菜单管理器，在菜单管理器中选择"常数""穿过轴""右手定则"，单击"完成"选项如图5-41中②所示。系统弹出"设置草绘平面"菜单管理器，采用默认设置，选择前视基准平面作为绘制草图平面，如图5-41中③④所示。系统弹出设置平面方向菜单管理器，单击"确定"按钮，如图5-41中⑤所示。

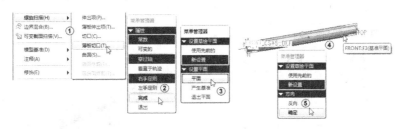

图5-41 选择螺旋扫描类型和绘制螺旋形状的草图平面

2）绘制螺旋形状草图，定义节距。在绘制草图方向参考菜单管理器中单击"缺省"选项，系统进入草图绘制界面。用"直线"\命令绘制出一条水平线，用"轴"┆命令绘制出一条水平轴，如图5-42中②所示，单击"完成"✔按钮退出草图绘制。系统弹出"输入节距值"对话框，在对话框中输入"8"，单击"接受值"☑按钮，如图5-42中④⑤所示。

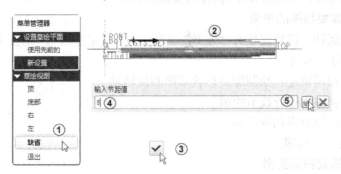

图5-42 绘制螺旋形状草图，定义节距

3）绘制扫描截面草图，定义材料侧，定义厚度。定义节距后系统进入截面草图绘制界面，用"直线"\命令绘制出一条水平线，水平线的端点落在扫描轨迹的起点上，如图5-43中①所示，单击"完成"✔按钮退出草图绘制。系统弹出"薄板选项"菜单管理器，要求确定加厚方向，接受默认设置，单击"确定"选项，如图5-43中④所示。定义材料侧后系统弹出"输入薄特征的宽度"对话框，输入厚度为"4"，如图5-43中⑤所示。单击"接受值"☑按钮如图5-43中⑥所示。

4）定义厚度后，在"剪切：螺旋扫描，薄板"对话框中单击"确定"按钮完成螺旋扫描。结果如图 5-44 中②所示 **（参见"素材文件\第 5 章\5-12a"）**。

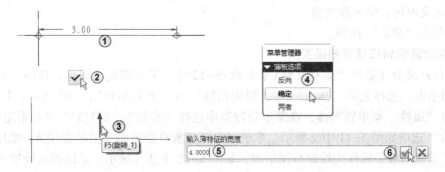

图 5-43　绘制扫描五项原则，定义材料侧，定义厚度

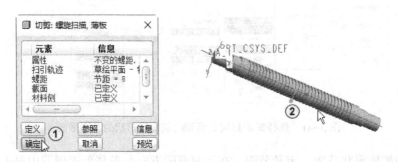

图 5-44　薄板切口螺旋扫描结果

5.3.5　曲面

曲面螺旋扫描是将截面沿轨迹线扫掠形成曲面特征。

1. 创建曲面螺旋扫描的步骤

1）定义螺旋属性：螺旋属性有"常数""可变的""穿过轴""垂直于轨迹""右手定则"和"左手定则"选项。

2）定义螺旋扫描轨迹：绘制螺旋形状草图和旋转轴。

3）定义节距：输入螺旋线节距值。

4）定义截面：绘制出扫描截面。

5）单击"确定"按钮。

2. 创建曲面螺旋扫描实例

1）定义螺旋线属性，选择绘制螺旋形状的草图平面。选择菜单"插入"→"螺旋扫描"→"曲面"，如图 5-45 中①所示。系统弹出"属性"菜单管理器，在菜单管理器中选择"常数""穿过轴""右手定则"，单击"完成"选项如图 5-45 中②所示。系统弹出"设置草绘平面"菜单管理器，采用默认设置，选择"前视基准平面"作为绘制草图平面，系统弹出设置平面方向菜单管理器，单击"确定"选项，如图 5-45 中⑤所示。

2）绘制螺旋形状草图，定义节距。在绘制草图方向参考菜单管理器中单击"缺省"选项，系统进入草图绘制界面。用"直线"╲命令绘制出一条竖线，用"轴"┆命令绘制出一条竖轴，如图 5-46 中②所示，单击"完成"✓按钮退出草图绘制。系统弹出"输入节距值"对话框，在对话框中输入"2"，单击"接受值"☑按钮，如图 5-46 中⑤所示。

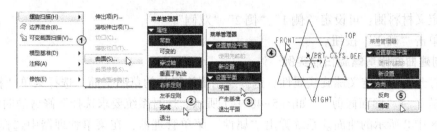

图 5-45　选择螺旋扫描类型，选择绘制螺旋线形状草图平面

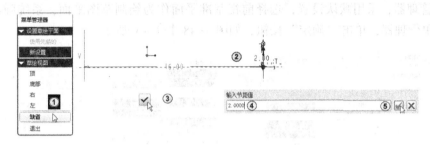

图 5-46　绘制扫描截面，定义节距

3）绘制扫描截面草图。定义节距后系统进入截面草图绘制界面，用"直线" ✏命令绘制出一条水平线，水平线的端点落在扫描轨迹的起点上，如图 5-47 中①所示，单击"完成" ✔按钮退出草图绘制。定义扫描截面后，在"曲面：螺旋扫描"对话框中单击"确定"按钮完成螺旋扫描，如图 5-47 中③所示。结果如图 5-47 中④所示（**参见"素材文件\第 5 章\5-13"**）。

图 5-47　绘制扫描截面及曲面螺旋扫描结果

5.3.6　曲面修剪

曲面修剪螺旋扫描是用截面沿轨迹线扫掠形成的曲面去修剪已存在的曲面。曲面修剪螺旋扫描必须在已有曲面实体的情况下使用。

1. 创建曲面修剪螺旋扫描的步骤

1）选择要修剪曲面。

2）定义螺旋属性：螺旋属性有"常数""可变的""穿过轴""垂直于轨迹""右手定则"和"左手定则"选项。

3）定义螺旋扫描轨迹：绘制螺旋形状草图和旋转轴。

4）定义节距：输入螺旋线节距值。

5）定义截面：绘制出扫描截面。

6）定义材料侧：可设定"侧1""侧2""双侧"。

7）单击"确定"按钮。

2. 创建曲面修剪螺旋扫描实例

1）打开模型，定义螺旋线属性，选择绘制螺旋形状的草图平面。选择菜单"插入"→"螺旋扫描"→"曲面修剪"，如图5-48中①所示。这时系统要求选择要修剪的曲面，选择如图5-48中②所示的曲面。系统弹出"属性"菜单管理器，在菜单管理器中选择"常数""穿过轴""右手定则"，单击"完成"选项如图5-48中③所示。系统弹出"设置草绘平面"菜单管理器，采用默认设置，选择前视基准平面作为绘制草图平面，系统弹出设置平面方向菜单管理器，单击"确定"按钮，如图5-48中④~⑥所示。

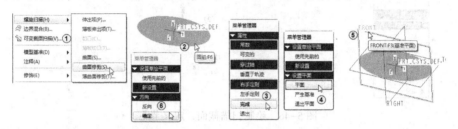

图5-48　选择螺旋扫描类型，选择绘制螺旋线形状草图平面

2）绘制螺旋形状草图，定义节距。在"设置草绘平面"菜单管理器中选择"缺省"选项，系统进入草图绘制界面。用"三点弧"╲命令绘制出一条圆弧，用"轴"┇命令绘制出一条水平轴，如图5-49中②所示，单击"完成"✓按钮退出草图绘制，如图5-49中③所示。系统弹出"输入节距值"对话框，在对话框中输入"20"，单击"接受值"☑按钮，如图5-49中④⑤所示。

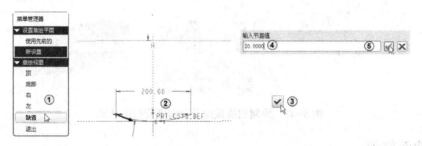

图5-49　绘制螺旋线形状草图，定义节距

3）绘制扫描截面草图，定义材料侧。定义节距后系统进入截面草图绘制界面，用"圆"○命令绘制出一个圆，圆心落在轨迹线的起点上，如图5-50中①所示，单击"完成"✓按钮退出草图绘制。系统弹出"材料侧"菜单管理器，选择"侧2"，单击"完成"选项，如图5-50中④所示。定义材料侧后，在"曲面裁剪：螺旋扫描"对话框中单击"确定"按钮完成螺旋扫描，如图5-50中⑤所示。得到的结果如图5-50中⑥所示（**参见"素材文件\第5章\5-14"**）。

图 5-50　绘制扫描截面，定义材料侧，曲面修剪螺旋扫描结果

5.3.7　薄曲面修剪

薄曲面修剪螺旋扫描是将截面沿轨迹线扫掠形成的曲面加厚后去修剪已存在的曲面。薄曲面修剪螺旋扫描必须在已有曲面实体的情况下使用。

1. 创建薄曲面修剪螺旋扫描的步骤

1）选择需要修剪的曲面。

2）定义螺旋属性：螺旋属性有"常数""可变的""穿过轴""垂直于轨迹""右手定则"和"左手定则"选项。

3）定义螺旋扫描轨迹：绘制螺旋形状草图和旋转轴。

4）定义节距：输入螺旋线节距值。

5）定义截面：绘制出扫描截面。

6）定义材料侧：可设定"反向"。

7）定义厚度：输入厚度值。

8）单击"确定"按钮。

2. 创建薄曲面修剪螺旋扫描实例

1）打开模型，定义螺旋线属性，选择绘制螺旋形状的草图平面。选择菜单"插入"→"螺旋扫描"→"薄曲面修剪"，如图 5-51 中①所示。这时系统要求选择要修剪的曲面，选择如图 5-51 中②所示的曲面。系统弹出"属性"菜单管理器，在菜单管理器中选择"常数""穿过轴""右手定则"，单击"完成"选项如图 5-51 中③所示。系统弹出"设置草绘平面"菜单管理器，采用默认设置，选择前视基准平面作为绘制草图平面，如图 5-51 中④⑤所示。系统弹出设置平面方向菜单管理器，单击"确定"选项，如图 5-51 中⑥所示。

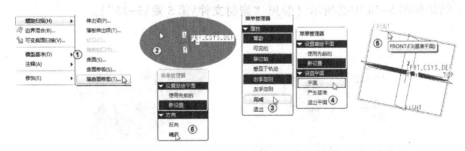

图 5-51　选择螺旋扫描类型，选择绘制螺旋形状的草图平面

2）绘制螺旋形状草图，定义节距。在绘制草图方向参考菜单管理器中单击"缺省"选项，系统进入草图绘制界面。用"直线" \ 命令绘制出一条水平线，用"轴" ⦂ 命令绘制出一条水平轴，如图 5-52 中②所示，单击"完成" ✔ 按钮退出草图绘制。系统弹出"输入

节距值"对话框，在对话框中输入"30"，单击"接受值" ☑ 按钮，如图5-52中④⑤所示。

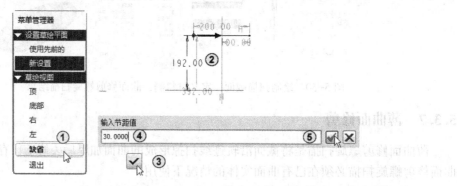

图5-52 绘制螺旋线形状草图，定义节距

3）绘制扫描截面草图，定义厚度。定义节距后系统进入截面草图绘制界面，用"圆" ○ 命令绘制出一个直径为25的圆，圆心落在轨迹线的起点上，如图5-53中①所示，单击"完成" ☑ 按钮退出草图绘制。系统弹出"设置草绘平面"菜单管理器，接受默认方向，单击"确定"按钮。如图5-53中④所示。定义材料侧后，系统弹出"输入薄特征的宽度"对话框，输入厚度为"2"，单击"接受值" ☑ 按钮，如图5-53中⑤⑥所示。

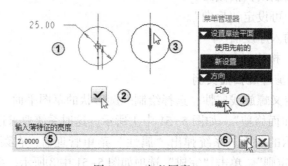

图5-53 定义厚度

4）定义厚度后，在"曲面裁剪：螺旋扫描，薄板"对话框中单击"确定"按钮完成螺旋扫描。结果如图5-54中②所示（**参见"素材文件\第5章\5-15"**）。

图5-54 薄曲面修剪螺旋扫描结果

140

5.4 可变截面扫描

可变截面扫描是将截面沿一条或多条轨迹扫描生成的实体特征。在可变截面扫描中可通过对截面的方向、旋转以及对截面尺寸添加关系式来进行控制。

1. 创建可变截面扫描的步骤

1）绘制扫描轨迹草图，如果选用模型边这一步省略。

2）单击"可变截面扫描"按钮。

3）选择扫描轨迹线，可选择多条轨迹线，选择时需按住〈Ctrl〉键。

4）绘制扫描截面，可添加关系式。

5）单击"应用并保存" ✔ 按钮。

2. 创建可变截面扫描实例

1）选择草绘平面，绘制可变截面扫描轨迹草图，退出草图绘制。从特征工具栏中单击"草绘" 按钮，系统弹出"草绘"对话框，要求选择草绘平面和草绘方向参照。选择上视基准平面，系统自动在"参照"列表框中输入右视基准面作为草绘视图参照方向，采用系统默认的方向，单击"草绘"按钮进入草图绘制界面，如图 5-55 中①~③所示。用"圆"命令分别绘制出一个直径为 200 和一个直径为 500 的同心圆，圆心落在原点上，如图 5-55 中④所示。单击"完成" ✔ 按钮退出草图绘制，如图 5-55 中⑤所示。

图 5-55　绘制可变截面扫描轨迹线草图

2）创建可变截面扫描，选择可变截面扫描轨迹线，绘制扫描截面草图，添加关系式。单击特征工具栏中的"可变截面扫描" 按钮，系统弹出"可变截面扫描"操控面板，选择如图 5-56 中②所示的两个圆作为扫描轨迹线，选择时要按住〈Ctrl〉键。单击"扫描为曲面" 按钮，单击"创建或编辑扫描截面" 按钮，如图 5-56 中④所示。系统进入扫描截面绘制界面。用"直线" 命令、"三点弧" 命令、"圆形" 命令和"创建尺寸" 命令绘制出如图 5-56 中⑤所示的草图。然后将尺寸"160"添加关系式。选择菜单"工具"→"关系"，如图 5-56 中⑥所示。

3）输入关系式，退出草图绘制。系统弹出"关系"对话框，在对话框的文本框中单击，光标在文本框中闪动，单击尺寸"160"，然后再输入"= 160+60 * sin (trajpar * 360 * 8)"，如图 5-57 中①所示。单击"确定"按钮完成关系式创建，如图 5-57 中②所示。再单击"完成" ✔ 按钮退出草图绘制，如图 5-57 中③所示。

4）定义扫描截面后系统显示出可变截面扫描预览效果，确定无误后单击"应用并保存"✓按钮完成可变截面扫描操作，结果如图5-58中②所示（**参见"素材文件\第5章\5-16"**）。

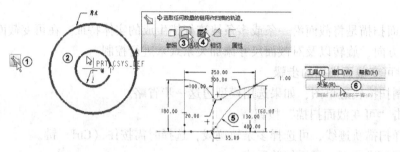

图 5-56 创建可变截面扫描，选择扫描轨迹，绘制扫描截面

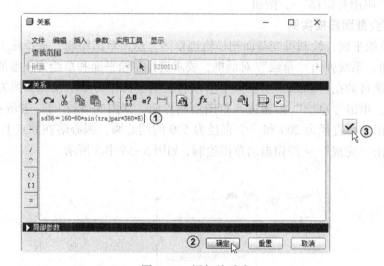

图 5-57 添加关系式

图 5-58 可变截面扫描效果

5.5 实例

本节将介绍应用实例——绞线、垃圾桶和钉螺三个模型的创建方法。绞线和垃圾桶两个模型的主要知识点是关系式在可变截面扫描中的应用，钉螺模型的主要知识点是变节距螺旋扫描的应用。

5.5.1 绞线

如图 5-59 所示的绞线模型，是由可变截面扫描创建而成的。

建模思路：此模型的建模要点是创建出一条空间曲线作为扫描轨迹，然后在扫描截面草图中添加关系式，达到截面沿轨迹扫描时旋转三周的效果。创建绞线模型的步骤见表 5-1（**参见"素材文件\第 5 章\5-17"**）。

图 5-59　绞线模型

表 5-1　绞线建模步骤

步骤	说　明	模　　型	步骤	说　明	模　　型
1	创建曲面拉伸		4	创建可变截面扫描	
2	创建曲面拉伸		5	创建可变截面扫描	
3	创建曲面相交				

下面具体介绍绞线模型的创建方法。

1）新建文件。选择"文件"→"新建" 命令，如图 5-60 所示中①所示。在弹出的"新建"对话框中选择"类型"为"零件" ，"子类型"为"实体"，在"名称"文本框中输入"jiaoxian"，选择"使用缺省模板"复选框，单击"确定"按钮，如图 5-60 中②~④所示。

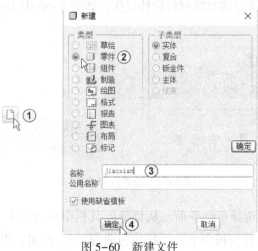

图 5-60　新建文件

143

2）创建曲面拉伸，选择草绘平面。从特征工具栏中选择"拉伸" ⬜命令，系统弹出"拉伸"操控面板，在操控面板中单击"拉伸为曲面" ⬜按钮，再单击"放置"选项，系统弹出"放置"选项卡，在选项卡中单击"定义"按钮如图 5-61 中①~③所示。系统弹出"草绘"对话框，要求选择草绘平面以及方向。选择前视基准平面，如图 5-61 中④所示，在"参照"列表框中系统自动输入右视基准平面作为参照，单击"草绘"按钮系统进入草图绘制界面，如图 5-61 中⑤所示。

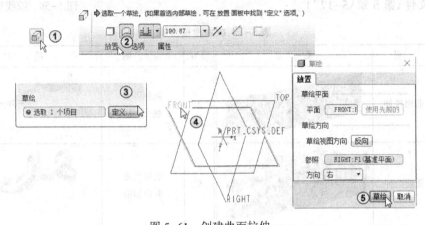

图 5-61　创建曲面拉伸一

3）绘制拉伸截面草图，退出草图绘制。用"样条" 〰命令绘制出一条曲线，用"创建尺寸" ⬜命令标注尺寸如图 5-62 中①所示，单击"完成" ✓按钮退出草图绘制如图 5-62 中②所示。

4）设置拉伸参数，完成曲面拉伸。完成草图绘制后，"拉伸"操控面板处于激活状态，选择拉伸方式为"在各方向上以指定深度值的一半拉伸草图平面的两侧" ⬜，输入深度值为"200"，单击"应用并保存" ✓按钮完成移除材料拉伸操作，如图 5-63 中①~④所示。得到的结果如图 5-63 中⑤所示。

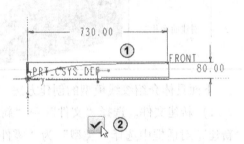

图 5-62　绘制拉伸截面草图

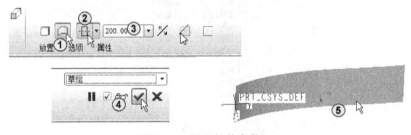

图 5-63　设置拉伸参数一

5）创建曲面拉伸，选择草绘平面。从特征工具栏中单击"拉伸" ⬜按钮，系统弹出"拉伸"操控面板，在操控面板中单击"拉伸为曲面" ⬜按钮，再单击"放置"选项，系统弹出"放置"选项卡，在选项卡中单击"定义"按钮，系统弹出"草绘"对话框，要求选择草绘平面以及方向如图 5-64 中①~③所示。选择右视基准平面，如图 5-64 中④所示，在"参照"列表框中系统自动输入上视基准平面作为参照，单击"草绘"按钮系统进入草图绘制界面，如图 5-64 中⑤所示。

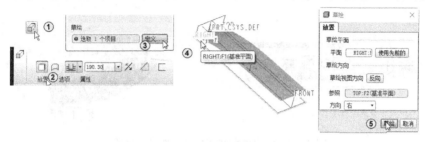

图 5-64　创建曲面拉伸二

6) 绘制拉伸截面草图，退出草图绘制。用"样条" ～命令绘制出一条曲线，用"创建尺寸" 命令标注尺寸，如图 5-65 中①所示，单击"完成" 按钮退出草图绘制，如图 5-65 中②所示。

7) 设置拉伸参数，完成曲面拉伸。完成草图绘制后，"拉伸"操控面板处于激活状态，选择拉伸方式为"在各方向上以指定深度值的一半拉伸草图平面的两侧" ，输入深度值为"200"，单击"应用并保存" 按钮完成移除材料拉伸操作，如图 5-66 中①~④所示。得到的结果如图 5-66 中⑤所示。

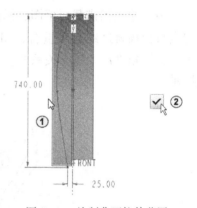

图 5-65　绘制曲面拉伸草图

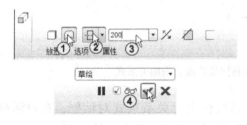

图 5-66　设置拉伸参数二

8) 创建相交曲线。选择两个拉伸曲面如图 5-67 中①所示，选择时按住〈Ctrl〉键；然后选择"编辑"→"相交" 命令，如图 5-67 中②所示，相交曲线如图 5-67 中③所示。

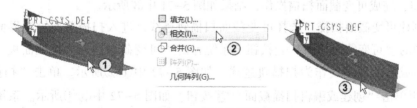

图 5-67　创建曲面相交

9）创建可变截面扫描。选择可变截面扫描轨迹线，进入扫描截面绘制界面。单击特征工具栏中的"可变截面扫描" 按钮，系统弹出"可变截面扫描"操控面板，选择相交曲线作为扫描轨迹线，如图5-68中①②所示。单击"扫描为曲面" 按钮，再单击"创建或编辑扫描截面" 按钮，如图5-68中③④所示。系统进入扫描截面绘制界面。

图5-68 创建可变截面扫描，选择轨迹线一

10）绘制扫描截面草图，添加关系式。用"直线" 命令绘制出一条直线，直线的起点与扫描轨迹线起点重合，用"创建尺寸" 命令标注角度尺寸，如图5-69中①所示。将该角度尺寸建立关系式。单击主菜单栏中的"工具"→"关系"，如图5-69中②所示。

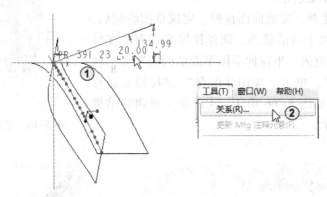

图5-69 绘制扫描截面，添加关系式

11）输入关系式，退出草图绘制。系统弹出"关系"式对话框，在对话框的文本框中单击，光标在文本框中闪动，单击角度尺寸"20"，然后再输入" = trajpar * 360 * 3"，如图5-70中①所示。单击"确定"按钮完成关系式创建，再单击"完成" 按钮退出草图绘制。

12）添加关系式后的角度尺寸由关系式来驱动，如图5-71中①所示。单击"应用并保存" 按钮，完成可变截面扫描操作，结果如图5-71中③所示。

13）创建可变截面扫描，选择可变截面扫描轨迹线，进入扫描截面绘制界面。单击特征工具栏中的"可变截面扫描" 按钮，系统弹出"可变截面扫描"操控面板，选择可变截面扫描生成的曲面边线作为扫描轨迹线，如图5-72中①②所示。单击"扫描为曲面" 按钮，再单击"创建或编辑扫描截面" 按钮，如图5-72中③④所示。系统进入扫描截面绘制界面。

图 5-70　输入关系式

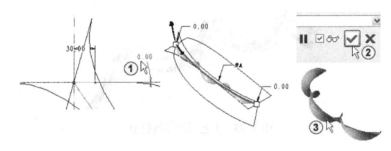

图 5-71　由关系式驱动扫描

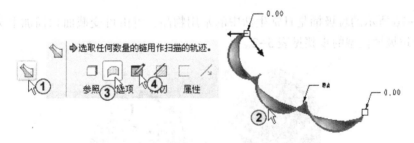

图 5-72　创建可变截面扫描，选择轨迹线二

14）绘制扫描截面草图，添加关系式。用"圆" ⭕命令绘制出一个半径 20 的圆，圆心落在扫描轨迹线的起点上，再用"中心线" ⫶命令绘制两条成 60°夹角的轴线，将圆转换成构造线，如图 5-73 中①所示。用"圆" ⭕命令绘制出 7 个等径小圆，用"创建尺寸" ⊨命令标注小圆的尺寸，如图 5-73 中②所示。单击"完成" ✓按钮退出草图绘制。

15）退出扫描截面草图绘制后，系统显示扫描结果预览，预览无误后单击"应用并保存" ✔按钮，完成可变截面扫描操作，结果如图 5-74 中③所示。上色后的绞线模型如图 5-75 所示（参见"素材文件\第 5 章\5-17"）。

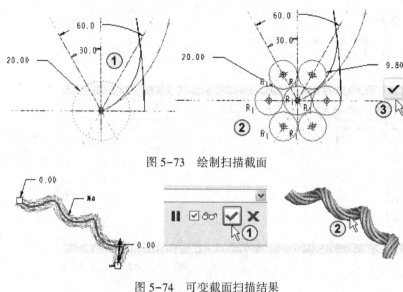

图 5-73　绘制扫描截面

图 5-74　可变截面扫描结果

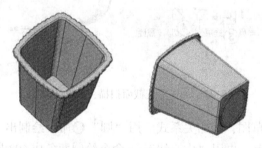

图 5-75　上色后的绞线模型

5.5.2　垃圾桶

如图 5-76 所示的垃圾桶是日常生活中的常用物品，可由可变截面扫描加上关系式创建而成。创建垃圾桶模型的步骤见表 5-2。

图 5-76　垃圾桶模型

下面具体介绍垃圾桶的创建方法。

1）新建文件。选择"文件"→"新建" 命令，在弹出的"新建"对话框中选择"类型"为"零件" ，"子类型"为"实体"，在"名称"文本框中输入"fufesc"，选择"使用缺省模板"复选框，单击"确定"按钮，如图 5-77 所示。

表 5-2 垃圾桶建模步骤

步骤	说 明	模 型	步骤	说 明	模 型
1	创建扫描轨迹线		2	创建可变截面扫描	

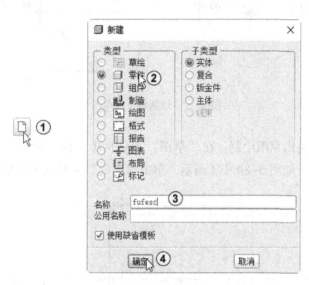

图 5-77 新建文件

2）选择草绘平面，绘制可变截面扫描轨迹。从特征工具栏中选择"草绘"命令，系统弹出"草绘"对话框，要求选择草绘平面和草绘方向参照。选择前视基准平面，系统自动在"参照"列表框中输入右视基准面作为草绘视图参照方向，采用系统默认的方向，单击"草绘"按钮进入草图绘制界面，如图 5-78 中②③所示。

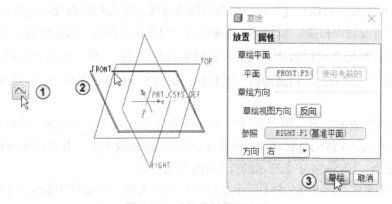

图 5-78 选择绘制草图平面

3）绘制可变截面扫描轨迹。在"草图"工具栏中选择"圆" ◯ 命令绘制出一个直径50 的圆，圆心落在原点上。再用"矩形" ▢ 命令绘制出一个矩形，用"创建尺寸" ⊞ 命令标注尺寸，如图 5-79 中②所示。

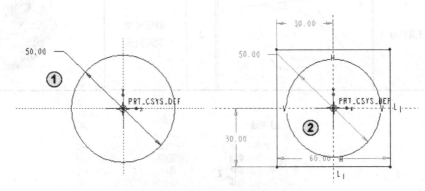

图 5-79　绘制轨迹线草图

4）绘制圆形，退出草图绘制。在"草图"工具栏中选择"圆形" 🔧 命令将矩形的四个角分别倒 R5 圆角，如图 5-80 中①所示。单击"完成" ✔ 按钮退出草图绘制。

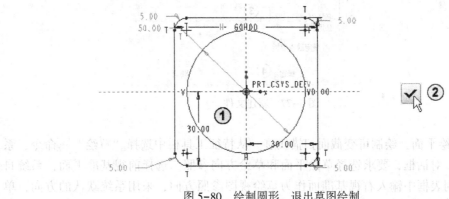

图 5-80　绘制圆形，退出草图绘制

5）创建可变截面扫描，选择可变截面扫描轨迹线，进入扫描截面绘制界面。单击特征工具栏中的"可变截面扫描" 🖊 按钮，系统弹出"可变截面扫描"操控面板，选择如图 5-81 中③所示的圆和矩形作为扫描轨迹线，选择时要按住〈Ctrl〉健。单击"扫描为曲面" ▱ 按钮，再单击"创建或编辑扫描剖面" ✐ 按钮，如图 5-81 中②④所示。系统进入扫描截面绘制界面。

6）绘制扫描截面草图。用"直线" ＼ 命令和"创建尺寸" ⊢⊣ 命令绘制出如图 5-82 所示的草图。图 5-83 所示是底部图；图 5-84 所示是底部放大图，其中图 5-84 中①所示的点与圆轨迹重合，图 5-84 中②所示的点与矩形轨迹重合。

7）添加关系式。图 5-85 中①所示是沿口草图放大图，给蓝图中箭头所指的尺寸"5"添加关系式。选择菜单"工具"→"关系"，如图 5-85 中②所示。

8）输入关系式，退出草图绘制。系统弹出"关系"对话框，在对话框的文本框中单

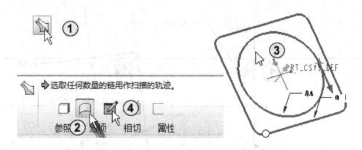

图 5-81　创建可变截面扫描，选择轨迹线

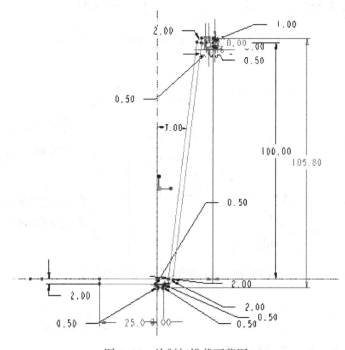

图 5-82　绘制扫描截面草图

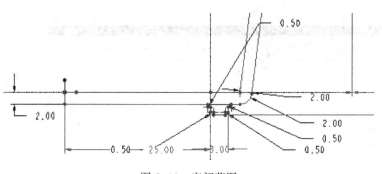

图 5-83　底部草图

击，光标在文本框中闪动，单击尺寸 "5"，然后再输入 " = 5 + 0.5 * sin (trajpar * 360 *
48)"，单击 "确定" 按钮完成关系式创建，如图 5-86 中①②所示。再单击 "完成" ✔ 按
钮退出草图绘制，如图 5-86 中③所示。

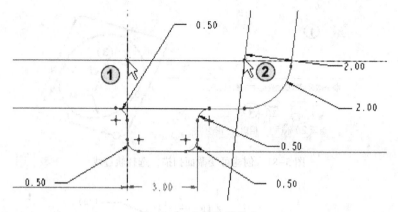

图 5-84 底部草图放大

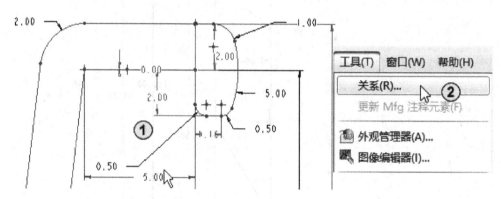

图 5-85 沿口草图放大，添加关系式

图 5-86 输入关系式，退出草图绘制

9）退出扫描截面草图绘制后，系统显示扫描结果预览，预览无误后单击"应用并保存" ✔按钮，完成可变截面扫描操作，如图5-87中①所示。结果如图5-87中②所示。上色后垃圾桶模型如图5-88所示（**参见"素材文件\第5章\5-18"**）。

图 5-87　可变截面扫描结果

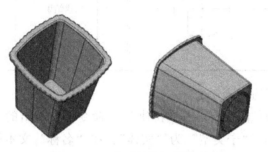

图 5-88　上色后的垃圾桶模型

5.5.3　钉螺

如图5-89所示的钉螺模型，是用变节距螺旋扫描再加上关系式创建而成的。
创建钉螺模型的步骤见表5-3（**参见"素材文件\第5章\5-19"**）。

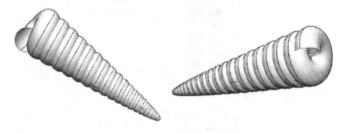

图 5-89　钉螺模型

表 5-3　钉螺建模步骤

步骤	说　明	模　型	步骤	说　明	模　型
1	定义螺旋扫描属性	常数 可变的 穿过轴 垂直于轨迹 右手定则 左手定则 完成 退出	2	绘制螺旋线形状草图	

（续）

步骤	说　明	模　型	步骤	说　明	模　型
3	定义变节距数值	10.000 0.500	5	添加关系式	sd3=1-5*abs(trajpar*1.5)
4	创建扫描截面		6	扫描结果	

下面具体介绍钉螺的创建方法。

1）新建文件。选择"文件"→"新建" 命令，在弹出的"新建"对话框中选择"类型"为"零件" ，"子类型"为"实体"，在"名称"文本框中输入"qsjlx"，选择"使用缺省模板"复选框，单击"确定"按钮，如图5-90所示。

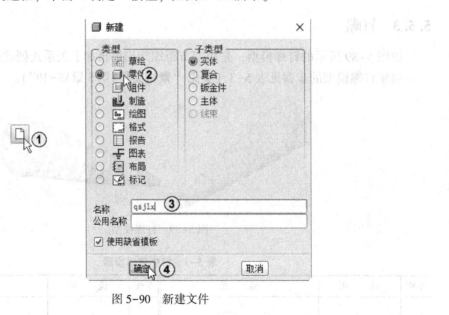

图 5-90　新建文件

2）定义螺旋线属性，选择绘制螺旋轨迹形状草图平面。选择菜单"插入"→"螺旋扫描"→"曲面"如图5-91中①所示。系统弹出"属性"菜单管理器，在菜单管理器中选择"可变的""穿过轴""右手定则"，单击"完成"选项如图5-91中②所示。系统弹出"设置草绘平面"菜单管理器，采用默认设置，选择上视基准平面作为绘制草图平面，系统弹出设置平面方向菜单管理器，单击"确定"选项，如图5-91中③~⑤所示。

154

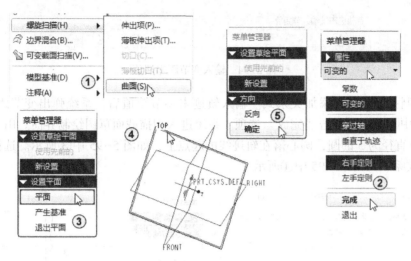

图 5-91 选择螺旋扫描类型，定义扫描属性，选择绘制草图平面

3）绘制螺旋形状草图。在绘制草图方向参照菜单管理器中单击"缺省"选项，系统进入草图绘制界面，如图 5-92 中①所示。用"直线" \ 命令绘制出一条斜线，如图 5-92 中②所示，用"轴" ⋮命令绘制出一条竖轴，如图 5-92 中③所示，单击"完成" ✔ 按钮退出草图绘制，如图 5-92 中④所示。

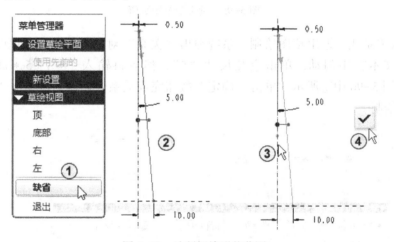

图 5-92 绘制螺旋形状草图

4）定义轨迹变线起始节距。定义螺旋形状草图后，系统弹出"在轨迹起始输入节距值"文本框，在文本框中输入"0.5"，如图 5-93 中①所示，单击"接受值"☑按钮。

图 5-93 输入变节距起始值

5）定义轨迹变线末端节距。定义轨迹线起始节距后，系统弹出"在轨迹末端输入节距值"文本框，在文本框中输入"10"，如图 5-94 中①所示，单击"接受值"☑按钮。

图 5-94　输入变节距末端值

6）绘制扫描截面，添加关系式。输入轨迹末端节距值后，系统弹出变节距曲线图形，如图 5-95 中①所示，单击"完成"选项。系统进入扫描截面草图绘制界面。用"圆"命令绘制出一个直径为 5 的圆，圆心落在轨迹线的起点上，如图 5-95 中③所示。选择菜单"工具"→"关系"，如图 5-95 中④所示。

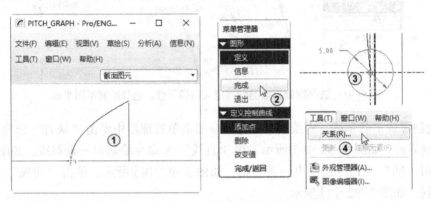

图 5-95　确定变节距数值

7）输入关系式，退出草图绘制。系统弹出"关系"对话框，在对话框的文本框中单击，光标在文本框中闪动，单击直径尺寸"5"，然后再输入" = 1 + 5 * abs（trajpar * 1.5）"，如图 5-96 中①所示。单击"确定"按钮完成关系式创建，再单击"完成" ✔ 按钮退出草图绘制。

图 5-96　输入关系式，退出草图绘制

8）退出扫描截面草图绘制后，在"曲面：螺旋扫描"对话框中单击"确定"按钮完成变节距螺旋扫描操作，结果如图5-97中②所示。上色后的钉螺模型如图5-89所示。

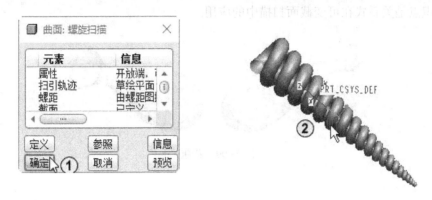

图5-97　曲面螺旋扫描结果

5.6　习题

本节为读者准备了电热丝和花瓶两个练习模型以及两道问答题。这两个模型的创建方法使用了螺旋扫描和可变截面扫描等特征，同时还使用了关系式，使读者加深理解螺旋扫描和可变截面扫描特征以及关系式在建模中的作用。问答题则可以巩固读者的理论知识，加深读者对知识点的记忆。

一、问答题

1. 建立扫描特征时，其属性的定义与扫描轨迹线间有何关系？

2. 一共有哪几种类型的扫描？

二、操作题

1. 电热丝。作出如图5-98所示的电热丝模型（**参见"素材文件\第5章\5-20"**）。电热丝模型是以螺旋扫描和可变截面扫描为主要特征，在可变截面扫描的截面尺寸上加上关系式创建而成。本练习题的知识点是螺旋扫描和关系式在可变截面扫描中的应用。

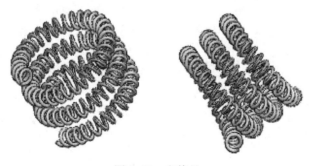

图5-98　电热丝

2. 花瓶。作出如图 5-99 所示的花瓶模型（**参见"素材文件\第 5 章\5-21"**）。花瓶模型是以可变截面扫描为主要特征，在可变截面扫描的截面尺寸上加上关系式创建而成。本练习题的知识点是关系式在可变截面扫描中的应用。

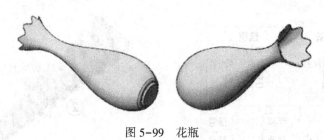

图 5-99 花瓶

第6章 混合特征

将一组不同的截面沿其边线用过渡曲面连接形成一个连续的特征，就是混合特征。混合特征是将多个截面混合成一个实体的建模方法，混合特征的建模方式有 3 种：平行混合、旋转混合和一般混合。旋转混合和一般混合又称为非平行混合，非平行混合有以下两个特点。

1）截面可以是非平行的，也可以是平行，当截面之间角度设为 0 时即可以创建平行混合特征。

2）可以通过 IGES 文件输入的方法来创建截面。

6.1 平行混合特征

平行混合特征是将所有平行的截面混合成一个实体。

1. 创建平行混合特征的步骤

1）在"混合"特征菜单中选择混合类型，再选择混合方式为"平行"。

2）定义混合属性：选择混合形状为"直"或"光滑"。

3）选择草图绘制平面，进入草图绘制界面。

4）绘制第一截面，选择菜单"草绘"→"特征工具"→"切换截面"。

5）绘制第二截面，调整起点位置和方向，单击"完成" ✓ 按钮。

6）定义深度：输入深度值。

7）单击"确定"按钮。

2. 创建平行混合特征的实例

1）选择混合类型和混合方式，定义混合属性。选择菜单"插入"→"混合"→"伸出项"，如图 6-1 中①所示。系统弹出"混合选项"菜单管理器，在菜单管理器中选择"平行""规则截面""草绘截面"，单击"完成"选项，如图 6-1 中②所示。系统弹出"属性"菜单管理器，选择"光滑"，单击"完成"选项，如图 6-1中③所示。系统弹出"设置草绘平面"菜单管理器，采用默认设置。

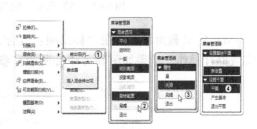

图 6-1　选择混合类型和混合
方式，定义混合属性

2）选择绘制草图平面，绘制混合第一截面。选择上视基准平面作为草图绘制平面，在"设置草绘平面"菜单管理器中单击"确定"选项，在参照方向菜单管理器中单击"缺省"选项，系统进入草图绘制界面，如图 6-2 中①~③所示。用"圆" ○ 命令绘制出一个直径为 200 的圆，圆心落在原点上，用"中心线" ┊ 命令绘制出夹角为 90°的两条交叉线，交叉点落在圆心上，用"分割" ﾆ 命令将圆分割成四段圆弧，如图 6-2 中④所示。

图 6-2　选择草图绘制平面，绘制混合第一截面

3）切换截面，绘制混合第二截面，定义截面深度。绘制好混合第一截面后，选择菜单"草绘"→"特征工具"→"切换截面"，第一截面变成灰暗色，系统接受第二截面的绘制。用"矩形"□命令绘制出一个矩形如图 6-3 中②所示，要注意起点位置和箭头方向。如果位置不对先选中对应的位置点，然后选择菜单"草绘"→"特征工具"→"起点"，即可改变起点位置。如果箭头方向不对，先选中这个点，然后选择菜单"草绘"→"特征工具"→"起点"，即可改变箭头方向。单击"完成" ✓ 按钮退出草图绘制。在弹出的"深度"菜单管理器中选择"盲孔"选项后，单击"完成"，如图 6-3 中③所示。系统弹出"输入截面 2 的深度"对话框，在对话框中输入"200"，单击"接受值"☑按钮，如图 6-3 中④所示。

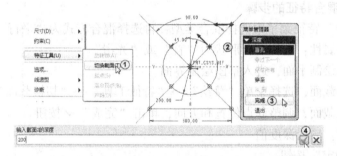

图 6-3　切换截面，绘制混合第二截面，定义截面深度

4）定义截面深度后在"伸出项：混合，平行，规则截面"对话框中单击"确定"按钮完成混合操作。结果如图 6-4 中②所示（**参见"素材文件\第 6 章\6-1"**）。

图 6-4　平行混合结果

6.2　旋转混合特征

旋转混合特征是将截面绕 Y 轴旋转混合生成实体模型。最大旋转角度为 $120°$，每个截

面用单独草图绘制，绘制草图时必须定义坐标系。

1. 创建旋转混合特征的步骤

1）在"混合"特征菜单中选择混合类型，再选择混合方式为"旋转"。

2）定义混合属性：选择混合形状为"直"或"光滑"。

3）选择草图绘制平面，进入草图绘制界面。

4）选择菜单"草绘"→"坐标系"，在草图中插入坐标系，绘制第一截面草图，单击"完成"✔按钮。.

5）定义旋转角度：输入角度值。

6）绘制第二截面，选择菜单"草绘"→"坐标系"，在草图中插入坐标系，调整起点位置和方向，单击"完成"✔按钮。

7）确认是否继续下一截面：单击"是"则继续绘制下一截面，单击"否"则结束截面绘制。

8）单击"确定"按钮。

2. 创建旋转混合特征的实例

1）选择混合类型和混合方式，定义混合属性。选择菜单"插入"→"混合"→"伸出项"，如图 6-5 中①所示。系统弹出"混合选项"菜单管理器，在菜单管理器中选择"旋转的""规则截面""草绘截面"，单击"完成"选项，如图 6-5 中②所示。系统弹出"属性"菜单管理器，选择"光滑""开放"，单击"完成"选项，如图 6-5 中③所示。系统弹出"设置草绘平面"菜单管理器，采用默认设置。

图 6-5 选择混合类型和混合方式，定义混合属性

2）选择绘制草图平面，插入坐标系。选择前视基准平面作为草图绘制平面，在"设置草绘平面"菜单管理器中单击"确定"选项，在参照方向菜单管理器中单击"缺省"选项，系统进入草图绘制界面。选择菜单"草绘"→"坐标系"，如图 6-6 中④所示。在草图中插入坐标系，如图 6-6 中⑤所示。

3）绘制第一截面。用"圆"〇命令绘制出一个直径 300 的圆，圆心与坐标水平轴对齐。用"中心线"︙命令绘制出夹角为 90°的两条交叉线，交叉点落在圆心上，用"分割"︷命令将圆分割成四段圆弧，如图 6-7 中①所示。单击"完成"✔按钮退出草图绘制。系统弹出旋转角度输入对话框，在对话框中输入"60"，单击"接受值"☑按钮，如图 6-7 中③④所示。

4）绘制第二截面，插入坐标系，确认继续绘制下一截面。定义旋转角度值后，系统进入第二截面绘制界面。用"矩形"▢按钮绘制出一个矩形，如图 6-8 中①所示，要注意起点位置，如果位置不对先选中对应的位置点，然后选择菜单"草绘"→"特征工具"→"起点"，即可改变起点位置。选择菜单"草绘"→"坐标系"，如图6-8中②所示。在草图中插入坐标系，如图6-8中③所示。单击"完成"✔按钮退出草图绘制。系统弹出"确认"对话框，在对话框中单击"是"按钮继续绘制下一截面，如图6-8中⑤所示。

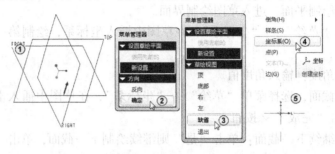

图6-6　选择草图绘制平面，插入坐标系

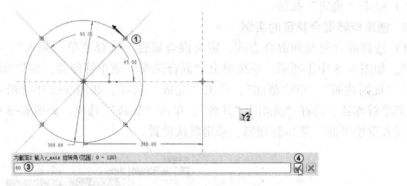

图6-7　绘制第一截面草图，退出草图绘制，定义旋转角度

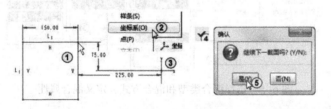

图6-8　绘制第二截面，插入坐标系，退出草图绘制，确认继续绘制下一截面

5）定义旋转角度，绘制第三截面。单击"是"按钮后，系统弹出旋转角度输入对话框，在对话框中输入"60"，单击"确定"☑按钮，如图6-9中①②所示。用"中心和轴椭圆"✔命令绘制出一个竖轴400，水平轴200的椭圆，用"中心线"⫶命令绘制出夹角为90°的两条交叉线，交叉点落在圆心上，用"分割"⊶命令将椭圆分割成四段圆弧，如图6-9中③所示。选择菜单"草绘"→"坐标系"，如图6-9中④所示。在草图中插入坐标系，如图6-9中⑤所示。坐标系原点与椭圆圆心水平对齐。单击"完成"✔按钮退出草图绘制。

6）不再继续绘制下一截面，完成混合操作。定义第三截面后，系统弹出"确认"对话框，单击"否"按钮不再继续绘制下一截面，如图6-10中①所示。在"伸出项：混合，旋转的，草绘截面"对话框中单击"确定"按钮完成混合操作，如图 6-10 中②所示。结果如图 6-10 中③所示（参见"素材文件\第 6 章\6-2"）。

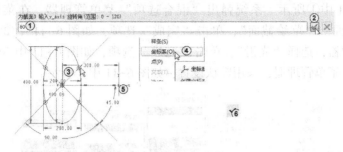

图 6-9　定义旋转角度，绘制第三截面，插入坐标系，退出草图绘制

图 6-10　旋转混合结果

6.3　一般混合特征

一般混合特征是比较灵活实用的混合方式。最大旋转角度为 120°，需要定义 X、Y、Z 轴的旋转角度。每个截面用单独草图绘制，绘制草图时必须定义坐标系。

1. 创建一般混合特征的步骤

1）在"混合"特征菜单中选择混合类型，再选择混合方式为"一般"。

2）定义混合属性：选择混合形状为"直"或"光滑"。

3）选择草图绘制平面，进入草图绘制界面。

4）选择菜单"草绘"→"坐标系"，在草图中插入坐标系，绘制第一截面草图，单击"完成" ✔ 按钮。

5）分别定义 X 轴、Y 轴和 Z 轴旋转角度并输入角度值。

6）绘制第二截面草图，选择菜单"草绘"→"坐标系"，在草图中插入坐标系，调整起点位置和方向，单击"完成" ✔ 按钮。

7）确认是否继续下一截面：单击"是"继续下一截面，单击"否"结束截面定义。

8）分别定义 X 轴、Y 轴和 Z 轴旋转角度并输入角度值。

9）绘制第三截面草图，选择菜单"草绘"→"坐标系"，在草图中插入坐标系，调整起点位置和方向，单击"完成" ✔ 按钮。

10）确认是否继续下一截面：单击"否"。

11）输入第二截面深度和第三截面深度。

12）单击"确定"按钮。

2. 创建一般混合特征的实例

1）选择混合类型和混合方式，定义混合属性。选择菜单"插入"→"混合"→"伸出项"，如图6-11中①所示。系统弹出"混合选项"菜单管理器，在菜单管理器中选择"一般""规则截面""草绘截面"，单击"完成"选项，如图6-11中②所示。系统弹出"属性"菜单管理器，选择"光滑"，单击"完成"选项，如图6-11中③所示。系统弹出"设置草绘平面"菜单管理器，采用默认设置，如图6-11中④所示。

图6-11 选择混合类型和混合方式，定义混合属性

2）选择绘制草图平面，插入坐标系。选择前视基准平面作为草图绘制平面，在"设置草绘平面"菜单管理器中单击"确定"选项，在参照方向菜单管理器中单击"缺省"选项，如图6-12中①~③所示，系统进入草图绘制界面。选择菜单"草绘"→"坐标系"，如图6-12中④所示。在草图中插入坐标系，如图6-12中⑤所示。

图6-12 选择草图绘制平面，插入坐标系

3）绘制第一混合截面，退出草图绘制，输入X轴旋转角度。用"矩形"□命令绘制一个100×100的矩形，矩形中心与插入坐标系原点对齐，如图6-13中①所示。单击"完成"✔按钮退出草图绘制。系统弹出X轴旋转角度输入对话框，在对话框中输入"0"，单击"接受值"✔按钮，如图6-13中③④所示。

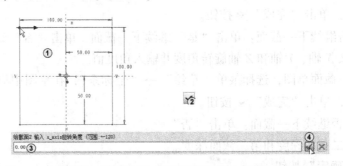

图6-13 绘制第一截面草图，退出草图绘制，定义X轴旋转角度

4）输入 Y 轴旋转角度，输入 Z 轴旋转角度。系统弹出 Y 轴旋转角度输入对话框，在对话框中输入"0"，单击"接受值" ✓按钮，如图 6-14 中①②所示。系统弹出 Z 轴旋转角度输入对话框，在对话框中输入"120"，单击"接受值" ✓按钮，如图 6-14 中③④所示。

图 6-14　定义 Y 轴旋转角度，定义 Z 轴旋转角度

5）插入坐标系，绘制第二截面草图，退出草图绘制，确认继续下一截面。选择菜单"草绘"→"坐标系"，如图 6-15 中①所示。在草图中插入坐标系，如图 6-15 中②所示。用"矩形" □命令绘制出一个 60×60 的矩形，矩形中心与插入坐标系原点对齐，如图 6-15 中③所示。单击"完成" ✓按钮退出草图绘制。系统弹出"确认"对话框，在对话框中单击"是"按钮继续绘制下一截面，如图 6-15 中⑤所示。

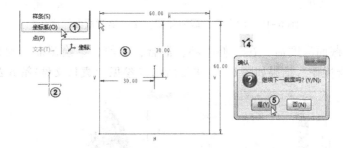

图 6-15　插入坐标系，绘制第二截面草图，退出草图绘制，确定继续下一截面

6）输入 X 轴、Y 轴和 Z 轴旋转角度。系统弹出 X 轴旋转角度输入对话框，在对话框中输入"0"，单击"接受值" ✓按钮，如图 6-16 中①②所示。系统弹出 Y 轴旋转角度输入对话框，在对话框中输入"0"，单击"接受值" ✓按钮，如图 6-16 中③④所示。系统弹出 Z 轴旋转角度输入对话框，在对话框中输入"120"，单击"接受值" ✓按钮，如图 6-16 中⑤⑥所示。

图 6-16　定义 X 轴、Y 轴和 Z 轴旋转角度

7）插入坐标系，绘制第三截面草图，退出草图绘制，不再继续绘制下一截面。选择菜单"草绘"→"坐标系"，如图 6-17 中①所示。在草图中插入坐标系，如图 6-17 中②所示。用"矩形" □命令绘制出一个 100×100 的矩形，矩形中心与插入坐标系原点对齐，如图 6-17 中③所示。单击"完成" ✓按钮退出草图绘制。系统弹出"确认"对话框，在对话框中单击"否"按钮不再继续绘制下一截面，如图 6-17 中⑤所示。

8）输入第二截面深度和第三截面深度。系统弹出"输入截面 2 的深度"对话框，在对话框中输入"100",单击"接受值"☑按钮,如图6-18中①②所示。系统弹出"输入截面3的深度"对话框,在对话框中输入"100",单击"接受值"☑按钮,如图6-18中③④所示。

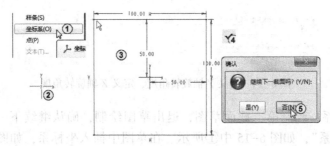

图6-17 插入坐标系,绘制第三混合截面草图,退出草图绘制,不再继续绘制下一截面

图6-18 输入第二截面深度,输入第三截面深度

9)输入第三截面深度后,在"伸出项:混合,一般,草绘截面"对话框中单击"确定"按钮完成混合操作。结果如图6-19中②所示(**参见"素材文件\第6章\6-3"**)。

图6-19 一般混合结果

6.4 实例

本节应用实例将介绍瓶模型的创建方法。创建瓶模型的主要知识点是一般混合特征的应用。

如图6-20所示的瓶模型,是由一般混合特征创建而成的。

建模思路:此模型的建模要点是用拉伸特征创建出瓶口和瓶底,然后用一般混合特征创建出瓶体。创建瓶模型的步骤见表6-1。

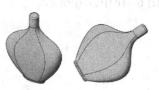

图6-20 瓶模型

表6-1 瓶建模步骤

步骤	说明	模 型	步骤	说明	模 型
1	创建拉伸		2	创建基准面	

步骤	说明	模　型	步骤	说明	模　型
3	创建拉伸		6	创建一般混合	
4	创建基准面		7	添加圆角	
5	创建混合 截面草图				

下面具体介绍瓶模型的创建方法。

1）新建文件。选择"文件"→"新建" 命令，在弹出的"新建"对话框中选择"类型"为"零件" ，"子类型"为"实体"，在"名称"文本框中输入"UAG"，选择"使用缺省模板"复选框，单击"确定"按钮，如图 6-21 所示。

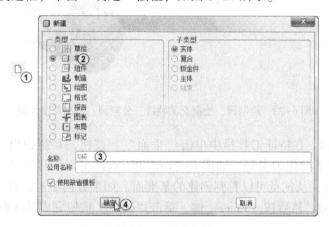

图 6-21　新建文件

2）创建实体拉伸，选择草绘平面。从特征工具栏中选择"拉伸" 命令系统弹出"拉伸"操控面板，在操控面板中单击"拉伸为实体" 按钮，再单击"放置"选项，系统弹出"放置"选项卡，在选项卡中单击"定义"按钮，系统弹出"草绘"对话框，要求选择草绘平面以及方向。选择上视基准平面，如图 6-22 中④所示。系统自动选择右视基准平面作为参照方向，接受系统默认方向，单击"草绘"按钮进入草图绘制界面，如图 6-22 中⑤所示。

3）绘制拉伸截面，退出草图绘制。用"圆" 命令绘制出一个直径为 12 的圆，圆心落在原点上。用"中心线" 命令绘制出夹角为 90°的两条交叉线，交叉点落在圆心上，用"分割" 命令将圆分割成四段圆弧，如图 6-23 中①所示。单击"完成" 按钮退出草图绘制。完成草图绘制后，"拉伸"操控面板处于激活状态，选择拉伸方式为"从草绘平面以指定的深度值拉伸" ，输入深度值为"15"，从预览中可以看到拉伸方向，如图 6-23 中③所示。如果方向不对，可以单击"将材料的伸出方向改为草绘的另一侧" 按钮来改变方向，单击"应用并保存" 按钮完成拉伸操作。结果如图 6-23 中⑤所示。

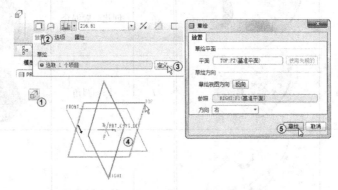

图 6-22　创建拉伸，选择绘制拉伸草图平面

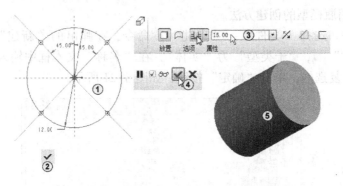

图 6-23　绘制圆，绘制交叉轴线，分割圆，退出草图绘制

4）创建基准面。在特征工具栏中单击"平面" 按钮，系统弹出"基准平面"对话框。选择上视基准平面作为参照，如图 6-24 中②所示，在"平移"文本框中输入"80"，然后按〈Enter〉键，从预览可以看到创建的基准面。如果方向不对，在"平移"文本框的"80"前面加上负号，然后按〈Enter〉键。单击"确定"按钮完成基准面创建。

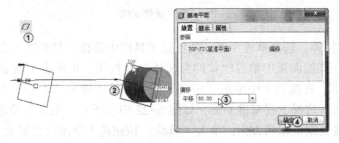

图 6-24　创建基准面一

5）创建实体拉伸，选择草绘平面。从特征工具栏中选择"拉伸" 命令，系统弹出"拉伸"操控面板，在操控面板中单击"拉伸为实体" 按钮；再单击"放置"选项，系统弹出"放置"选项卡，在选项卡中单击"定义"按钮，系统弹出"草绘"对话框，要求选

择草绘平面以及方向，如图 6-25 中①~③所示。选择 DTM1 基准平面，如图 6-25 中④所示。系统自动选择右视基准平面作为参照方向，接受系统默认的方向，单击"草绘"按钮进入草图绘制界面。

6）绘制拉伸截面，退出草图绘制。用"中心和轴椭圆" ✓ 命令绘制出一个长轴为 30，短轴为 12 的椭圆，圆心落在原点上。用"中心线" ⋮ 命令绘制出夹角为 60°的两条交叉线，交叉点落在圆心上，用"分割" ⊰ 命令将椭圆分割成四段圆弧，如图 6-26 中①所示。单击"完成" ✓ 按钮退出草图绘制。完成草图绘制后，"拉伸"操控面板处于激活状态，选择拉伸方式为"从草绘平面以指定的深度值拉伸" ⊥⊥，输入深度值为"3"，单击"将材料的伸出方向改为草绘的另一侧" ⫽ 按钮，改变系统默认的方向，单击"应用并保存" ✓ 按钮完成拉伸操作，如图 6-26 中①~⑤所示。结果如图 6-26 中⑥所示。

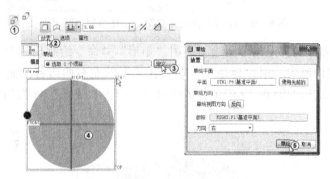

图 6-25　创建拉伸，选择绘制草图平面

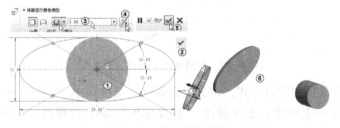

图 6-26　设置拉伸参数

7）创建基准面。在特征工具栏中单击"平面" ⊘ 按钮，系统弹出"基准平面"对话框，选择 DTM1 基准面作为参照，如图 6-27 中②所示，在"平移"文本框中输入"55"，然后按〈Enter〉键，从预览可以看到创建的基准平面。如果方向不对，在"平移"文本框的"55"前面加上负号，然后按〈Enter〉键。单击"确定"按钮完成基准面创建。

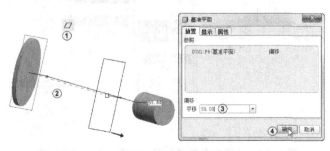

图 6-27　创建基准面二

8）选择草绘平面，绘制混合截面草图。从特征工具栏中选择"草绘" ![]命令，系统弹出"草绘"对话框，要求选择草绘平面和草绘方向参照。选择 DTM2 基准面，系统自动在"参照"列表框中选择右视基准平面作为草绘视图参照方向，采用系统默认的方向，单击"草绘"按钮进入草图绘制界面，如图 6-28 中①~③所示。

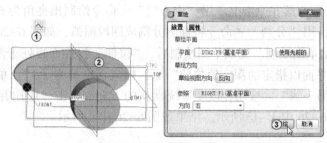

图 6-28　绘制混合截面草图，选择绘制草图平面

9）绘制矩形和曲线，退出草图绘制。用"矩形" □命令绘制出一个矩形，然后将矩形的两条竖边转换成构造线。用"样条" ~命令在矩形的左右两边各绘制一条曲线。用"创建尺寸" ⊢命令标注出如图 6-29 中①所示的尺寸。单击"完成" ✓按钮退出草图绘制。

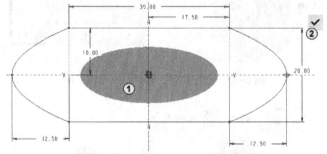

图 6-29　绘制草图，退出草图绘制

10）选择混合类型和混合方式，定义混合属性。选择菜单"插入"→"混合"→"伸出项"，如图 6-30 中①所示。系统弹出"混合选项"菜单管理器，在菜单管理器中选择"一般""规则截面""选取截面"，单击"完成"选项，如图 6-30 中②所示。系统弹出"属性"菜单管理器，选择"光滑"，单击"完成"选项。如图 6-30 中③所示。系统弹出"曲线草绘器"菜单管理器，单击"选取环"如图 6-30 中④所示。

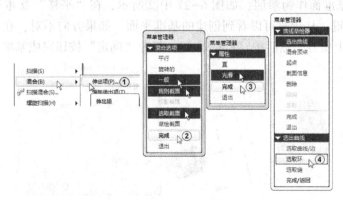

图 6-30　选择混合类型和混合方式，定义混合属性

11）选择混合第一截面和混合第二截面。单击"选取环"选项后，选择如图6-31中①所示的环作为混合第一截面，单击"完成"选项。再单击"选取环"，选择如图6-31中④所示的曲线环作为混合第二截面。

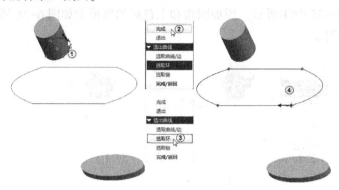

图 6-31　选择混合第一截面和混合第二截面

12）调整起点位置和箭头方向，确认继续绘制下一截面。定义第二截面后，从图6-31所示中可以看出起点位置与第一截面不对应。单击"起点"，然后再单击如图6-32中②所示的点，改变起点位置。如果箭头方向不对，再次单击该点，改变箭头方向。单击"完成"选项，系统弹出"确认"对话框，单击"是"按钮继续绘制下一截面如图6-32中④所示。

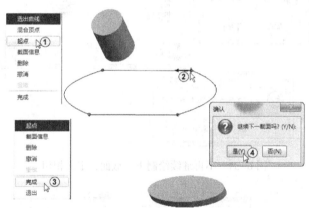

图 6-32　定义起点位置和箭头方向，确认继续绘制下一截面

13）选择混合第三截面，调整起点位置和箭头方向。单击"选取环"，选择如图6-33中②所示的环作为混合第三截面，从图6-33中可以看出起点位置与第二截面不对应。单击"起点"，然后单击如图6-33中②所示的点，改变起点位置。如果箭头方向不对，再次单击该点，改变箭头方向，单击"完成"选项，如图6-33中④⑤所示。

14）不再继续绘制下一截面，定义相切。定义混合第三截面后，系统弹出"确认"对话框，单击"否"按钮不再绘制下一截面，如图6-34中①所示。在"伸出项：混合，一般，所选截面"对话框中选择"相切"，然后单击"定义"按钮，系统弹出"确认"对话框，单击"是"按钮，如图6-34中④所示。

15）选择相切面。确认混合曲面后，系统要求选择与混合第一截面相切的曲面。因为混合第一截面曲线是由四条圆弧组成的，系统会依次以红色显示曲线并要求选择与之相切的曲面。选择与曲线相切的曲面，如图6-35中①所示。定义完第一截面相切后，系统弹出"确认"对话框，单击"否"按钮则第三截面与曲面在其他端不相切，如图6-35中②所示。在"伸出项：混合，一般，新选截面"对话框中单击"确定"按钮完成混合操作。结果如图6-35中④所示。添加圆角和上色后的瓶模型如图6-36所示（**参见"素材文件\第6章\6-4"**）。

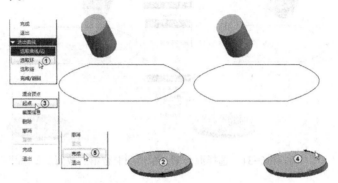

图6-33　选择环，定义起点位置和箭头方向

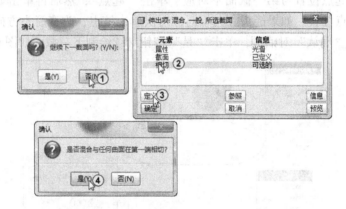

图6-34　不再继续绘制下一截面，定义相切

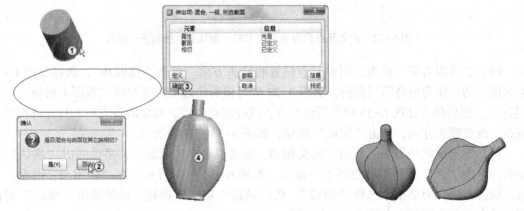

图6-35　选择相切面及一般混合结果　　　图6-36　添加圆角和上色后的瓶模型

6.5 习题

本节为读者准备了排风管和椭圆环两个练习模型。这两个模型的创建方法使用了一般混合特征和旋转混合特征，使读者做了练习后加深对混合特征应用的理解。

1. 排风管。作出如图 6-37 所示的排风管模型。排风管模型是以一般混合特征创建而成的，本练习题的知识点是一般混合特征的应用。

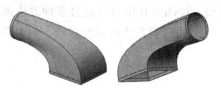

图 6-37　排风管模型

2. 椭圆环。作出如图 6-38 所示的椭圆环模型。椭圆环模型是以旋转混合特征创建而成的，本练习题的知识点是旋转混合特征的应用。

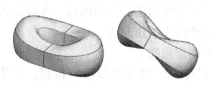

图 6-38　椭圆环模型

第7章 曲　　线

曲线是构建模型的骨架，只有构建出理想的曲线才能创建出符合设计要求的曲面。所以曲线是创建模型的核心和灵魂。Creo 5.0 中可以通过多种方法来创建曲线，包括普通的造型方法和使用方程建立曲线。普通的造型方法包括经过点、自文件和使用剖截面。

7.1　基准曲线

基准曲线可以作为扫描特征的轨迹线，可以作为构建曲面的骨架线，可以作为加工程序的切削路径。创建基准曲线的方法有：经过点、自文件、使用剖截面和从方程 4 种。

- 经过点：创建一条通过指定点的曲线。
- 自文件：创建一条来自文件所指定的点的曲线，文件格式为 .IGES 和 .SET。
- 使用剖截面：以剖截面的边来创建曲线。
- 从方程：使用方程式来创建曲线。

单击"基准特征"工具栏中的"基准曲线" ～ 按钮，系统弹出"曲线选项"菜单管理器，如图 7-1 所示。选择一种创建曲线的方法，然后单击"完成"选项，进入下一个菜单选项，单击"退出"选项，退出曲线创建。

从方程创建基准曲线的过程如下。

1）单击"基准特征"工具栏"基准曲线" ～ 按钮，系统弹出"曲线选项"菜单管理器，选择"从方程"，然后单击"完成"，如图 7-2 中①所示。系统弹出"曲线：从方程"对话框和"得到坐标系"菜单管理器，并自动选中"选取"选项，弹出"选取"对话框，如图 7-2 中②所示。选择如图 7-2 中③所示的坐标系，系统弹出"设置坐标类型"菜单管理器，选择"圆柱"，如图 7-2 中④所示。

图 7-1　"曲线选项"菜单管理器

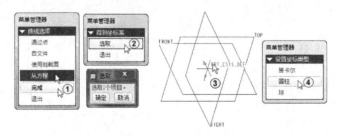

图 7-2　选择曲线选项，设置坐标类型，指定坐标

2）系统弹出"记事本"编辑器，在"记事本"编辑器中输入："r = t　theta = 10 + t *（20 * 360）　z = t * 3"，如图 7-3 中①所示。将文件保存，然后退出"记事本"编辑器，如

图 7-3 中②③所示。

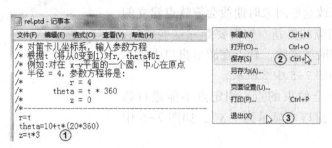

图 7-3　输入曲线方程

3）在"曲线：从方程"对话框中显示已定义了的"坐标系""坐标系类型"和"方程"，单击"确定"按钮，如图 7-4 中①所示。完成方程曲线创建，结果如图 7-4 中②所示。在模型树中增加了"曲线标识"，如图 7-4 中③所示。

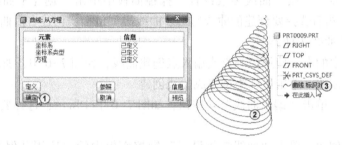

图 7-4　确定定义，得到方程曲线

7.2　造型命令创建曲线

1. 造型命令下的曲线构成特点

曲线由两个端点和无数个中间点组成，曲线的两个端点有切线可以控制曲线与相连曲线之间的连接关系。

曲线的两个端点确定了曲线的起点和终点，中间点确定了曲线的形状。可以通过曲线端点切线调整与其相连对象之间的连接关系是连接 G0、相切 G1 或曲率 G2。可以用鼠标拖动中间点改变曲线的形状。中间点越多越容易表达曲线的形状，但中间点越多曲线的光滑程度越差，在满足曲线形状的前提下尽量采用更少的中间点，以保证曲线的光滑度。

在造型命令下的两条曲线的连接关系如为"自由连接"，用一条直线段表示，"相切连接"用一个单箭头表示，"曲率连接"用多个箭头表示。线段和箭头的长度也将影响两条曲线过渡连接的质量，长度越长过渡越缓。

曲线都是通过选择多个点连接而成的，点可以分成自由点、软点和固定点 3 种类型。

● 自由点：无任何约束的点。在图形窗口中显示为实心点，如图 7-5 中①所示。

● 软点：定义曲线的点还没有参照到其他对象前，都是独立的。把曲线上的点配合〈Shift〉键抓取参照到其他对象，建立不同条件的参照，这些具有参数相关属性的点称为软点。软点具有部分约束属性，可以沿其产生的曲线进行移动。当曲线的点成为软点参照到其他对象时，就成为这些参照对象的子系，修改这些对象时曲线会依软点建立的条件进行相应的更新。如需要删除这些对象，曲线也会同时被删除。软点在图形窗口中显示为圆形，如图7-5中②所示。

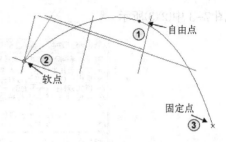

图7-5 自由点、软点和固定点

- 固定点：完全约束的点，固定点不能进行移动。在图形窗口中显示为"X"，如图7-5中③所示。

2. 创建造型曲线的操作步骤

1）创建曲线。单击右侧基准特征工具栏中的"造型" 按钮，系统弹出"造型"工具栏，在工具栏中单击"创建曲线" 按钮，如图7-6中①所示，系统弹出"曲线参数设置"操控面板。

2）选择曲线类型。在"曲线参数设置"操控面板中单击"创建平面曲线"按钮，如图7-6中②所示。然后选择要创建的曲线类型。曲线类型包括：创建自由曲线、创建平面曲线和创建曲面上的曲线3种类型。

3）定义曲线中的点。使用控制点或输入点创建曲线，如图7-6中③所示。

4）完成曲线创建。单击鼠标中键完成曲线创建。

5）编辑曲线。单击"编辑曲线" 按钮，如图7-6中④所示，选择要编辑的曲线对其控制点进行编辑。

6）退出曲线创建。单击"曲线参数设置"操控面板中的"应用并保存" 按钮退出曲线创建，如图7-6中⑤所示。单击"造型"工具栏中的"完成" 按钮退出造型界面，如图7-6中⑥所示。

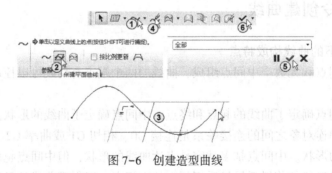

图7-6 创建造型曲线

7.2.1 自由曲线

自由曲线就是可以通过任意点来构建的曲线。可以通过按住〈Shift〉键的方法来捕捉软点或固定点。创建自由曲线的步骤如下：

1）单击"创建自由曲线" 按钮。

2）按住〈Shift〉键选择已有点创建曲线。

创建自由曲线的方法如图7-7中①～④所示。

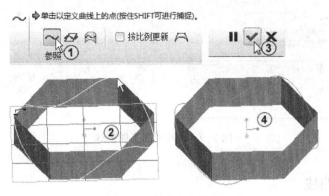

图 7-7　创建自由曲线

7.2.2　平面曲线

平面曲线是建立在一个平面上的曲线，首先要指定创建曲线的平面，然后在平面上选择点或创建点来创建曲线。创建平面曲线的步骤如下：

1）单击"创建平面曲线" ✍按钮。

2）选择一个平面或创建一个平面。

3）在平面上创建曲线。

创建平面曲线的方法如图 7-8 中①~④所示。

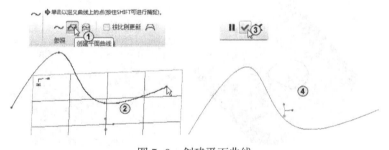

图 7-8　创建平面曲线

在平面曲线中还有一种特殊的平面曲线，称为径向路径平面曲线。就是通过曲线选择一个点，系统自动通过该点作曲线的法向平面并在此平面上创建曲线。在构造曲面的内部构造线时这种曲线非常有用。创建径向路径平面曲线的步骤如下：

1）单击"创建平面曲线" ✍按钮。

2）在"曲线参数"操控面板中单击"参照"选项，系统弹出"参照"选项卡。

3）单击"参照"列表框，列表框激活接受输入，同时在需要创建径向路径平面的曲线上单击。

4）系统自动在单击点上生成一个径向曲线的法向平面。

5）在法向平面上创建曲线。

6）单击鼠标中键结束。

创建径向路径平面曲线的方法如图 7-9 中①~⑤所示。

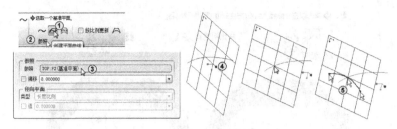

图 7-9　创建径向平面曲线

7.2.3　曲面上曲线

曲面上的曲线是依附在曲面上的，在曲面上选取点便可以创建曲面上的曲线。要创建封闭的曲线，在选取最后一点时应按住〈Shift〉键再单击第一个端点。这时的软点显示为正方形。创建曲面上的曲线的步骤如下：

1）单击"创建曲面上的曲线"按钮。

2）在曲面上选取点创建曲线。

创建曲面上的曲线的方法如图 7-10 中①~④所示。

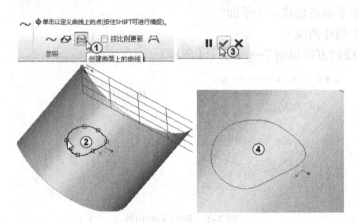

图 7-10　创建曲面上的曲线

7.2.4　投影曲线

投影曲线是将选择的曲线投影到曲面上得到的曲线。创建投影曲线时需要确定一个投射方向，可以选择基准轴、平面或基准面来作为投射方向。创建投影曲线的步骤如下：

1）在"造型"工具栏中单击"投影曲线"按钮。

2）选择要投影的曲线。

3）选择目标曲面。

4）选择确定投射方向的基准轴、平面或基准面。

创建投影曲线的方法如图 7-11 中①~⑨所示。

178

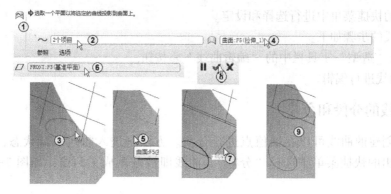

图 7-11　创建投影曲线

7.2.5　相交曲线

相交曲线是通过曲面与曲面相交或曲面与基准面相交得到的交线。选择的两个对象必须相交。创建相交曲线的步骤如下：

1）单击"造型"工具栏中的"相交曲线" 按钮。

2）选择曲面。

3）选择与之相交的另一对象，曲面或基准面。

创建相交曲线的方法如图 7-12 中①~⑦所示。

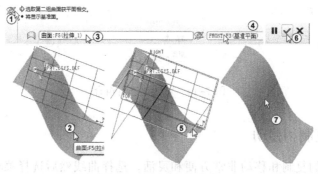

图 7-12　创建相交曲线

7.3　造型命令编辑曲线

在造型命令中，曲线的编辑由插值点（或控制点）的位置编辑和端点的连接定义两部分组成。

插值点位置编辑。在插值点的编辑中可以使用光标在图形界面中进行直接拖动，也可以在操控面板中选择"点"选项，通过输入坐标值来进行编辑。坐标值的输入有"默认的绝对坐标值输入"和"相对坐标输入"两种方法。

端点连接定义。在曲线的两个端点可以设定一个约束条件，在曲线连接的情况下，可以定义曲线与已有的曲线为相切、曲率连续等约束。所有端点的约束都可以通过右击连接标识线，在弹出的快捷菜单中进行选择和设定。

编辑曲线的步骤如下：

1）单击"造型"工具栏中的"编辑曲线" 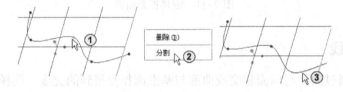 按钮。

2）对曲线进行编辑。

7.3.1 曲线的分段和合并

造型中创建的曲线可以在插值点进行分割。方法是进入曲线编辑状态，右击曲线插值点，在弹出的快捷菜单中选择"分割"，曲线即被分割成了两段，如图7-13中①～③所示。

图7-13 对曲线进行分割

造型中创建的两段相连曲线可以进行组合。在曲线编辑状态下选择两条曲线的公共点然后右击，在弹出的快捷菜单中选择"组合"，两条曲线即组合成一条曲线，如图7-14中①～③所示。

图7-14 对曲线进行组合

7.3.2 曲线的复制和移动

在造型中曲线的复制和移动非常方便和灵活。选择曲线然后选择菜单"编辑"→"复制"，系统弹出"曲线复制参数设置"操控面板，在"选项"和"控制杆"选项卡中都可以设置曲线的偏移和旋转参数，还可以缩放复制的曲线，如图7-15中①～⑦所示。

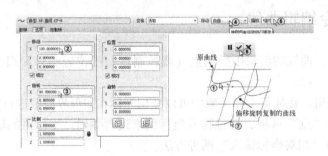

图7-15 对曲线进行移动、旋转和缩放复制

7.3.3 曲线的曲率分析

使用曲线的曲率分析可以将曲线的曲率调整得更加流畅。曲率分析可以很直观地反映出曲线的流畅程度。显示曲线曲率的方法：单击右侧的基准特征工具栏中的"造型" ⌂ 按钮后，再单击"分析工具"工具栏中的"曲率" ⍥ 按钮，系统弹出"曲率"对话框。单击"几何"列表框，选择要分析的曲线。选择"出图"为"曲率"，"示例"为"数目"，调整"数量"转盘和"比例"转盘，使表示曲率的直线数量和长度达到适宜。选择曲率显示类型，曲率显示类型有"显示波峰平滑连接""显示波峰线性连接"和"仅显示波峰"3种，如图7-16中①~⑤所示。

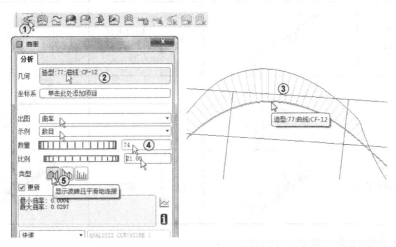

图 7-16　曲线的曲率分析

7.4　实例

本节将介绍螺旋丝锥和铁丝网模型的创建方法。螺旋丝锥模型的主要知识点是三个排屑槽的创建。铁丝网模型的主要知识点是波浪形铁丝的创建。

7.4.1　螺旋丝锥

如图7-17所示的螺旋丝锥是机械加工中常用到的工具，由刃、排屑槽和柄3部分组成，排屑槽是螺旋形的，丝锥的头部有一个中心孔，尾部是方形的便于与丝锥扳手连接。

建模思路：此模型的建模要点是螺旋排屑槽，直接用螺旋扫描达不到设计要求。应先旋转出带有圆弧

图 7-17　螺旋丝锥

收尾的曲面，再用螺旋扫描作出螺旋曲面，将旋转曲面和螺旋曲面相交得其交线，利用其交线作为扫描轨迹线，得到具有收尾形状的排屑槽，再将排屑槽圆周阵列三个达到设计要求。建模步骤见表7-1。

表 7-1 螺旋丝锥建模步骤

步骤	说明	模　型	步骤	说明	模　型
1	创建实体旋转		6	创建阵列	
2	创建曲面旋转		7	创建切口螺旋扫描	
3	创建曲面螺旋扫描		8	创建去材料拉伸	
4	创建交线		9	创建阵列	
5	创建切口扫描		10	创建圆角	

下面具体介绍螺旋丝锥的创建方法。

1. 创建基体

1）新建文件。选择"文件"→"新建" □ 命令，在弹出的"新建"对话框中选择"类型"为"零件" ▯，"子类型"为"实体"，在"名称"文本框中输入"jlytxxat"，选择"使用缺省模板"复选框，单击"确定"按钮，如图 7-18 中①~④所示。

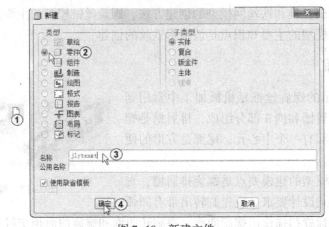

图 7-18　新建文件

2）定义实体旋转，选择草绘平面。从特征工具栏中选择"旋转" ⊕ 命令，系统弹出"旋转"操控面板，在操控面板中单击"作为实体旋转" □ 按钮，再单击"放置"选项，系统弹出"放置"选项卡。在选项卡中单击"定义"按钮，系统弹出"草绘"对话框，要求选择草绘平面以及方向。选择前视基准平面"FRONT"作为草绘平面，其他采用默认设置，单击"草绘"按钮进入草图绘制界面，如图7-19中①~⑥所示。

图7-19 创建实体旋转，选择草图绘制基准平面

3）绘制旋转轴线。在"草图"工具栏中选择"几何中心线" ⁞ 命令，绘制出一条水平轴线，轴线与水平坐标轴重合，如图7-20中①②所示。

4）绘制旋转截面轮廓。在"草图"工具栏中选择"直线" ↘ 命令，如图7-21中①所示。绘制出如图7-21中②所示的几何图形，图7-21中③所示是局部放大图，表达丝锥的几何轮廓。

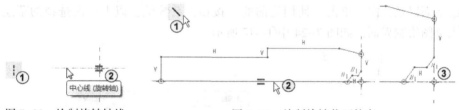

图7-20 绘制旋转轴线　　　　　图7-21 绘制旋转截面轮廓

5）标注尺寸，修改尺寸，退出草图绘制。如图7-22中①所示，在"草图"工具栏中选择"创建尺寸" ⊓ 命令标注尺寸，然后选择"修改" ⋺ 命令将尺寸修改成符合设计要求的尺寸，如图7-22中②所示。图7-22中③所示是局部放大图。单击"完成" ✔ 按钮退出草图绘制。

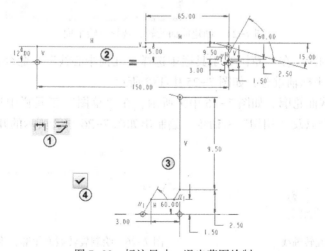

图7-22 标注尺寸、退出草图绘制

6）设置旋转参数，完成旋转体创建。完成草图绘制后，"旋转"操控面板处于激活状态。选择旋转方式为"从草绘平面以指定的角度值旋转"，输入角度值为"360"，在工作区可以预览到旋转体的效果，单击"应用并保存"✔按钮，完成旋转体创建，如图7-23中①~⑤所示。

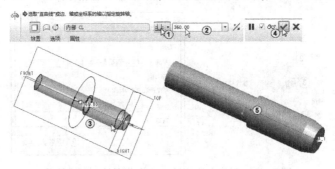

图 7-23　设置旋转参数，创建旋转实体

2. 创建排屑槽

1）定义曲面旋转，选择草绘平面。从特征工具栏中选择"旋转" ⚙命令，系统弹出"旋转"操控面板，在操控面板中单击"作为曲面旋转" ▢按钮，再单击"放置"选项，系统弹出"放置"选项卡，在选项卡中单击"定义"按钮，系统弹出"草绘"对话框，要求选择草绘平面以及方向。单击"使用先前的"按钮，系统就会以上一次选择的草绘平面和方向进入草图绘制界面，如图7-24中①~⑤所示。

图 7-24　创建曲面旋转，选择草绘平面

2）绘制旋转轴线。在"草图"工具栏中选择"几何中心线" ⫶命令，绘制出一条水平轴线，轴线与水平坐标轴重合，如图7-25中①②所示。

3）绘制旋转截面轮廓。如图7-26中①所示，在"草图"工具栏中选择"直线" ◣命令，"圆弧" ◥命令以及"相切" ⚲命令，绘制出如图7-26中②所示的几何图形。

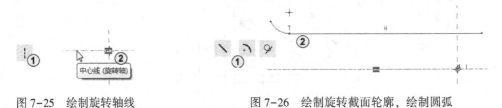

图 7-25　绘制旋转轴线　　　　图 7-26　绘制旋转截面轮廓，绘制圆弧

4）标注尺寸，修改尺寸，退出草图绘制。如图7-27中①所示，在"草图"工具栏中选择"创建尺寸" ⊢命令标注尺寸，然后选择"修改" ⊋命令将尺寸修改成符合设计要求的尺寸，如图7-27中②所示。单击"完成" ✓按钮退出草图绘制。

图7-27　标注尺寸，退出草图绘制

5）设置旋转参数，完成曲面旋转创建。完成草图绘制后，"旋转"操控面板处于激活状态，选择"曲面"命令，选择旋转方式为"从草绘平面以指定的角度值旋转"，输入角度值为"360"，在工作区可以预览到旋转体的效果，单击"应用并保存" ✓按钮，完成曲面旋转创建，如图7-28中①~⑤所示。

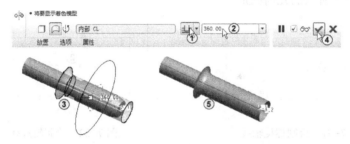

图7-28　设置旋转参数，创建曲面旋转

6）设置曲面螺旋扫描参数。选择菜单"插入"→"螺旋扫描"→"曲面"，如图7-29中①②所示，系统弹出"曲面螺旋扫描"对话框和"属性"菜单管理器，选择"常数""穿过轴""右手定则"，单击"完成"选项，如图7-29中③~⑤所示。

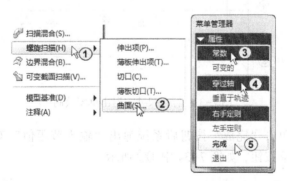

图7-29　创建曲面螺旋扫描

7）设置草绘平面。单击"完成"选项后系统弹出"设置草绘平面"菜单管理器，选择"新设置""平面"，选择"FRONT"平面，然后单击菜单管理器中的"确定"选项，再单击"缺省"选项，如图7-30中①~③所示，系统进入草图绘制界面。

图7-30 选择绘制草图平面

8) 绘制螺旋中心线。在"草图"工具栏中选择"中心线" ┊命令，绘制出一条水平中心线，中心线与水平坐标轴重合，如图7-31中①②所示。

9) 绘制轨迹线。如图7-32中①所示，在"草图"工具栏中选择"直线" ╲命令，绘制出如图7-32中②所示的几何图形。

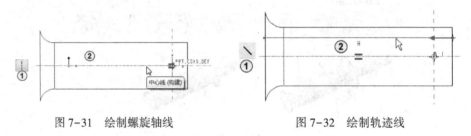

图7-31 绘制螺旋轴线   图7-32 绘制轨迹线

10) 修改尺寸，退出草图绘制。双击尺寸进行修改后单击"完成" ✔按钮退出草图绘制，如图7-33中①~③所示。

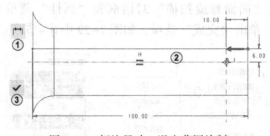

图7-33 标注尺寸，退出草图绘制

11) 设定螺距。单击"完成"按钮后系统弹出"输入节距值"对话框，输入"100"，然后单击"接受值" ☑按钮，如图7-34中①②所示。

图7-34 输入螺距

12) 绘制扫描截面。单击"接受值"按钮后系统进入扫描截面绘制界面。在"草图"工具栏中选择"直线" ╲命令绘制出一条水平线，选择"创建尺寸" ┝命令标注尺寸。单击"完成"✔按钮退出草图绘制。在"曲面：螺旋扫描"对话框中单击"确定"按钮完成曲面螺旋扫描操作，如图 7-35 中①~④所示。曲面螺旋扫描结果如图 7-36 所示。

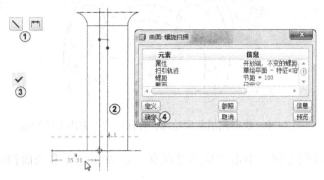

图 7-35　绘制扫描截面轮廓，完成曲面螺旋扫描

13）创建相交曲线。选择曲面螺旋扫描和旋转曲面如图 7-37 中①②所示，选择时按住〈Ctrl〉键，然后选择菜单"编辑"→"相交"选项，如图 7-37 中③所示。创建的相交曲线如图 7-37 中④所示。

图 7-36　螺旋扫描结果　　　　　　　　　　　图 7-37　创建相交曲线

14）选择变截面扫描轨迹线，进入扫描截面绘制界面。单击特征工具栏中的"可变截面扫描"按钮，系统弹出"可变截面扫描"操控面板，选择相交曲线作为扫描轨迹线，单击"扫描为实体"按钮，再单击"创建或编辑扫描截面"按钮，如图 7-38 中①~④所示。系统进入扫描截面绘制界面。

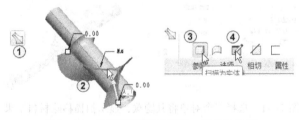

图 7-38　创建可变截面扫描，选择轨迹线

15）绘制变截面扫描截面。在"草图"工具栏中选择"圆心和点"命令，绘制出一个圆，圆心落在水平轴线上，选择"创建尺寸"命令标注尺寸，单击"完成"✔按钮退出草图绘制，如图 7-39 中①~③所示。

16）创建可变截面移除材料扫描。退出草图绘制后系统激活"可变截面扫描"操控面板，从工作区可以预览到扫描的效果，单击"移除材料"按钮，如图 7-40 中②所示，从预览中可以看到移除材料的方向。如果方向不对，可以单击"将材料的伸出方向改为草绘的

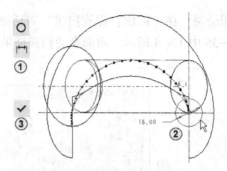

图 7-39 绘制扫描截面轮廓，标注尺寸，退出草图绘制

另一侧"⬛按钮来改变方向，单击"应用并保存"✅按钮完成变截面扫描操作，如图 7-40中③所示。

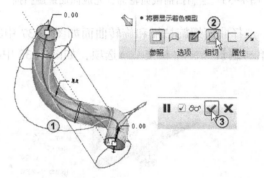

图 7-40 选择移除材料，完成可变截面扫描

17）隐藏选择对象。在特征树中选择"旋转 2""曲面标识 172"和"交截 1"3 个特征，然后右击，在弹出的快捷菜单中选择"隐藏"，如图 7-41 中②所示，选中的 3 个对象在屏幕上消失，被隐藏起来。这时可以清楚地观看到变截面扫描的结果，如图 7-41 中③所示。

图 7-41 选择三个对象将其隐藏，显示扫描移除材料结果

18）阵列变截面扫描特征。在特征树中选择变截面扫描，然后选择菜单"编辑"→"阵列"◫，如图 7-42 中②所示。系统弹出"阵列"操控面板，选择阵列方式为"轴"，然后选择旋转轴，如图 7-42 中③~⑤所示。输入阵列数为"3"，角度为"120"，如图 7-42中⑥⑦所示，单击"应用并保存"✅按钮完成阵列操作。阵列操作后的结果如图 7-43所示。

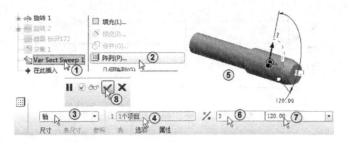

图7-42 选择扫描,选择阵列,选择阵列方式,输入阵列参数,阵列可变截面扫描特征

3. 创建丝刃

1)设置曲面螺旋扫描参数。选择菜单"插入"→"螺旋扫描"→"切口",如图7-44中①②所示。系统弹出"切剪:螺旋扫描"对话框和"属性"菜单管理器,选择"常数""穿过轴""右手定则",单击"完成",如图7-44中③~⑥所示。

图7-43 阵列结果   图7-44 创建螺旋切口扫描

2)设置草绘平面。单击"完成"选项后系统弹出"设置草绘平面"菜单管理器,选择"新设置""平面",再选择"FRONT"平面,然后单击菜单管理器中的"确定",再单击"缺省",如图7-45中②③所示,系统进入草图绘制界面。

3)绘制螺旋中心线。在"草图"工具栏中选择"中心线" 命令,绘制出一条水平中心线,中心线与水平坐标轴重合如图7-46中①②所示。

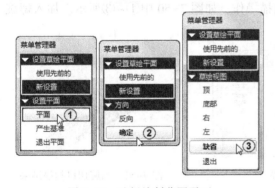

图7-45 选择绘制草图平面   图7-46 绘制螺旋中心线

4)绘制轨迹线。在"草图"工具栏中选择"直线" 命令和"创建尺寸" 命令绘制出如图7-47中②所示的轨迹线。单击"完成" 按钮退出草图绘制。

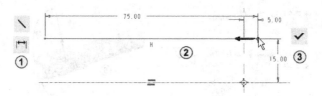

图 7-47　绘制扫描轨迹，标注尺寸，退出草图绘制

5）设定螺距。单击"完成"按钮后系统弹出"输入节距值"对话框，输入"2.5"，然后单击"接受值" ✅ 按钮，如图 7-48 中①②所示。

图 7-48　输入螺距

6）绘制扫描截面。单击"接受值" ✅ 按钮后系统进入扫描截面绘制界面，在"草图"工具栏中选择"直线" ＼ 命令绘制出三角形的一半，然后用"镜像" ᐠᐠ 命令，选择水平轴线镜像到下面，如图 7-49 中①所示。选择"创建尺寸" 🖽 命令标注尺寸，如图 7-49 中②所示。单击"完成" ✔ 按钮退出草图绘制。

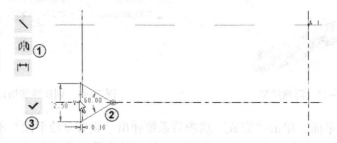

图 7-49　绘制扫描截面轮廓，标注尺寸，退出草图绘制

7）确定切剪方向。退出草图绘制后系统弹出"方向"菜单管理器，在工作区显示出切剪的箭头方向。如果箭头方向不符合设计要求，单击"反向"选项。在"切剪：螺旋扫描"对话框中单击"确定"按钮完成切口螺旋扫描操作，如图 7-50 中①~③所示。加入螺旋切口扫描后的结果如图 7-51 所示。

图 7-50　选择切除方向，完成螺旋扫描

图 7-51　螺旋切口扫描结果

4. 创建尾部方形

1）定义实体拉伸，选择草绘平面。从特征工具栏中选择"拉伸" 🗗 命令，系统弹出"拉伸"操控面板，在操控面板中单击"拉伸为实体" ▭ 按钮，再单击"放置"选项，系统

弹出"放置"选项卡，在选项卡中单击"定义"按钮，系统弹出"草绘"对话框，要求选择草绘平面以及方向。选择"FRONT"平面，单击"草绘"按钮进入草绘界面，如图7-52中①~⑤所示。

图7-52　创建拉伸，选择绘制草图基准面

2）选择参照。选择菜单"草绘"→"参照"命令，系统弹出"参照"对话框。选取如图7-53中②所示竖直线后单击"参照"对话框中"关闭"按钮，如图7-53中①~③所示。

3）绘制拉伸截面，退出草图绘制。首先在"草图"工具栏中选择"中心线" 命令，绘制出一条水平中心线，中心线与水平坐标轴重合。在"草图"工具栏中选择"直线" 命令绘制出一个长方形，用"圆形" 命令在长方形的右下角绘制出一段圆弧，用"镜像" 命令，选择水平轴线镜像到下面，然后选择"创建尺寸" 命令标注尺寸，单击"完成" 按钮退出草图绘制，如图7-54中①~③所示。

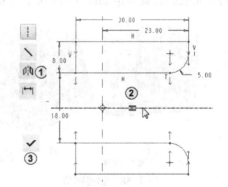

图7-53　选择参照　　　　图7-54　绘制拉伸截面轮廓，标注尺寸，退出草图绘制

4）设置拉伸参数，完成移除材料拉伸。完成草图绘制后，"拉伸"操控面板处于激活状态，选择拉伸方式为"在各方向上以指定深度值的一半拉伸草图平面的两侧" ，输入深度值为"30"，单击"移除材料"按钮，如图7-55中③所示。从预览中可以看到移除材料的方向，如果方向不对，可以单击"将材料的伸出方向改为草绘的另一侧" 按钮来改变方向，单击"应用并保存" 按钮完成移除材料拉伸操作。结果如图7-55中⑥所示。

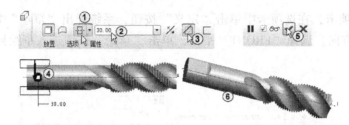

图 7-55　选择移除材料，设置拉伸参数，完成移除材料拉伸

5）阵列拉伸特征。在特征树中选择"拉伸 1"，然后选择菜单"编辑"→"阵列"▦，如图 7-56 中①②所示；系统弹出"阵列"操控面板，选择阵列方式为"轴"，然后选择旋转轴，如图 7-56 中⑤所示，输入阵列数为"2"，角度为"90"，如图 7-56 中⑥⑦所示，单击"应用并保存"✔按钮完成阵列操作。加入拉伸阵列后的结果如图 7-57 所示。

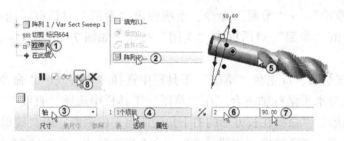

图 7-56　选择拉伸，选择阵列，设置阵列参数，完成阵列操作　　　　图 7-57　阵列结果

6）创建圆角。单击特征工具栏中的"倒圆角"◥按钮，系统弹出"倒圆角"操控面板，输入圆角半径为"0.5"，选择如图 7-58 中③所示的 8 条边线，然后单击"应用并保存"✔按钮完成倒圆角操作。结果如图 7-58 中⑤所示。

创建完成的螺旋丝锥如图 7-59 所示（**参见"素材文件\第 7 章\7-1"**）。

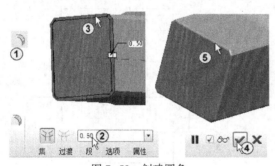

图 7-58　创建圆角　　　　　　　　　　　　　　图 7-59　创建完成的螺旋丝锥

7.4.2　铁丝网

如图 7-60 所示的铁丝网模型是由扁形螺旋铁丝相互交织而成的。

建模思路：先用方程式作出扁形螺旋线，然后以扁形螺旋线为轨迹扫描出扁形螺旋铁丝，再移动复制出第二条扁形螺旋铁丝，使两条扁形螺旋铁丝成相互交织状，再用阵列复制成网状。其建模步骤见表 7-2。

图 7-60　铁丝网模型

表 7-2　铁丝网建模步骤

步骤	说　明	模　　型	步骤	说　明	模　　型
1	创建扁形螺旋曲线		4	阵列成网状	
2	创建扁形螺旋铁丝		5	移除材料拉伸去掉多余部分	
3	移动复制出第二条扁形螺旋铁丝				

下面具体介绍铁丝网模型的创建方法。

1. 创建扁形螺旋铁丝

1）新建文件。选择"文件"→"新建"⬜命令，在弹出的"新建"对话框中选择"类型"为"零件"⬜，"子类型"为"实体"，在"名称"文本框中输入"qrxxgmqq"，选择"使用缺省模板"复选框，单击"确定"按钮，如图 7-61 所示。

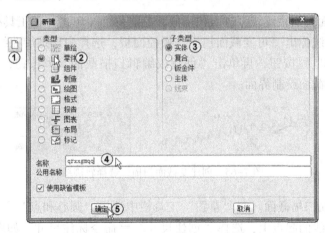

图 7-61　创建新文件

2）创建扁形螺旋曲线。单击基础特征工具栏中的"曲线" ～按钮，系统弹出"曲线"操控面板和"曲线选项"菜单管理器，在菜单管理器中选择"从方程"，然后单击"完成"，如图7-62中②③所示。系统弹出"得到坐标系"菜单管理器，选择如图7-62中⑤所示的坐标。选取坐标后系统弹出"设置坐标类型"菜单管理器，选择"笛卡尔"，如图7-62中⑥所示。

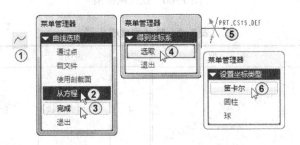

图7-62　创建扁形螺旋形曲线

3）输入方程式。设置坐标类型后系统弹出"记事本"编辑器，在"记事本"编辑器中输入"$x=60*t*12, y=7*\sin(t*360*12), z=20*\cos(t*360*12)$"，如图7-63中①所示。然后选择"记事本"编辑器菜单栏中的"文件"→"保存"，关闭"记事本"编辑器。在"曲线从方程"对话框中单击"确定"按钮完成扁形螺旋曲线的创建。创建完成的扁形螺旋曲线如图7-64所示。

图7-63　输入方程式，单击确定　　　　　图7-64　创建完成的扁形螺旋形曲线

4）选择变截面扫描轨迹线，进入扫描截面绘制界面。单击特征工具栏中的"可变截面扫描" 按钮，系统弹出"可变截面扫描"操控面板，选择扁形螺旋曲线作为扫描轨迹线，单击"扫描为实体" 按钮，再单击"创建或编辑扫描截面" 按钮，如图7-65中④所示。系统进入扫描截面绘制界面。

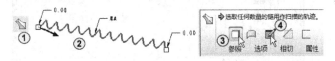

图7-65　创建变截面扫描，选择轨迹线

5）绘制变截面扫描截面。在"草图"工具栏中选择"圆心和点" 命令，绘制出一个圆，圆心落在轨迹线的起点上，选择"创建尺寸" 命令标注尺寸，如图7-66中②所示。单击"完成" 按钮退出草图绘制。单击"变截面扫描"操控面板中的"应用并保存" 按钮完成变截面扫描操作，如图7-66中③④所示。创建完成的扁形螺旋铁丝如图7-67

所示。

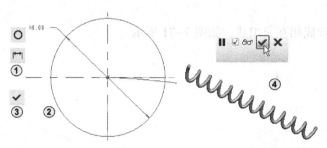

图 7-66　绘制扫描剖面，退出草图绘制，完成可变截面扫描　　　图 7-67　创建完成的扁形螺旋铁丝

2. 创建铁丝网

1）复制扫描特征。在特征树中选择变截面扫描特征，选择菜单"编辑"→"复制"，然后再次选择"编辑"→"选择性粘贴"，如图 7-68 中①~③所示。系统弹出"选择性粘贴"对话框，选择"对副本应用移动/旋转变换"选项，如图 7-68 中④所示，单击"确定"按钮。

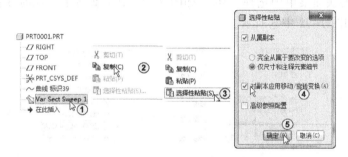

图 7-68　复制扫描特征

2）设置第一方向移动参数。单击"确定"按钮后系统弹出"复制"操控面板，单击"沿选定参照平移特征" 按钮，选择"FRONT"基准平面作为平移参照，输入距离为"28"，如图 7-69 中①~④所示。然后单击"变换"选项进入第二方向设置，如图 7-69 中⑤所示。

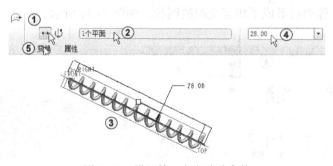

图 7-69　设置第一方向移动参数

3）设置第二方向移动参数。单击"变换"选项后系统弹出"变换"选项卡，单击"新移动"，选项卡中增加了"移动 2"，系统要求选择方向二的参照。选择"RIGHT"作为

第二方向参照，输入距离为"30"，然后单击"应用并保存" ✔ 按钮完成移动复制操作，如图7-70中①~⑤所示。

移动复制后的两条扁形螺旋铁丝成相互交织状，如图7-71所示。

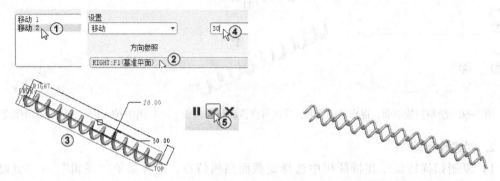

图 7-70　设置第二方向移动参数，完成移动复制　　　　图 7-71　移动复制后的结果

4）组合特征。在特征树中选择"Var Sect Sweep 1"特征和"已移动副本1"特征，然后右击，在弹出的快捷菜单中选择"组"如图7-72中①②所示。此时在特征树中出现了"组" 按钮，如图7-72中③所示。

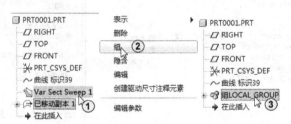

图 7-72　组合特征，选择组

5）阵列组。在特征树中选择组，然后选择菜单"编辑"→"阵列" ，如图7-73中①所示，系统弹出"阵列"操控面板，选择阵列方式为"方向"，再选择前视基准平面为方向参照，如图7-73中④所示，输入阵列数为"15"，距离为"56"，如图7-73中⑤⑥所示，单击"应用并保存" ✔ 按钮完成阵列操作。

扁形螺旋铁丝阵列后形成了相互交织的网状，如图7-74所示。

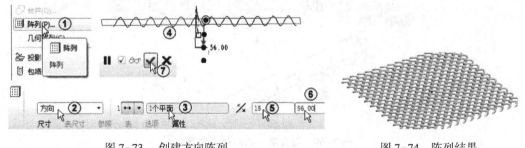

图 7-73　创建方向阵列　　　　　　　　　　图 7-74　阵列结果

6）定义实体拉伸，选择草绘平面。从特征工具栏中选择"拉伸" 命令，系统弹出"拉伸"操控面板，在操控面板中单击"拉伸为实体" 按钮，再单击"放置"选项，系统

弹出"放置"选项卡，在选项卡中单击"定义"按钮，系统弹出"草绘"对话框，要求选择草绘平面以及方向。选择上视基准平面，其余采用默认设置，单击"草绘"按钮进入草图绘制界面，如图7-75中①~⑤所示。

7）绘制拉伸截面，退出草图绘制。在"草图"工具栏中选择"矩形" □命令绘制出两个矩形，然后选择"创建尺寸" □命令标注尺寸，如图7-76中②所示。单击"完成" ✔按钮退出草图绘制，如图7-76中③所示。

图7-75　定义实体拉伸，选择拉伸草图绘制平面　　　　图7-76　绘制拉伸草图，退出草图绘制

8）设置拉伸参数，完成移除材料拉伸。完成草图绘制后，"拉伸"操控面板处于激活状态，单击"移除材料"按钮，如图7-77中①所示，选择拉伸方式为"在各方向上以指定深度值的一半拉伸草图平面的两侧" □，输入深度值为"50"。从预览中可以看到移除材料的方向，如果方向不对，可以单击"将材料的伸出方向改为草绘的另一侧" □按钮来改变方向，单击"应用并保存" ✔按钮完成移除材料拉伸操作。结果如图7-77中⑥所示（**参见"素材文件\第7章\7-2"**）。

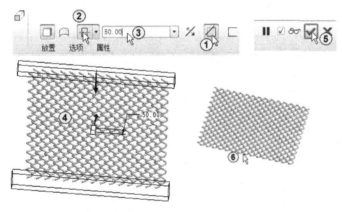

图7-77　设定移除材料拉伸参数，完成移除材料拉伸

7.5　习题

本节为读者准备了变截面扫描和四通管两个练习模型。这两个模型的创建方法使用了关系式、曲线和造型命令中的曲线等特征，使读者做了练习后加深对关系式和曲线特征在建模中作用的理解。

1. 作出如图 7-78 所示的可变截面扫描模型。变截面扫描模型是以变截面扫描为主要特征，再在扫描截面尺寸上加上关系式创建而成。本练习题的知识点是关系式在变截面扫描中的应用。

图 7-78   可变截面扫描模型

2. 作出如图 7-79 所示的四通管模型。四通管模型以旋转为主要特征，再在主管与支管之间构建曲线，然后以构建的曲线创建曲面，加上镜像、复制等操作最后完成四通管的创建。本练习题的知识点是曲线构建和曲面编辑。

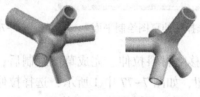

图 7-79   四通管模型

第 8 章 曲　面

3D 软件中的曲面为有限大小的、连续的、处处可导的欧氏几何曲面，其理论厚度为零，称为曲面实体。3D 软件中不支持无限大的曲面。无限大的平面一般用作基准面。

曲面是三维造型中创建模型的一种重要手段，先创建出具有流畅外形的曲面，再由曲面转换成实体从而形成产品。从几何意义上讲，曲面模型与实体模型所表达的结果是完全一致的，通常情况下可交替地使用实体和曲面特征。实体建模快捷高效，但仅用实体建模在实际的设计过程中远远达不到设计要求，所以在通常的情况下是实体建模与曲面建模交替使用的，其建模顺序是先曲面后实体。

8.1　创建曲面

在 Creo 5.0 中利用"造型" ▱ 命令可以创建出边界曲面、放样曲面和混合曲面。
- 边界曲面：以四条边或三条边组成的闭合边界创建曲面。
- 放样曲面：以同一方向的一组非相交曲线创建曲面。
- 混合曲面：以一条或多条主曲线以及一条或多条交叉曲线创建的曲面，交叉曲线最少要有一条，而且交叉曲线与主曲线必须相交。

"曲面"操控面板如图 8-1 中①所示。

1. 操控面板参数介绍

🔲 ●选取项目：列表框激活时可输入构成曲面的边界曲线。

🔲 单击此处添加项目：列表框激活时可输入内部曲线。

参照："参照"选项卡如图 8-1 中②所示，显示了构成曲面的曲线链和内部曲线。

参数化："参数化"选项卡如图 8-1 中③所示，显示参数化的曲线和软点的类型。

图 8-1 "参照"和"参数化"选项卡

N侧："N侧"选项卡如图8-2中①所示，可以对边界进行修剪和形状控制。

选项："选项"选项卡如图8-2中②所示，可以设定曲面的生成方式。

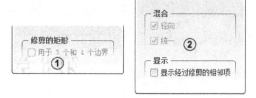

图8-2　"N侧"和"选项"选项卡

- 径向：选择了"径向"复选框，创建出的曲面带有径向混合的曲面，只有在一条主曲线时该复选框才被激活。
- 统一：选择该复选框时创建出的曲面具有统一的混合曲面，只有在两条主曲线时该复选框才被激活。

2. 创建曲面的操作步骤

1）单击"造型"![按钮]按钮，系统弹出"造型"工具栏，单击"曲面"![按钮]按钮，系统弹出"曲面"操控面板。

2）选择构成曲面的曲线。选择同一方向的一组非相交曲线可创建放样曲面；选择三条或四条边界曲线可创建边界曲面。

3）选择内部曲线。内部曲线可对曲面的形状进行控制。

4）定义相邻边界的连接关系。

5）单击"应用并保存"![按钮]按钮完成曲面创建。

提示：选择多条主曲线时要按住〈Ctrl〉键，在单条主曲线中选择多条曲线时要按住〈Shift〉键。

3. 注意事项

1）构建四边形曲面时四条基本曲线必须相交。

2）COS曲线不能作为内部曲线。

3）内部曲线不能与相邻的基本曲线相交。

4）内部曲线与基本曲线、内部曲线与内部曲线相交时必须有交点。

5）穿过相同边界的两条内部曲线不能在边界内部再相交。

6）内部曲线必须同两条边界曲线相交。

7）内部曲线不能与边界曲线有多于两点的相交处。

8.2　曲面连接

在造型命令中曲面进行连接时有主从之分，主曲面不改变自己的形状，从曲面在连接时自动适应主曲面的外形。两个相邻连接的曲面可以定义互相之间的连接关系，主要有3种连接关系：位置连接、相切连接和曲率连续。它们分别以虚线、单箭头、多箭头来表示。各种连接关系之间的切换可以单击连接线来实现。

除了这3种连接关系外，还有一种特殊的连接关系，那就是拔模相切。这种连接关系可以用定义创建的曲面和已有的曲面成某一角度关系，来定义曲面的拔模斜度。要创建拔模相切对首选构面的曲线有一定的要求：确定拔模角度的那个方向的构面曲线，都要和同一个曲面或基准平面成相同角度的拔模相切连接关系。拔模相切用一个虚线箭头来表示。

1. 创建曲面连接的操作步骤

1）选择两个要进行连接的曲面。

2）单击"曲面连接" 按钮，系统弹出"曲面连接"对话框，同时选中的曲面显示连接箭头。

3）在模型中单击连接箭头，根据需要改变曲面间的连接。

4）单击"应用并保存" 按钮完成曲面连接。

提示：箭头的指向表示主曲面指向从曲面。

2. 说明

1）单击箭头末端，改变曲面的主从属性。

2）单击箭头中部，在相切连接和曲率连接间切换。

3）按住〈Shift〉键，然后单击箭头中部，除共享的边界曲线外，两曲面间无连接。

8.3 曲面修剪

造型中的曲面修剪只能用曲线去修剪曲面或曲面组，修剪的曲线必须是曲面上的曲线。

1. 造型命令中曲面修剪的步骤

1）单击"造型" 按钮，系统弹出"造型"工具栏，单击"曲面修剪" 按钮，系统弹出"曲面修剪"操控面板。

2）选择要修剪的曲面组，选择修剪曲线，选择需要剪掉的曲面。

3）单击"应用并保存" 按钮完成曲面连接。

2. 创建曲面修剪的方法

单击工具栏中的"造型" 按钮，系统弹出"造型"工具栏。在"造型"工具栏中单击"曲面修剪" 按钮，系统弹出"曲面修剪"操控面板，如图8-3中①②所示。单击左侧"面组"文本框，如图8-3中③所示，选择如图8-3中④所示的曲面作为修剪对象再单击"曲线"文本框，如图8-3中⑤所示，再选择如图8-3中⑥所示的曲线作为修剪曲线。然后单击"面组"文本框，如图8-3中⑦所示，选择如图8-3中⑧所示的曲线作为被剪掉曲面，单击"应用并保存" 按钮完成曲面修剪操作，结果如图8-3中⑨所示。

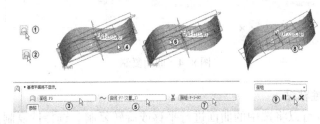

图8-3 创建曲面修剪

8.4 曲面编辑

在造型命令中曲面创建完成后，可以对曲面进行实时的编辑修改。方法是单击工具栏中的"造型"按钮，系统弹出"造型"工具栏，在"造型"工具栏中单击"曲面编辑"按钮，系统弹出"曲面编辑"操控面板，根据设计要求对曲面进行编辑修改。

在主菜单栏"编辑"菜单中有曲面编辑命令，包括复制、镜像、合并、修剪、延伸、偏移、加厚和实体化。

8.4.1 复制曲面

复制曲面有两种方法："复制"→"粘贴"和"复制"→"选择性粘贴"。

1. 复制、粘贴

复制命令可以将选中的曲面进行复制，曲面的复制有 3 种形式：复制所有选择的曲面、复制曲面并填充曲面上的孔、复制曲面上封闭区域内的部分曲面。复制曲面的步骤如下：

1）选择要复制的曲面使曲面呈粉红色显示。

2）选择菜单"编辑"→"复制"。

3）再次选择菜单"编辑"→"粘贴"，系统弹出"复制"操控面板，如图 8-4 中①所示。

4）单击"选项"选项，系统弹出"选项"选项卡，在"选项"选项卡中有"按原样复制所有曲面"、"排除曲面并填充孔"和"复制内部边界"3 个选项，如图 8-4 中②所示。

- 按原样复制所有曲面：复制所有选择的曲面。
- 排除曲面并填充孔：选择此选项系统会增加"排除轮廓"和"填充孔/曲面"列表框，如图 8-4 中③所示。

排除曲面：从当前复制特征中选择要排除的曲面。

填充孔/曲面：在已选中的曲面上选择孔的边缘填充孔。

- 复制内部边界：选择此选项系统会增加"边界曲线"列表框，如图 8-4 中④所示。

边界曲线：选择封闭的边界，复制边界内部的曲面。

5）单击"应用并保存"按钮完成曲面复制。

图 8-4 曲面复制

2. 复制、选择性粘贴

选择性复制命令可以将选中的曲面进行平移或旋转复制。选择性复制曲面的步骤如下：

1）选择要复制的曲面使曲面呈粉红色显示。

2）选择菜单"编辑"→"复制"。

3）再次选择菜单"编辑"→"选择性粘贴"，系统弹出"选择性复制"操控面板，如图 8-5 中①所示。

4）选择复制类型，复制类型有"平移特征"和"旋转特征"两种。

5）单击"参照"选项，系统弹出"参照"选项卡，如图 8-5 中②所示。此选项卡中显示要移动复制的曲面对象。

6）单击"变换"选项，系统弹出"变换"选项卡，如图 8-5 中③所示。此选项卡可以定义复制曲面的移动方式——平移或旋转，可以输入平移距离或旋转角度值以及方向参照。

7）单击"选项"选项，系统弹出"选项"选项卡，如图 8-5 中④所示，此选项卡可以定义复制原始几何或不复制原始几何，定义隐藏原始几何或不隐藏原始几何。

8）单击"应用并保存" ✔ 按钮完成曲面选择性复制。

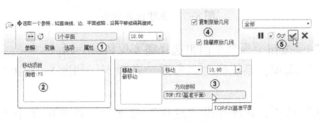

图 8-5 选择性复制

8.4.2 镜像曲面

镜像操作可以将选择的曲面复制到平面的另一侧，生成一个对称的曲面。创建镜像曲面的步骤如下：

1）选择要镜像的曲面使曲面呈粉红色显示。

2）选择菜单"编辑"→"镜像"，系统弹出"镜像"操控面板，如图 8-6 中①所示。

3）选择镜像平面。

4）单击"参照"选项，系统弹出"参照"选项卡，如图 8-6 中②所示。此选项卡显示选中的镜像平面。

5）单击"选项"选项，系统弹出"选项"选项卡，如图 8-6 中③所示。此选项卡可以定义是否复制为从属项。

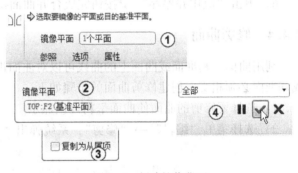

图 8-6 创建镜像曲面

6）单击"应用并保存" ✔ 按钮完成镜像曲面操作。

8.4.3 合并曲面

将两个相邻或相交曲面合并，生成一个单独的特征，当删除合并面组后其原始面组仍然存在。创建合并曲面的步骤如下：

1）按住〈Ctrl〉键选择要合并的两个面组，选中的曲面呈粉红色显示。

2）选择菜单"编辑"→"合并"，系统弹出"合并"操控面板，如图 8-7 中①所示。

3）如果是相交曲面，单击"改变要保留的第一面组的侧" ⊠ 按钮，或单击"改变要保

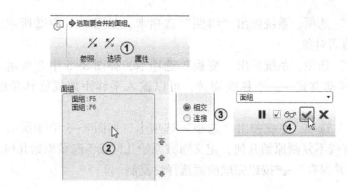

图 8-7　创建合并曲面

留的第二面组的侧"按钮，为每个面组选择需要保留的一侧。

4）单击"参照"选项，系统弹出"参照"选项卡，如图 8-7 中②所示。此选项卡显示选中的合并面组。

5）单击"选项"选项，系统弹出"选项"选项卡，如图 8-7 中③所示。此选项卡有"相交"和"连接"两个选项。

- 相交：两个曲面组相互交叉时，选择相交形式来合并。可通过单击"改变要保留的第一面组的侧"按钮，或单击"改变要保留的第二面组的侧"按钮，为每个面组选择需要保留的一侧。

- 连接：一个曲面的边位于另一个曲面的表面时，选择"连接"选项，可以将与边重合的曲面合并在一起。

6）单击"应用并保存"按钮完成合并曲面操作。

8.4.4　修剪曲面

利用曲面、基准面或曲面上的曲线可以对曲面进行修剪。被修剪的曲面与修剪工具曲面或基准面必须相交。创建修剪曲面的步骤如下：

1）选择要修剪的曲面使曲面呈粉红色显示。

2）选择菜单"编辑"→"修剪"，系统弹出"修剪"操控面板，如图 8-8 中①所示。

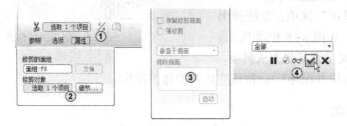

图 8-8　创建修剪曲面

3）选择修剪工具曲面、基准面或曲面上的曲线。

4）单击"在要保留的修剪曲面的一侧、另一侧或两侧之间反向"按钮，切换到要保留的一侧。

5）单击"参照"选项，系统弹出"参照"选项卡，如图 8-8 中②所示。此选项卡显示修剪面组和修剪对象面组。

6）单击"选项"选项，系统弹出"选项"选项卡，如图8-8中③所示。此选项卡可以定义保留或不保留修剪曲面，定义薄修剪参数。

● 薄修剪：就是用曲面工具加厚的方式来修剪曲面。

7）如果选择的修剪工具是曲线，该曲线必须是曲面上的曲线。

8）单击"应用并保存" ✔ 按钮完成修剪曲面操作。

8.4.5　延伸曲面

将选择的曲面边缘以指定的方式延伸。创建延伸曲面的步骤如下：

1）选择要延伸曲面的边线，边线呈粉红色显示。

2）选择菜单"编辑"→"延伸"，系统弹出"延伸"操控面板，如图8-9中①所示。

3）选择延伸方式。延伸方式有"沿原始曲面延伸曲面" 📷 和"将曲面延伸至参照平面" 📷 两种。

4）单击"反向延伸" 🗷 按钮，可以改变延伸方向。

5）单击"参照"选项，系统弹出"参照"选项卡，如图8-9中②所示。此选项卡显示选中的曲面边界和参照平面。

6）单击"量度"选项，系统弹出"量度"选项卡，如图8-9中③所示。此选项卡可以设置延伸距离和定义距离类型。当选择了"将曲面延伸至参照平面"延伸方式时，此选项不可用。

7）单击"选项"选项，系统弹出"选项"选项卡，如图8-9中④所示。此选项卡可以定义延伸方法为相同、相切或逼近。当选择了"将曲面延伸至参照平面"延伸方式时，此选项不可用。

8）单击"应用并保存" ✔ 按钮完成延伸曲面操作。

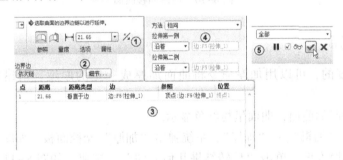

图8-9　创建延伸曲面

8.4.6　偏移曲面

将选中的面或曲面偏移一定距离。创建偏移曲面的步骤如下：

1）选择要偏移的曲面，曲面呈粉红色显示。

2）选择菜单"编辑"→"偏移"，系统弹出"偏移"操控面板，如图8-10中①所示。

3）选择偏移方式。偏移方式有"标准偏移特征" 📷 、"具有拔模特征" 📷 、"展开特

205

征"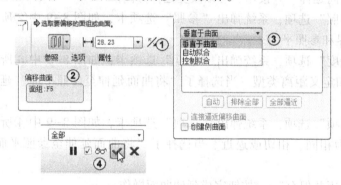和"替换特征" 4种。

- 标准偏移特征：需要输入偏移距离，单击"将偏移方向改为其他侧" 按钮，可以改变偏移方向。
- 具有拔模特征：需要绘制一个轮廓草图，指定拉伸高度，输入拔模角度，单击"将偏移方向改为其他侧" 按钮，可以改变偏移方向。
- 展开特征：需要绘制草图，指定拉伸距离，单击"将偏移方向改为其他侧" 按钮，可以改变偏移方向。
- 替换特征：需要选择替换曲面。

4）单击"参照"选项，系统弹出"参照"选项卡，如图8-10中②所示。此选项卡显示选中的偏移曲面对象。

5）单击"选项"选项，系统弹出"选项"选项卡，如图8-10中③所示。此选项卡可以定义偏移曲面的方法，包括垂直于曲面、自动拟合和控制似合3种，可以定义是否创建侧曲面。

6）单击"应用并保存" 按钮完成偏移曲面操作。

图 8-10 创建偏移曲面

8.4.7 加厚曲面

曲面是零厚度的，可以用加厚命令将曲面加厚成一定的厚度。创建加厚曲面的步骤如下：

1）选择要加厚的曲面，曲面呈粉红色显示。

2）选择菜单"编辑"→"加厚"，系统弹出"加厚"操控面板，如图8-11所示。

3）输入加厚厚度值，单击"反转结果几何方向" 按钮，如图8-11中①所示，可以改变加厚方向。

4）单击"参照"选项，系统弹出"参照"选项卡，如图8-11中②所示。此选项卡显示选中的加厚曲面对象。

5）单击"选项"选项，系统弹出"选项"选项卡，如图8-11中③所示。此选项卡可以定义加厚曲面的方法，包括垂直于曲面、自动拟合和控制似合3种，可以排除选中的曲面。

6）单击"应用并保存" 按钮完成加厚曲面操作。

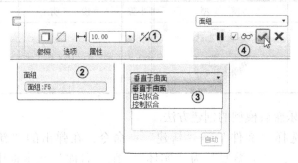

图 8-11 创建加厚曲面

8.5 实例

本节应用实例介绍可乐瓶底和世界杯足球模型的创建方法。可乐瓶底模型的主要知识点是变截面扫描中运用了关系式,足球模型的主要知识点是草图方程式的运用和曲面的编辑操作。

8.5.1 可乐瓶底

如图 8-12 所示的可乐瓶底模型是用变截面扫描创建而成的。

图 8-12 可乐瓶底模型

建模思路:先绘制出一个圆作为变截面扫描轨迹,再创建变截面扫描,以圆作为扫描轨迹,以可乐瓶底的侧面轮廓作为扫描截面,并添加关系式使侧面轮廓沿椭圆形轨迹扫描一周变化 5 次,结果产生 5 个峰形轮廓。其建模步骤见表 8-1。

表 8-1 可乐瓶底建模步骤

步骤	说 明	模 型	步骤	说 明	模 型
1	创建变截面扫描轨迹	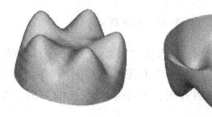	2	创建变截面扫描截面并添加关系式	

步骤	说　明	模　型	步骤	说　明	模　型
3	创建变截面扫描				

下面具体介绍可乐瓶底模型的创建方法。

1）新建文件。选择"文件"→"新建" 命令，在弹出的"新建"对话框中选择"类型"为"零件" ，"子类型"为"实体"，在"名称"文本框中输入"kelepingdi"，选择"使用缺省模板"复选框，单击"确定"按钮，如图 8-13 所示。

图 8-13　创建新文件

2）选择草绘平面。从特征工具栏中选择"草绘" 命令，系统弹出"草绘"对话框，要求选择草绘平面和草绘方向参照。选择"上视基准平面"，系统自动在"参照"列表框中输入右视基准平面作为草绘视图参照方向，采用系统默认的方向，单击"草绘"按钮进入草图绘制界面，如图 8-14 所示。

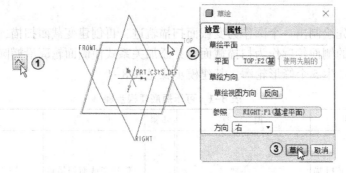

图 8-14　选择草绘平面，绘制扫描轨迹

3）绘制变截面扫描轨迹。在"草图"工具栏中选择"圆心和点" 命令绘制出一个直径为 100 的圆，圆心落在原点上，如图 8-15 中②所示，单击"完成" 按钮退出草图绘制。

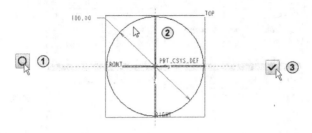

图 8-15　绘制扫描轨迹草图

4）选择变截面扫描轨迹线，进入扫描截面绘制界面。单击特征工具栏中的"可变截面扫描" ⤢ 按钮，系统弹出"可变截面扫描"操控面板，选择圆作为扫描轨迹线，单击"扫描为曲面" ▣ 按钮，如图 8-16 中①~③所示。单击"创建或编辑扫描截面" ☑ 按钮，如图 8-16 中④所示，系统进入扫描截面绘制界面。

图 8-16　创建变截面扫描，选择轨迹

5）绘制变截面扫描截面。在"草图"工具栏中选择"样条" 〜 命令，绘制出一条由 6 个控制点组成的曲线，曲线的两个端点分别落在水平轴和竖轴上，如图 8-17 中①所示。选择"创建尺寸" ⤶ 命令标注出如图 8-17 中②所示的尺寸，将尺寸"40"赋予关系式。

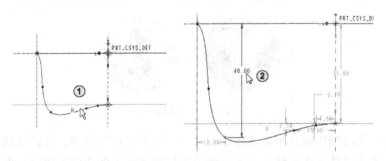

图 8-17　绘制扫描截面

6）添加关系式。选择菜单"工具"→"关系"，系统弹出"关系"对话框，单击尺寸"40"，"sd23＝40"自动输入到"关系式"文本框中，在后面加上"+12 * SIN(TRAJRAR * 360 * 5)"，如图 8-18 中①所示，单击"确定"按钮完成关系式创建。单击"完成" ✔ 按钮退出草图绘制。

7）创建可变截面扫描。退出草图绘制后系统激活"可变截面扫描"操控面板，从工作区可以预览到扫描的效果，如图 8-19 中①所示。单击"应用并保存" ✔ 按钮完成变截面扫描操作，结果如图 8-19 中③所示。上色后的可乐瓶底模型如图 8-20 所示（**参见"素材文件\第 8 章\8-1"**）。

图 8-18   建立关系式

图 8-19   完成变截面扫描   图 8-20   变截面扫描创建的可乐瓶底模型

8.5.2   足球

如图 8-21 所示的足球，是由 6 个哑铃形和 8 个三叉形组成的球体。

图 8-21   足球

建模思路：先绘制出哑铃形和球体轮廓草图，拉伸哑铃形曲面，旋转复制出两个哑铃形曲面，旋转出半个球体曲面，然后由 3 个哑铃形拉伸曲面去剪裁球形曲面，再以 3 个基准平面剪裁球形曲面。分别偏移剩下的哑铃形曲面和三叉形曲面，然后分别合并哑铃形曲面和三叉形曲面，并对哑铃形曲面和三叉形曲面进行倒圆，再进行镜像和旋转复制操作完成世界杯足球的创建。其建模步骤见表 8-2。

表 8-2   足球建模步骤

步骤	说　明	模型	步骤	说　明	模型
1	创建曲面拉伸		2	创建旋转复制	

步骤	说　　明	模型	步骤	说　　明	模型
3	创建偏移曲面、合并曲面、倒圆角		6	创建镜像	
4	创建镜像		7	创建旋转对象	
5	创建旋转复制				

下面具体介绍足球的创建方法。

1. 创建哑铃形和三叉形曲面

1）新建文件。选择"文件"→"新建" 命令，在弹出的"新建"对话框中选择"类型"为"零件" ，"子类型"为"实体"，在"名称"文本框中输入"zuqiu"，选择"使用缺省模板"复选框，单击"确定"按钮，如图 8-22 所示。

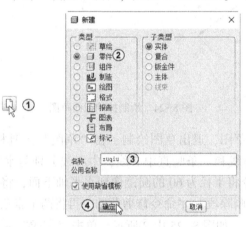

图 8-22　创建新文件

2）定义曲面拉伸，选择草绘平面。从特征工具栏中选择"拉伸" 命令，系统弹出"拉伸"操控面板，在操控面板中单击"拉伸为曲面" 按钮，再单击"放置"选项，系统弹出"放置"选项卡，在选项卡中单击"定义"按钮，系统弹出"草绘"对话框，要求选择草绘平面以及方向。选择前视基准平面，系统自动选择右视基准平面作为草绘参照方向，进入草图绘制界面，如图 8-23 所示。

3）绘制拉伸截面。在"草图"工具栏中选择"圆心和点" 命令绘制出一个直径为400 的圆，圆心落在原点上。用"直线" 命令绘制两个直角三角形，两个三角形的顶点与原点重合，其中一个三角形的一条直角边与竖轴重合，另一个三角形的一条直角边与水平轴重合，两个三角形的斜边顶点分别与圆重合。从原点开始向右绘制出一条水平线，将两条

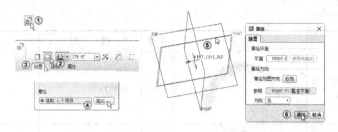

图 8-23 创建曲面拉伸，选择绘制草图平面

L_1 直线作等长约束，将两条 L_2 直线作等长约束。然后选择"创建尺寸" $\boxed{}$ 命令标注尺寸，如图 8-24 中①所示。用"圆心和点" $\boxed{}$ 命令绘制出一个半径为 60 的小圆和一个半径未知的大圆。小圆圆心落在竖直轴上，取圆心至竖直轴上的直角边端点的距离为半径，作半径为 60 的小圆；大圆的圆心则落在水平轴上，取圆心至前文所述水平线右端点的距离为半径作大圆。将大圆与小圆作相切约束，如图 8-24 中②所示。

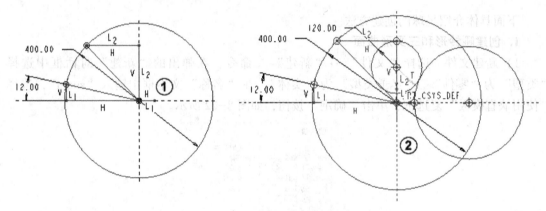

图 8-24 绘制拉伸截面草图

4）镜像草图，修剪草图，退出草图绘制。在"草图"工具栏中选择"中心线" $\boxed{}$ 命令，绘制出一条水平中心线和一条竖直中心线，中心线分别与水平坐标轴和竖直坐标轴重合。然后用"镜像"命令将半径为 60 的圆镜像到水平轴下面，将大圆镜像到竖轴左边，如图 8-25 中①所示。用"删除段" $\boxed{}$ 命令修剪草图，再将两个直角三角形、短水平线和直径为 400 的圆转换成构造线，如图 8-25 中②所示。单击"完成" $\boxed{}$ 按钮退出草图绘制。

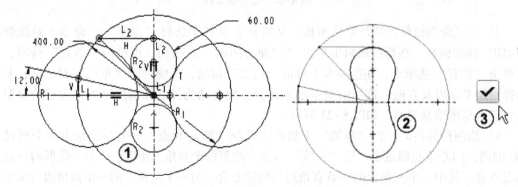

图 8-25 镜像草图，修剪草图

5）设置拉伸参数，完成曲面拉伸。完成草图绘制后，"拉伸"操控面板处于激活状态，选择拉伸方式为"从草绘平面以指定的深度拉伸" ，输入深度值为"220"，如图8-26中①②所示。从预览中可以看到拉伸的方向，如果方向不对，可以单击"将拉伸深度的方向改为草绘的另一侧" 按钮来改变方向，单击"应用并保存" 按钮完成曲面拉伸操作。结果如图8-26中④所示。

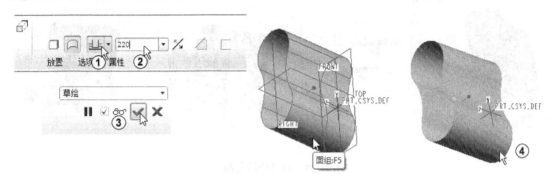

图8-26　设置拉伸参数

6）创建旋转复制。选择如图8-27中①所示的拉伸曲面，然后选择菜单"编辑"→"复制"，再选择菜单"编辑"→"选择性粘贴"，系统弹出"移动复制"操控面板。单击"相对选定参照旋转特征" 按钮，选择"Y"轴作为旋转轴。单击"选项"选项，系统弹出"选项"选项卡，在选项卡中选择"复制原始几何"复选框，如图8-27中②~⑤所示。取消选择"隐藏原始几何"复选框，如图8-27中⑥所示。在旋转角度文本框中输入"90"。从预览中可以看到旋转复制的效果，如果方向不对可以从角度文本框中输入负值来改变旋转方向。单击"应用并保存" 按钮，完成旋转复制操作，结果如图8-27中⑨所示。

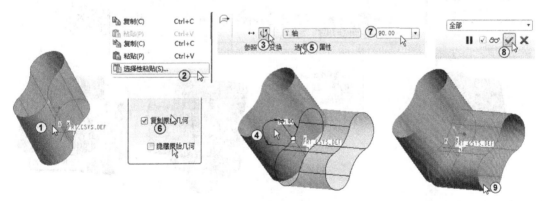

图8-27　创建旋转复制一

7）创建旋转复制。选择如图8-28中①所示的曲面，然后选择菜单"编辑"→"复制"，再选择菜单"编辑"→"选择性粘贴"，系统弹出"移动复制"操控面板，单击"相对选定参照旋转特征" 按钮，选择"Z轴"作为旋转轴。单击"选项"选项，系统弹出"选项"选项卡，在选项卡中选择"复制原始几何"选项，取消选择"隐藏原始几何"，如图8-28中⑥所示。在旋转角度文本框中输入"90"。从预览中可以看到旋转复制的效果，如果方向不对可以从角度文本框中输入负值来改变旋转方向。单击"应用并保存" 按钮，完成旋转复制操作，结果如图 8-28 中⑨所示。

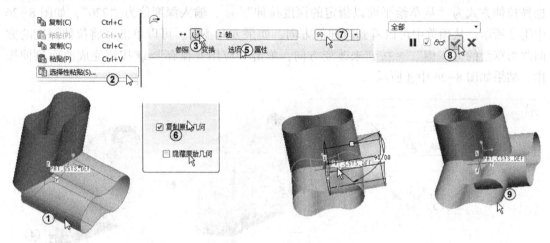

图 8-28　创建旋转复制二

8）创建旋转移动。选择如图 8-29 中①所示的曲面，然后选择菜单"编辑"→"复制"，再选择菜单"编辑"→"选择性粘贴"，系统弹出"移动复制"操控面板。单击"相对选定参照旋转特征" ⚙按钮，选择"X 轴"作为旋转轴，单击"选项"选项，系统弹出"选项"选项卡，在选项卡中取消选择"复制原始几何"复选框，如图 8-29 中⑥所示。在旋转角度文本框中输入"90"。从预览中可以看到旋转移动的效果，如果方向不对可以从角度文本框中输入负值来改变旋转方向。单击"应用并保存" ✔️按钮，完成旋转移动操作，结果如图 8-29 中⑨所示。

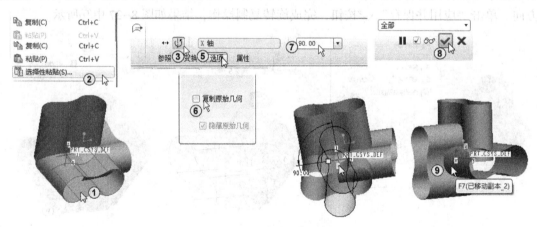

图 8-29　创建旋转对象

9）定义曲面旋转，选择草绘平面。从特征工具栏中选择"旋转"命令，系统弹出"旋转"操控面板，在操控面板中单击"作为曲面旋转" 按钮，再单击"放置"选项，系统弹出"放置"选项卡，在选项卡中单击"定义"按钮，如图 8-30 的①~④所示。系统弹出"草绘"对话框，要求选择草绘平面以及方向。选择"前视基准平面"作为草绘平面，系统在方向"参照"列表框中自动输入右视基准平面作为草绘平面参照方向；单击"草绘"按钮，进入草图绘制界面；如图 8-30 的⑤⑥所示。

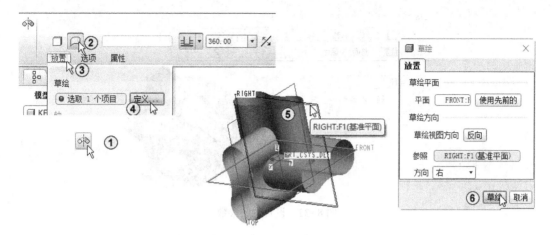

图 8-30 创建曲面旋转，选择绘制草图平面

10）绘制旋转轴线，绘制旋转截面，退出草图绘制。在"草图"工具栏中选择"中心线" 命令，绘制出一条竖直轴线，轴线与竖直坐标轴重合。在"草图"工具栏中选择"圆" 命令，绘制出一个半径为200的圆，圆心落在原点上，用"删除段"命令，将圆修剪成半圆，如图8-31中①所示，单击"完成" 按钮退出草图绘制。

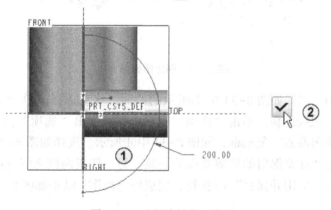

图 8-31 绘制旋转截面草图

11）设置旋转参数，完成曲面旋转。完成草图绘制后，"旋转"操控面板处于激活状态，选择旋转方式为"从草绘平面以指定的角度值旋转"，输入角度值为"180"。在工作区可以预览到曲面旋转的效果，单击"应用并保存" 按钮，完成曲面旋转操作，结果如图8-32中④所示。

12）修剪曲面。选择如图8-33中①所示的曲面，然后选择菜单"编辑"→"修剪"，系统弹出"修剪"操控面板。单击"选项"选项，系统弹出"选项"选项卡，在选项卡中取消选择"保留修剪曲面"复选框，如图8-33中④所示。选择如图8-33中⑤所示的曲面作为修剪面，单击"在要保留的修剪曲面的一侧、另一侧或两侧之间反向" 按钮，切换到保留两侧，单击"应用并保存" 按钮，完成修剪操作，结果如图8-33中⑧所示。

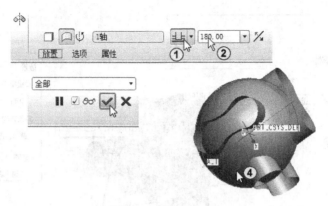

图 8-32　设置旋转参数

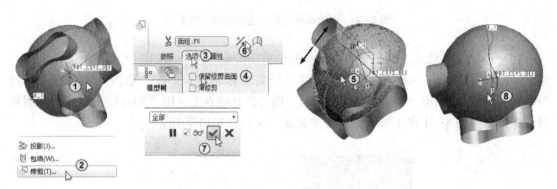

图 8-33　创建曲面修剪一

13）修剪曲面。选择如图 8-34 中①所示的曲面，然后选择菜单"编辑"→"修剪"，系统弹出"修剪"操控面板。单击"选项"选项，系统弹出"选项"选项卡，在选项卡中取消选择"保留修剪曲面"复选框，如图 8-34 中④所示。选择如图 8-34 中⑤所示的曲面作为修剪面，单击"在要保留的修剪曲面的一侧、另一侧或两侧之间反向" 按钮，切换到保留外侧，单击"应用并保存" 按钮，完成修剪操作，结果如图 8-34 中⑧所示。

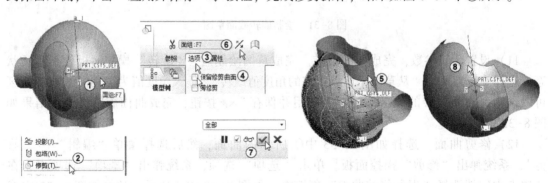

图 8-34　创建曲面修剪二

14）修剪曲面。选择如图 8-35 中①所示的曲面，然后选择菜单"编辑"→"修剪"，系统弹出"修剪"操控面板，单击"选项"选择，系统弹出"选项"选项卡，在选项卡中取消选择"保留修剪曲面"复选框，如图 8-35 中④所示。选择如图 8-35 中⑤所示的曲面作为修剪面，单击"在要保留的修剪曲面的一侧、另一侧或两侧之间反向" ⚞ 按钮，切换到保留外侧，单击"应用并保存" ✅ 按钮，完成修剪操作，结果如图8-35中⑧所示。

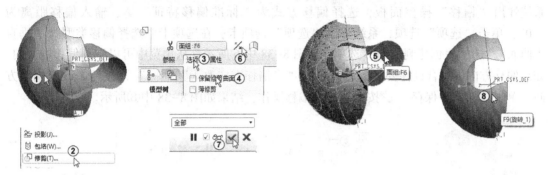

图8-35　创建曲面修剪三

15）修剪曲面。选择如图8-36中①所示的曲面，然后选择菜单"编辑"→"修剪"，系统弹出"修剪"操控面板，选择如图8-36中③所示的上视基准平面作为修剪面，单击"在要保留的修剪曲面的一侧、另一侧或两侧之间反向" ⚞ 按钮，切换到保留的一侧，单击"应用并保存" ✅ 按钮，完成修剪操作，结果如图8-36中⑥所示。

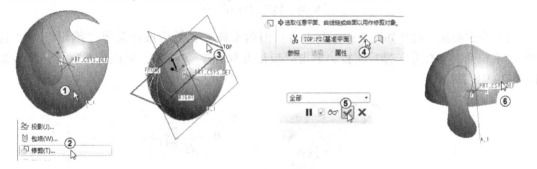

图8-36　创建曲面修剪四

16）修剪曲面。选择如图8-37中①所示的曲面，然后选择菜单"编辑"→"修剪"，系统弹出"修剪"操控面板，选择如图8-37中③所示的右视基准平面作为修剪面，单击"在要保留的修剪曲面的一侧、另一侧或两侧之间反向" ⚞ 按钮，切换到保留的一侧，单击"应用并保存" ✅ 按钮，完成修剪操作，结果如图8-37中⑥所示。

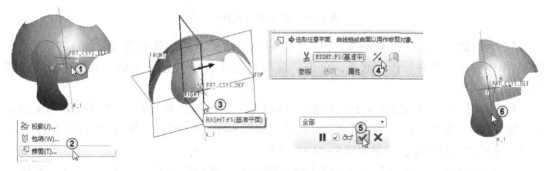

图8-37　创建曲面修剪五

2. 对哑铃形和三叉形曲面进行偏移、合并和圆角

1）偏移曲面。选择如图 8-38 中①所示的曲面，然后选择菜单"编辑"→"偏移"，系统弹出"偏移"操控面板，选择偏移方式为"标准偏移特征" ▥，输入偏移距离为"10"，单击"选项"选项，系统弹出"选项"选项卡，在选项卡中选择偏移类型为"垂直于曲面"，选择"创建侧曲面"选项，如图 8-38 中⑥所示。从预览中可以看到偏移的方向，如果偏移方向不符合设计要求，可以单击"将偏移方向改为其他侧" ▨ 按钮来改变偏移方向，单击"应用并保存" ✔ 按钮，完成偏移操作，结果如图 8-38 中⑧所示。

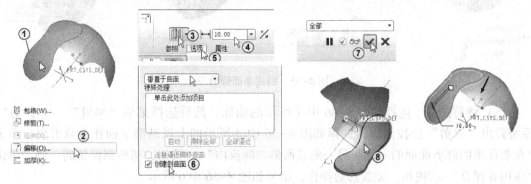

图 8-38　创建曲面偏移一

2）合并曲面。选择如图 8-39 中①所示的两组曲面，然后选择菜单"编辑"→"合并"，系统弹出"合并"操控面板，单击"应用并保存" ✔ 按钮，完成合并操作，结果如图 8-39 中④所示。

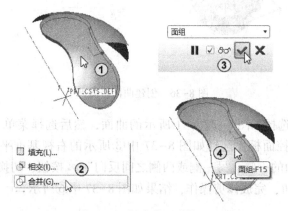

图 8-39　创建曲面合并一

3）合并曲面。选择如图 8-40 中①所示的两组曲面，然后选择菜单"编辑"→"合并"，系统弹出"合并"操控面板，单击"应用并保存" ✔ 按钮，完成合并操作，结果如图 8-40 中④所示。

4）创建圆角。单击特征工具栏中的"倒圆角" ⬡ 按钮，系统弹出"倒圆角"操控面板，输入圆角半径为"6"，选择需要圆角的边，如图 8-41 中④所示。单击"应用并保存" ✔ 按钮，完成倒圆角操作，结果如图 8-41 中⑥所示。

5）偏移曲面。选择如图 8-42 中①所示的曲面，然后选择菜单"编辑"→"偏移"，系统弹出"偏移"操控面板，选择偏移方式为"标准偏移特征" ▥，输入偏移距离为

"10"，单击"选项"选项，系统弹出"选项"选项卡，在选项卡中选择偏移类型为"垂直于曲面"，选择"创建侧曲面"复选框，如图 8-42 中⑥所示。从预览中可以看到偏移的方向，如果偏移方向不符合设计要求，可以单击"将偏移方向改为其他侧"[X]按钮来改变偏移方向，单击"应用并保存"[✓]按钮，完成偏移操作，结果如图 8-42 中⑧所示。

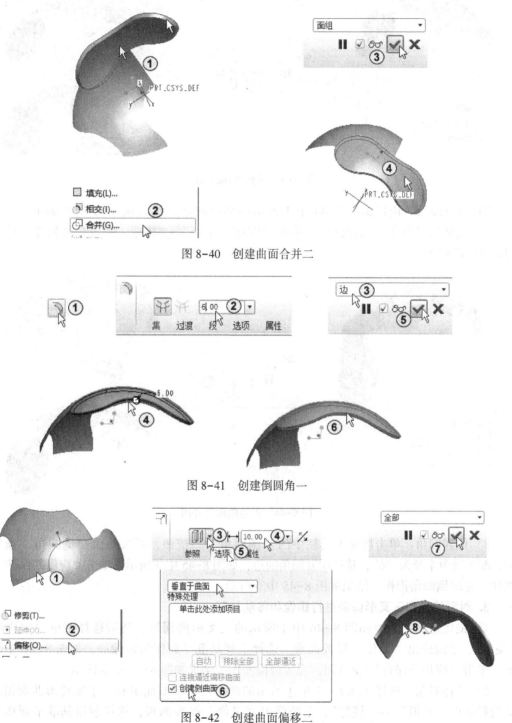

图 8-40　创建曲面合并二

图 8-41　创建倒圆角一

图 8-42　创建曲面偏移二

6）合并曲面。选择如图 8-43 中①所示的两组曲面，然后选择菜单"编辑"→"合并"，系统弹出"合并"操控面板，单击"应用并保存" ✔ 按钮，完成合并操作，结果如图 8-43 中④所示。

图 8-43　创建曲面合并三

7）合并曲面。选择如图 8-44 中①所示的两组曲面，然后选择菜单"编辑"→"合并"，系统弹出"合并"操控面板，单击"应用并保存" ✔ 按钮，完成合并操作，结果如图 8-44 中④所示。

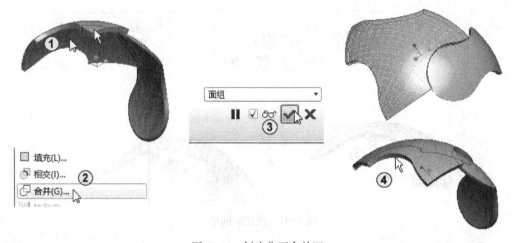

图 8-44　创建曲面合并四

8）创建圆角。单击特征工具栏中的"倒圆角" ◥ 按钮，系统弹出"倒圆角"操控面板，输入圆角半径为"6"，选择需要圆角的边，如图 8-45 中④所示。单击"应用并保存" ✔ 按钮，完成倒圆角操作，结果如图 8-45 中⑥所示。

3. 对哑铃形和三叉形曲面进行镜像和移动复制

1）镜像对象。选择如图 8-46 中①所示的三叉形曲面组，然后选择菜单"编辑"→"镜像"，系统弹出"镜像"操控面板，选择上视基准平面作为镜像面，如图 8-46 中③所示，单击"应用并保存" ✔ 按钮，完成镜像操作，结果如图 8-46 中⑤所示。

2）镜像对象。选择如图 8-47 中①所示的两个三叉形曲面组和一个哑铃形曲面组，然后选择菜单"编辑"→"镜像"，系统弹出"镜像"操控面板，选择前视基准平面作为镜像面，如图 8-47 中③所示，单击"应用并保存" ✔按钮，完成镜像操作，结果如图 8-47 中⑤所示。

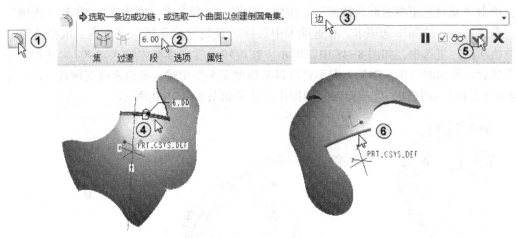

图 8-45　创建倒圆角二

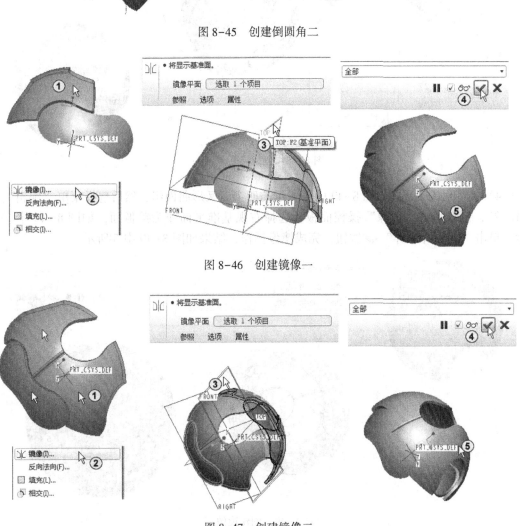

图 8-46　创建镜像一

图 8-47　创建镜像二

3）创建旋转复制。选择如图 8-48 中①所示的两个哑铃形曲面组，然后选择菜单"编辑"→"复制"，再选择菜单"编辑"→"选择性粘贴"，系统弹出"移动复制"操控面板，单击"相对选定参照旋转特征"⬛按钮，选择"Y 轴"作为旋转轴，单击"选项"选项，系统弹出"选项"选项卡，在选项卡中选择"复制原始几何"复选框，取消选择"隐藏原始几何"复选框，如图 8-48 中⑤所示。在旋转角度文本框中输入"90"。从预览中可以看到旋转复制的效果，如果方向不对可以从角度文本框中输入负值来改变旋转方向。单击"应用并保存"✔按钮，完成旋转复制操作，结果如图 8-48 中⑨所示。

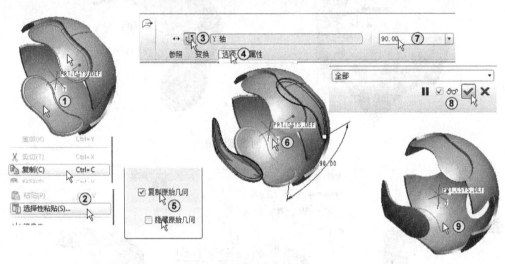

图 8-48　创建旋转复制一

4）镜像对象。选择如图 8-49 中①所示的四个三叉形曲面组，然后选择菜单"编辑"→"镜像"，系统弹出"镜像"操控面板，选择右视基准平面作为镜像面，如图 8-49 中③所示，单击"应用并保存"✔按钮，完成镜像操作，结果如图 8-49 中⑤所示。

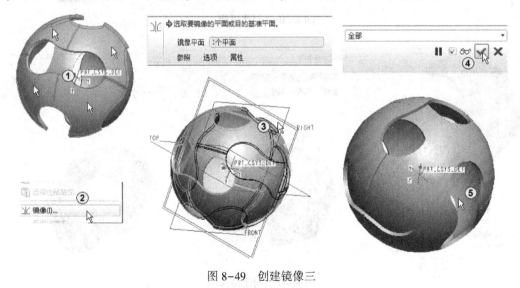

图 8-49　创建镜像三

5）创建旋转复制。选择如图8-50中①所示的两个哑铃形曲面组，然后选择菜单"编辑"→"复制"，再选择菜单"编辑"→"选择性粘贴"，系统弹出"移动复制"操控面板。单击"相对选定参照旋转特征"■按钮，选择"Z轴"作为旋转轴，单击"选项"选项，系统弹出"选项"选项卡，在选项卡中选择"复制原始几何"复选框，取消选择"隐藏原始几何"复选框，如图8-50中⑤所示。在旋转角度文本框中输入"90"。从预览中可以看到旋转复制的效果，如果方向不对可以从角度文本框中输入负值来改变旋转方向，单击"应用并保存"✔按钮，完成旋转复制操作，结果如图8-50中⑨所示。

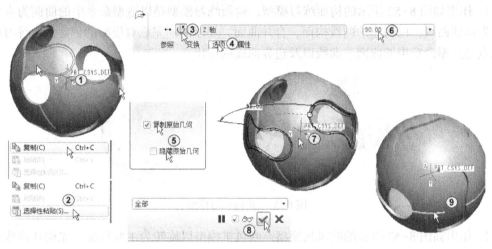

图8-50　创建旋转复制二

6）创建旋转移动。选择如图8-51中①所示的两个哑铃形曲面组，然后选择菜单"编辑"→"复制"，再选择菜单"编辑"→"选择性粘贴"，系统弹出"移动复制"操控面板，单击"相对选定参照旋转特征"■按钮，选择"X轴"作为旋转轴，单击"选项"选项，系统弹出"选项"选项卡，在选项卡中取消选择"复制原始几何"复选框，如图8-51中⑤所示。在旋转角度文本框中输入"90"，单击"应用并保存"✔按钮，完成旋转复制操作，结果如图8-51中⑨所示。

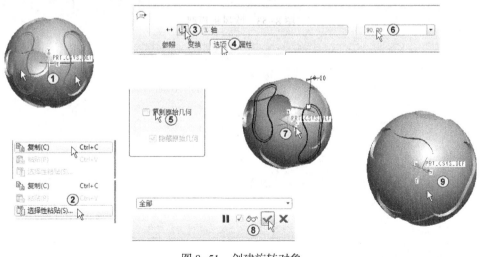

图8-51　创建旋转对象

上色后的足球如图 8-21 所示（**参见"素材文件\第 8 章\8-2"**）。

8.6 习题

本节为读者准备了构面练习模型和吹风机模型。这两个模型的创建方法使用了曲线、造型命令中的曲线、曲面等特征，使读者做了练习后加深对曲线和造型命令在建模中作用的理解。

1. 作出如图 8-52 所示的构面练习模型。构面练习模型是以造型命令中的曲面为主要特征。先构建曲线，以构建的曲线构面，合并曲面，加厚曲面完成对模型的创建。本练习题的知识点是造型命令中的曲面、曲线以及边界曲面的应用。

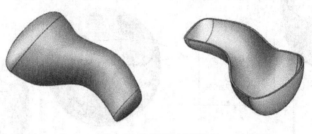

图 8-52　构面练习模型

2. 作出如图 8-53 所示的吹风机模型。吹风机模型以旋转为主要特征。先构建曲线，并以构建的曲线构面，再加上曲面编辑等特征创建而成。本练习题的知识点是曲面、曲线以及边界曲面和曲面编辑等特征的应用。

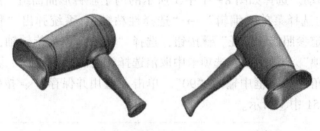

图 8-53　吹风机模型

第9章 实体装配

本章在介绍 Creo 5.0 装配基本知识和环境配置的基础上进一步讲述了在装配过程中如何精确控制元件位置及如何对装配进行修改，并且在讲述过程中通过具体实例引导读者，使其对装配设计有一个更加深刻的理解。

在机械设计中，大多数的部件都不是由单一的零件组成，需要由许多零件装配而成。例如，简单的螺栓与螺母紧固件、柱塞泵、减速器、轴承等。在 Creo 5.0 的装配模块中，可以将创建好的零件通过相互之间的配合关系装配成一个整体。装配体的零部件可以包括独立的零件和其他装配体，称为子装配体。通过装配创建产品的整体结构、绘制装配图，可以及时发现零件之间的配合问题，可以通过模拟运动检查零件之间的干涉现象以及装配体的运动结构是否符合设计要求等。另外还可以创建爆炸视图，直观地显示所有零件相互之间的位置关系。

9.1 装配功能及界面

本节叙述装配模块的功能，了解如何进入装配界面，如何在模型树中了解元件信息。

9.1.1 装配功能

Creo 5.0 创建的组件文件扩展名为 *.asm。

Creo 5.0 提供的装配功能在组件模块中实现，通过该功能可以将要装配的零部件在组件文件中进行装配，在组件文件中被装配的零件称为元件。在 Creo 5.0 的组件模式下，不但可以根据零件组合要求将零件和子组件进行装配，而且可以根据要求在组件模式下直接设计零件（或者创建特征，进行适当的设置后直接反映在被装配的元件中），然后可以对组件进行修改、分析、替换及重定向。

装配模块有以下几个功能。

1）将零件或子装配体组合成一个装配体。

2）修改零件和特征构造。

3）修改装配放置偏距，创建及修改装配基准平面、坐标系和剖视图。

4）创建新零件，包括镜像零件。

5）运用"移动"和"复制"命令创建零件。

6）创建钣金件。

7）创建可互换的零件用于更换，创建在装配零件下贯穿若干零件的装配特征。

8）用族表创建装配图族。

9）创建装配分解视图。

10）进行装配分析，获取装配信息，执行视图和图层操作，创建参照尺寸。

11）删除或替换元件。

12）简化装配图。

9.1.2 组件界面

1. 新建组件文件

启动 Creo 5.0 后，选择菜单"文件"→"新建"，也可以单击快速访问工具栏中的"新建" □ 按钮，系统弹出"新建"对话框，在对话框中选择"类型"为"组件"，然后输入文件名，系统默认扩展名为 .asm，如图 9-1 所示，单击"确定"按钮，系统进入组件设计界面，如图 9-2 所示。

图 9-1　新建组件文件

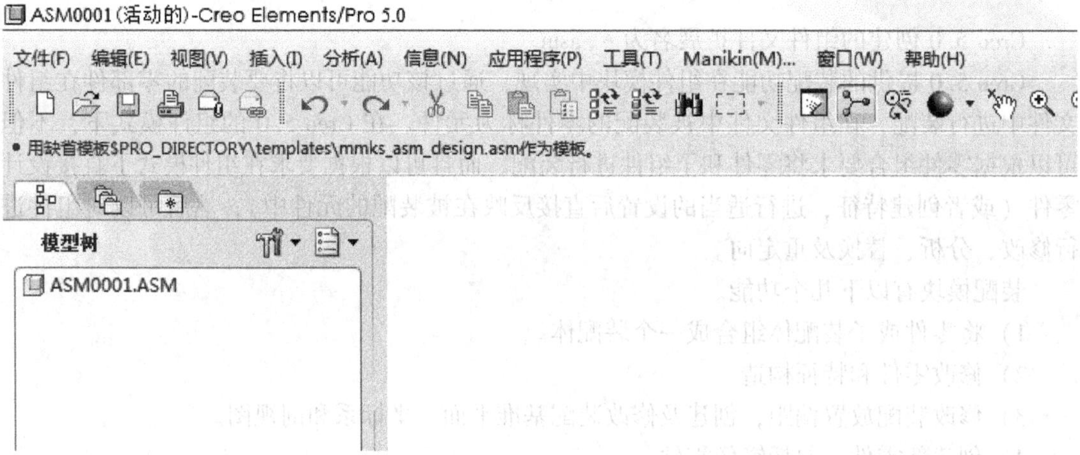

图 9-2　组件设计界面

组件设计界面比零件设计界面多了"组件"工具栏，如图 9-3 所示。

图 9-3　"组件"工具栏

2. 组件模型树

插入组件元件并进行约束后在模型树窗口显示出组件的模型树，模型树的节点表示了构成组件的子组件、零件和特征，如图9-4中①所示，其中的图标和符号提供了组件元件的信息。在模型树中可以进行以下操作。

1）修改组件或组件中的所有元件。

2）打开元件模型。

3）重新定义元件的约束。

4）重新定义参照。可以对元件进行删除、隐含、恢复、替换或阵列元件操作。

5）创建装配特征。

6）创建注释。

7）控制参照。

8）访问模型和元件信息。

9）重定义所有元件的显示状态。

10）固定打包元件的位置。

在模型树中选中元件并右击，系统会弹出快捷菜单，如图9-4中②③所示。在快捷菜单可以进行打开、删除、隐含、编辑定义、替换、阵列等操作。

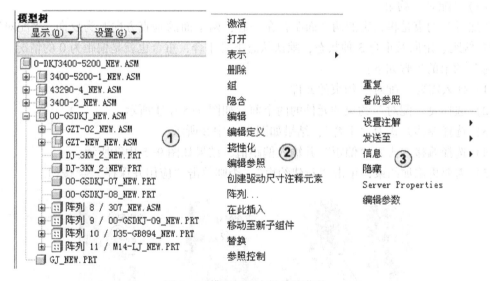

图9-4 模型树和右键快捷菜单

9.2 约束类型和偏移

约束类型是组件约束前必须了解的知识，只有充分了解约束的功能才能更好地应用约束。偏移是将元件按一定方式平移或旋转，使之与组件之间有更佳的位置来选择约束对象。

9.2.1 约束类型

约束类型包括：自动、配对、对齐、插入、坐标系、相切、线上点、曲面上的点、曲面上的边、固定和缺省11项。

- 自动：基于所选参照的自动约束。
- 配对 ⌐᪲：将元件参照与组件参照配对。
- 对齐 ᪲⌐：将元件参照与组件参照对齐。
- 插入 ᪲：将元件参照插入到组件参照中。
- 坐标系 ⅃：将元件坐标系与组件坐标系对齐。
- 相切 ᪲：将元件曲面定位于与组件参照相切。
- 直线上的点 ᪲：将点与线对齐。
- 曲面上的点 ᪲᪲：将点与曲面对齐。
- 曲面上的边 ᪲᪲：将边与曲面对齐。
- 固定 ᪲：将元件固定到当前位置。
- 缺省 ᪲：在默认位置装配元件。

本节重点介绍最常用的对齐、配对、插入、坐标系和相切约束方法。

（1）"配对"约束

"配对"约束是将指定的两个面贴合在一起，两个面的垂直方向互为反向。"配对"约束包含偏距、定向及重合3种状态，默认状态下是重合，重合也就是偏距为0的情况。添加"配对"约束的步骤如下：

1）插入需要"配对"约束的元件。

2）选择要"配对"约束的元件的两个面，如图9-5中①所示。

3）选择偏移方式为"重合"，结果如图9-5中②所示。

4）选择偏移方式为"偏距"并输入偏距值，结果如图9-5中③所示。

5）需要再添加约束，单击"新建约束"，否则单击"应用并保存" ✔按钮。

图9-5 "配对"约束

（2）"对齐"约束

"对齐"约束是将两个指定的对象对齐在一起，两个面的垂直方向为同向。使用"对齐"约束可以使两个圆弧或圆的中心线成一条直线。当两个平面对齐时，两平面为共面且同向（即两平面的垂直方向为同向）。添加"对齐"约束的步骤如下：

1）插入需要添加"对齐"约束的元件。

2）选择需要对齐的元件的两个对象，可以是平面、圆弧面、边线、轴线等，如图9-6

中①所示选择了需要对齐的两个面。

3）选择偏移方式为"角度"，输入角度值，结果如图 9-6 中②所示。

4）选择偏移方式为"定向"，结果如图 9-6 中③所示。

5）需要再添加约束，单击"新建约束"，否则单击"应用并保存" ✔ 按钮。

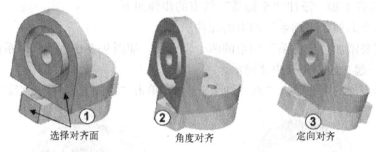

选择对齐面　　　　角度对齐　　　　定向对齐

图 9-6　"对齐"约束

选择如图 9-7 中①所示的两条边作"对齐"约束，选择偏距方式为"重合"，结果如图 9-7 中②所示。

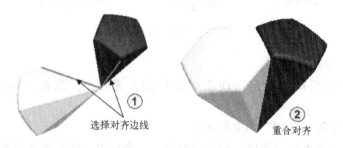

选择对齐边线　　　　重合对齐

图 9-7　重合"对齐"约束

（3）"插入"约束

"插入"约束是将指定的轴与孔进行配合。用"插入"约束也可以将一个圆弧曲面插入到另外一个圆弧曲面中，使得两个旋转曲面的轴线对齐。添加"插入"约束的步骤如下：

1）插入需要添加"插入"约束的元件。

2）选择需要添加"插入"约束的圆弧面，如图 9-8 中①所示。系统自动以重合的方式对齐两个圆弧面的轴线。结果如图 9-8 中②所示。

3）需要再添加约束，单击"新建约束"，否则单击"应用并保存" ✔ 按钮。

选择圆弧面　　　　轴心对齐

图 9-8　"插入"约束

（4）"坐标系"约束

"坐标系"约束是将两个坐标系的 X、Y、Z 重合在一起，通过将元件坐标系与组件坐标系对齐，将该元件放置在组件中。既可以使用元件坐标系，又可以使用组件坐标系，也可以即时创建坐标系。"坐标系"约束是通过对齐所选坐标系的坐标轴来约束元件的，即 X 轴对齐 X 轴，Y 轴对齐 Y 轴。添加"坐标系"约束的步骤如下：

1）插入需要添加"坐标系"约束的元件。

2）选择需要添加"坐标系"约束的两个坐标系，如图 9-9 中①所示。系统自动将两个坐标系重合在一起，如图 9-9 中②所示。

3）需要再添加约束，单击"新建约束"，否则单击"应用并保存" ✔按钮。

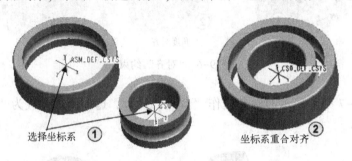

图 9-9 "坐标系"约束

（5）"相切"约束

"相切"约束是将两个指定的曲面以相切的方式约束。添加"相切"约束的步骤如下：

1）插入需要添加"相切"约束的元件。

2）选择两个需要添加"相切"约束的对象，一个可以是圆弧面或球面，另一个可以是平面或圆弧面。如图 9-10 中①所示，选择了球面和圆弧面。系统自动以相切方式约束所选对象，结果如图 9-10 中②所示，添加圆形阵列后的结果如图 9-10 中③所示。

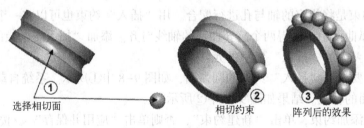

图 9-10 "相切"约束

3）需要再添加约束，单击"新建约束"，否则单击"应用并保存" ✔按钮。

9.2.2 偏移

1）偏距⏫：将元件偏移放置到组件参照。在"配对"约束、"对齐"约束时的偏移方式中有"偏距"选项，输入偏距值，使两个约束对象相隔一定的距离，如图 9-11 中①所示。

2）定向▯▯：将元件参照定向到组件参照。在"配对"约束、"对齐"约束时的偏移方式中有"定向"选项，定向相当于将两个约束对象作平行约束，如图 9-11 中②所示。

3）重合▯▯：将元件放置在和组件参照重合的位置。在"配对"约束、"对齐"约束的偏移方式中有"重合"选项，重合将使两个约束对象重合在一起，如图 9-11 中③所示。

4）角度偏移▯：在相对于组件参照的角度上放置元件。在"对齐"约束的偏移方式中有"角度偏移"选项，输入角度值，使两个约束对象成一定的角度，如图 9-11 中④所示。

配对偏距 ①　　对齐定向 ②　　配对重合 ③　　对齐角度 ④

图 9-11　"配对""对齐"约束时选择不同偏移方式的结果

9.2.3　移动

在插入元件后，元件的位置有时会处于不利于选择约束对象的情况，可通过单击"移动"选项选择方法进行操作。

1）定向模式：相对于特定几何重新定向视图。单击"装配"操控面板中的"移动"选项，系统会弹出"移动"选项卡，在"运动类型"下拉列表框中选择"定向模式"，然后在要移动的元件上单击，系统会出现一个绕轴左右旋转的图标，按住鼠标中键就可以任意移动元件，使元件定向到需要的角度和位置，如图 9-12 所示。

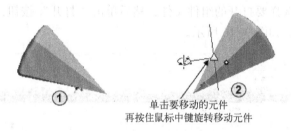

① ②
单击要移动的元件
再按住鼠标中键旋转移动元件

图 9-12　选择定向模式运动类型移动元件

2）平移：平移元件。单击"装配"操控面板中的"移动"选项，系统会弹出"移动"选项卡，在"运动类型"下拉列表框中选择"平移"，然后拖动元件，使元件位置有利于选择约束对象，如图 9-13 所示。

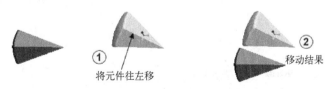

① ②
将元件往左移　　移动结果

图 9-13　选择"平移"运动类型移动元件

3）旋转：旋转移动元件。单击"装配"操控面板中的"移动"选项，系统会弹出"移动"选项卡，在"运动类型"下拉列表框中选择"旋转"，然后单击确定旋转点并拖动元件旋转，使元件位置有利于选择约束对象，如图9-14所示。

选择旋转点
然后旋转元件

元件以选择点
旋转调头

图9-14　选择"旋转"运动类型移动元件

9.3　爆炸图

爆炸图是将组件中的每个元件分解表示的一种方法。使用"视图"菜单中的"分解"命令可以创建分解视图。分解视图仅在视觉上分解了组件的外观，组件的约束关系不会改变。可以为组件定义多个分解视图，随时可根据不同的需要调用分解视图。可以为组件的每个分解视图设置一个分解状态。每个元件都具有一个由放置约束确定的默认分解位置。默认情况下分解视图的参照元件是父组件。

9.3.1　创建爆炸视图

在组件界面选择菜单"视图"→"分解"→"分解视图"。系统会自动将组件分解。创建爆炸视图的方法如下：

1）打开组件文件。单击快速访问工具栏中的"打开"按钮，系统弹出"文件打开"对话框，在对话框中选择要打开的组件文件，然后单击"打开"按钮，如图9-15所示；系统进入组件编辑界面，如图9-16所示。

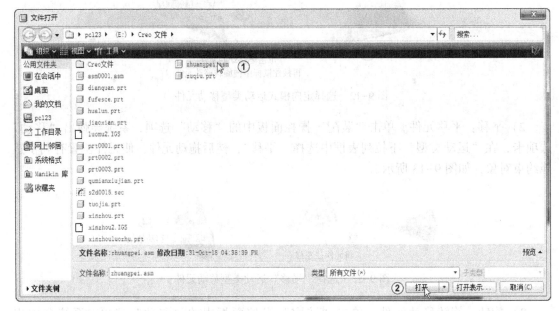

图9-15　打开组件文件

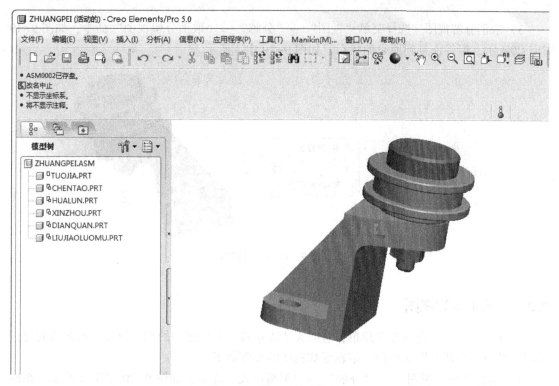

图 9-16　进入组件编辑界面

2）创建分解视图。选择菜单"视图"→"分解"→"分解视图"命令，如图 9-17 所示。

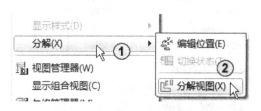

图 9-17　单击"分解视图"命令

选择"分解视图"命令后，系统自动将组件分解，如图 9-18 所示。

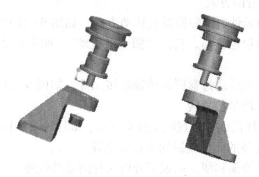

图 9-18　创建分解视图

3）取消分解视图。选择菜单"视图"→"分解"→"取消分解视图"命令，如图9-19中①②所示。组件恢复到原来的状态，如图9-19中③所示。

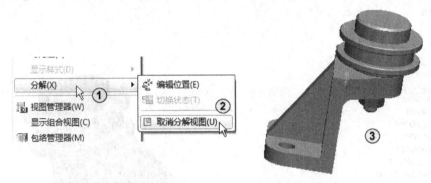

图9-19　取消分解视图

9.3.2　编辑爆炸视图

系统默认的分解视图非常简单，有时无法表达各个元件之间的相对位置，因此需要通过编辑元件位置来调整爆炸视图。编辑爆炸视图的步骤如下：

1）选择菜单"视图"→"分解"→"编辑位置"命令，如图9-20中①②所示。系统弹出"编辑位置"操控面板，操控面板中提供了"平移""旋转"和"视图平面"3种编辑位置的方法如图9-20中③所示。

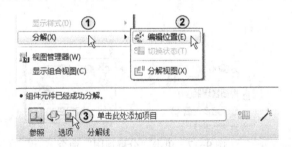

图9-20　选择"编辑位置"命令，打开"编辑位置"操控面板

2）选择一种编辑位置的方式。

- 平移🔳：将选择的元件通过参照设置移动方向，如图9-21中①所示。输入运动增量值，平移时会以增量值移动。选择"随子项运动"，如果移动的是父项那么子项也会随着移动。
- 旋转🔳：将选择的元件通过参照旋转轴旋转元件，如图9-21中②所示。输入运动增量值，放置时会以增量值旋转。
- 视图平面🔳：将选择的元件在视图上任意移动，如图9-21中③所示。
- 复制位置🔳：将选择的元件复制到指定的位置。
- 分解线🔳：创建修饰偏移线，以说明分解元件的运动轨迹。
- 3）单击"应用并保存"✔按钮。

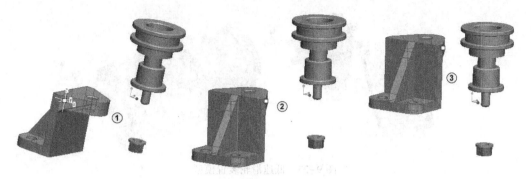

图 9-21　编辑位置的 3 种方法

9.3.3　保存爆炸视图

创建爆炸视图后系统并没有保存，在下次打开组件时看不到爆炸视图，如果要保存爆炸视图需要用视图管理器进行保存。

保存爆炸视图的方法：打开组件文件，使组件处于爆炸状态，选择菜单"视图"→"视图管理器"，或单击快速访问工具栏中的"视图管理器"按钮。系统弹出"视图管理器"对话框，如图 9-22 中①所示。单击"分解"选项卡，然后单击"新建"按钮，如图 9-22 中②所示，系统自动输入"Exp0001"作为新建视图名称。双击"Exp0001"名称，视图显示为没有分解的组件，双击"缺省分解"，图视显示为爆炸视图，如图 9-22 中③所示。

图 9-22　保存爆炸视图

9.4　低速滑轮装置装配实例

本节将介绍低速滑轮装置装配模型的创建方法，其主要的装配约束是配对、对齐、插入和相切等。

如图 9-23 所示的低速滑轮装置模型，主要由"配对""插入"和"对齐"等约束装配而成。

图 9-23 低速滑轮装置模型

创建低速滑轮装配体的步骤见表 9-1。

表 9-1 创建低速滑轮装配体步骤

步骤	说　　明	模　　型	步骤	说　　明	模　　型
1	插入第一个元件,"缺省"约束		4	装配芯轴	
2	装配衬套		5	装配垫片	
3	装配滑轮		6	装配 M10 螺母	

下面具体介绍低速滑轮装置的装配方法:

1)新建文件。选择"文件"→"新建" 命令,在弹出的"新建"对话框中选择"类型"为"组件" ,"子类型"为"设计",在"名称"文本框中输入"zhuangpei",选择"使用缺省模板"选项,单击"确定"按钮,如图 9-24 中①~⑤所示。系统进入装配体编辑界面。

2)装配第一个元件。单击"装配"工具栏中的"装配" 按钮,系统弹出"文件打开"对话框,在对话框中找到需要的元件,然后单击"打开"按钮,如图 9-25 中③所示**(参见"素材文件\第 9 章\9-1")**。

3)"缺省"约束第一个元件。打开元件后系统弹出"装配"操控面板,单击"放置"选项,弹出"放置"选项卡,在选项卡中选择"约束类型"为"缺省",如图 9-26 中②所示。单击"应用并保存" 按钮,系统将第一个元件固定在原点上,如图 9-26 中③④所示。

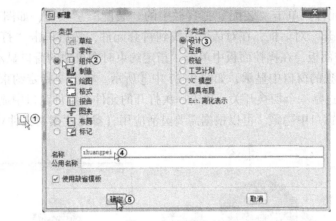

图 9-24　新建文件

图 9-25　装配第一个元件

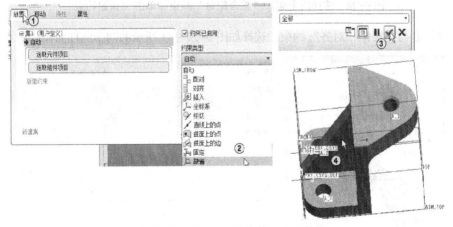

图 9-26　"缺省"约束第一个元件

4）装配衬套元件。单击"装配"工具栏中的"装配" 按钮，如图 9-27 中①所示。系统弹出"文件打开"对话框，在对话框中找到衬套元件，然后单击"打开"按钮，系统弹出"装配"操控面板，在操控面板中单击"指定约束时在单独的窗口显示元件" 按钮，打开的元件会在单独的窗口中显示，如图 9-27 中③所示。单击"指定约束时在组件窗口显示元件" 按钮，这是一个切换开关，单击一次打开的元件在组件窗口中显示，再单击一次打开的元件在组件窗口中隐藏。可以根据需要灵活应用（**参见"素材文件\第 9 章\9-2"**）。

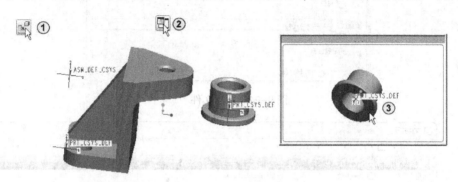

图 9-27　装配衬套元件

5）将衬套与托架作"重合配对"约束。选择如图 9-28 中①所示的两个平面作"重合配对"约束，然后单击"新建约束"如图 9-28 中②所示。

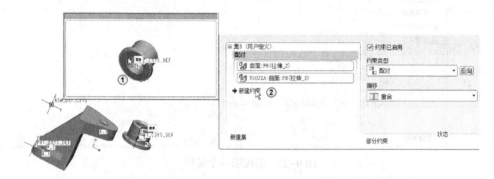

图 9-28　选择两个面作"重合配对"约束，单击"新建约束"

6）将衬套与托架作"对齐"约束。选择如图 9-29 中①所示的两个圆柱面作"对齐"约束。

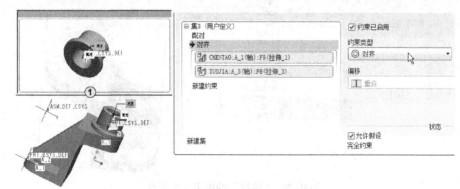

图 9-29　选择两个面作"对齐"约束

7）单击"应用并保存" ✔按钮完成衬套与托架的装配，结果如图 9-30 中②所示。

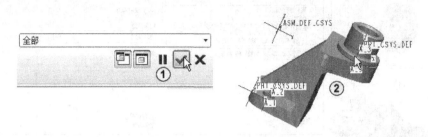

图 9-30　完成衬套与托架的装配

8）装配滑轮元件。单击"装配"工具栏中的"装配" 按钮，系统弹出"文件打开"对话框，在对话框中找到滑轮元件，然后单击"打开"按钮，系统弹出"装配"操控面板，在操控面板中单击"指定约束时在单独的窗口显示元件" 按钮，打开的元件会在单独的窗口中显示，如图 9-31 中②所示（**参见"素材文件\第 9 章\9-3"**）。

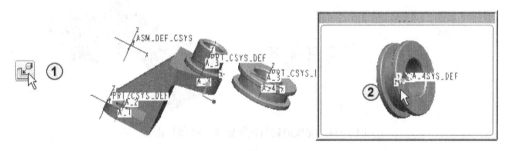

图 9-31　装配滑轮元件

9）将滑轮与托架底座作"重合配对"约束。选择如图 9-32 中①所示的两个平面作"重合配对"约束，然后单击"新建约束"如图 9-32 中②所示。

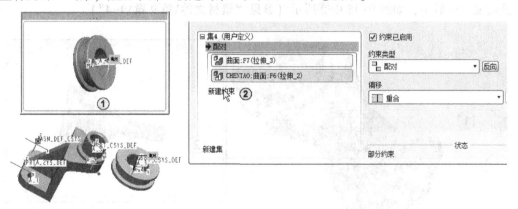

图 9-32　选择两个面作"重合配对"约束，单击"新建约束"

10）将滑轮与衬套作"对齐"约束。选择如图 9-33 中①所示的两个孔的中心轴线作"对齐"约束。

11）单击"应用并保存" ✔按钮完成滑轮与托架底座、衬套的装配，结果如图 9-34 中②所示。

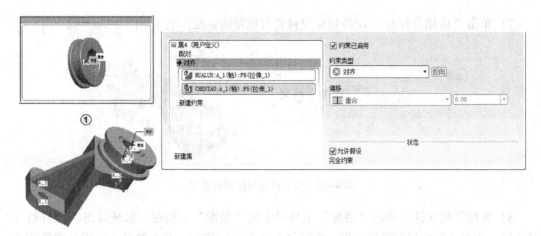

图 9-33　选择两个面作"对齐"约束

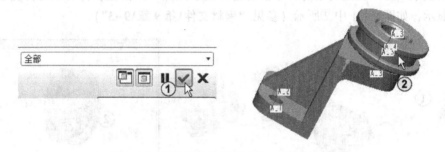

图 9-34　完成滑轮与托架底座、衬套的装配

12）装配芯轴元件。单击"装配"工具栏中的"装配" 按钮，系统弹出"文件打开"对话框，在对话框中找到芯轴元件，然后单击"打开"按钮，系统弹出"装配"操控面板，在操控面板中单击"指定约束时在单独的窗口显示元件" 按钮，打开的元件会在单独的窗口中显示，如图9-35中②所示（**参见"素材文件\第9章\9-4"**）。

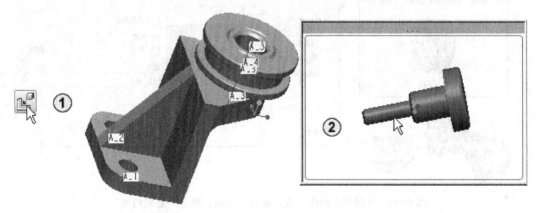

图 9-35　装配芯轴

13）将芯轴与滑轮作"插入"约束。选择如图9-36中①所示的两个圆柱面作"插入"约束，然后单击"新建约束"按钮，如图9-36中②所示。

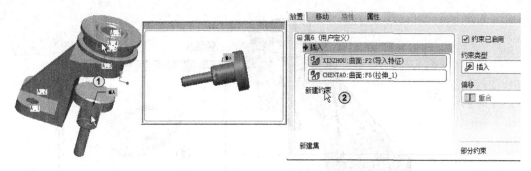

图9-36 选择两个面作"插入"约束，单击"新建约束"

14）将芯轴与托架作"重合配对"约束。选择如图9-37中①所示的两个平面作"重合配对"约束，如图9-37中②所示。

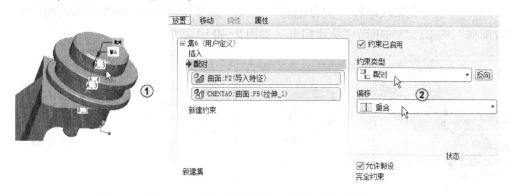

图9-37 选择两个面作"重合配对"约束

15）单击"应用并保存" ✔按钮完成芯轴与托架的装配，如图9-38中①所示。得到的结果如图9-38中②所示。

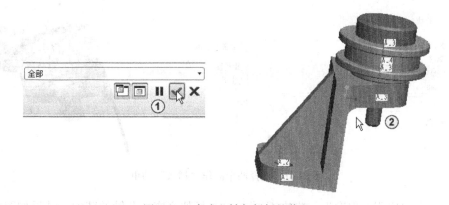

图9-38 完成芯轴与托架的装配

16）装配垫片元件。单击"装配"工具栏中的"装配" 📦按钮，系统弹出"文件打开"对话框，在对话框中找到垫片元件，然后单击"打开"按钮，系统弹出"装配"操控面板，在操控面板中单击"指定约束时在单独的窗口显示元件" 📵按钮，打开的元件会在单独的窗口中显示如图9-39中②所示（**参见"素材文件\第9章\9-5"**）。

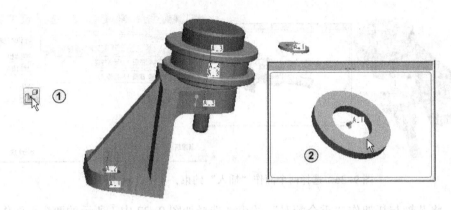

图 9-39　装配垫片元件

17）将垫片与托架底座作"重合配对"约束。选择如图 9-40 中①所示的两个平面作"重合配对"约束，然后单击"新建约束"如图 9-40 中②所示。

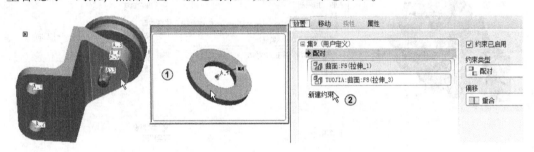

图 9-40　选择两个面作"重合配对"约束，单击"新建约束"

18）将垫片与芯轴作"插入"约束。选择如图 9-41 中①所示的两个圆柱面作"插入"约束。

图 9-41　选择两个面作"插入"约束

19）单击"应用并保存" ✔ 按钮完成垫片与托架底座、芯轴的装配，结果如图 9-42 中②所示。

20）装配 M10 螺母元件。单击"装配"工具栏中的"装配" 📷 按钮，系统弹出"文件打开"对话框，在对话框中找到 M10 螺母元件，然后单击"打开"按钮，系统弹出"装配"操控面板，在操控面板中单击"指定约束时在单独的窗口显示元件" 📺 按钮，打开的元件会在单独的窗口中显示如图 9-43 中②所示（**参见"素材文件\第 9 章\9-6"**）。

242

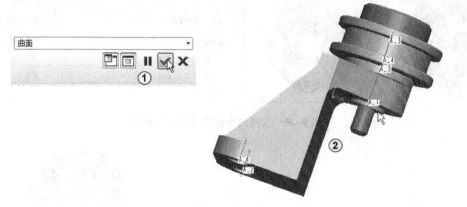

图 9-42　完成垫片与托架底座、芯轴的装配

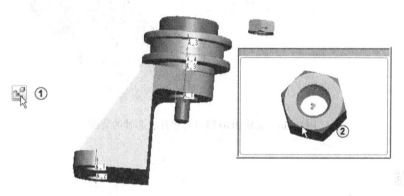

图 9-43　装配 M10 螺母元件

21）将 M10 螺母与垫片作"重合对齐"约束。选择如图 9-44 中①所示的两个平面作"重合配对"约束。然后单击"新建约束"如图 9-44 中②所示。

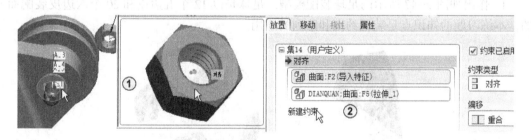

图 9-44　选择两个面作"重合配对"约束，单击"新建约束"

22）将 M10 螺母与心轴作"插入"约束。选择如图 9-45 中①所示的两个圆柱面作"插入"约束。

23）单击"应用并保存"✔按钮完成 M10 螺母与垫片、芯轴的装配，结果如图 9-46 中②所示（**参见"素材文件\第 9 章\9-7"**）。

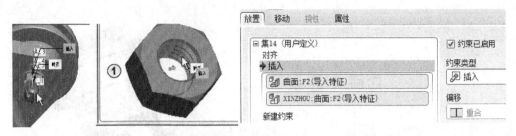

图 9-45 选择两个面作 "插入" 约束

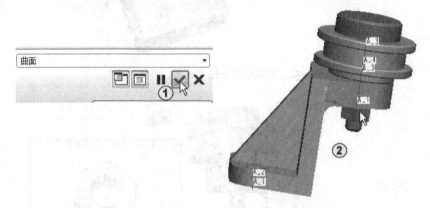

图 9-46 完成 M10 螺母与垫片、芯轴的装配

9.5 习题

本节为读者准备了足球、蜗轮箱和刀架 3 个装配练习模型。这 3 个装配模型的创建方法使用了装配中的 "配对" "对齐" 和 "插入" 等约束方法，使读者做了练习后加深对装配约束的理解和应用。

1. 作出如图 9-47 所示的足球装配模型。足球是以 12 个五边皮和 20 个六边皮装配而成的。本练习题的知识点是装配约束和阵列的应用。

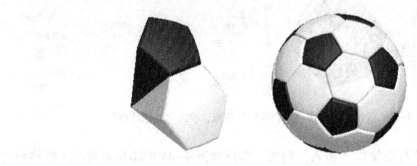

图 9-47 足球装配

2. 作出如图 9-48 所示的蜗轮箱装配模型。蜗轮箱是以轴、蜗轮座以及端盖等元件装配而成的。本练习题的知识点是装配约束的应用。

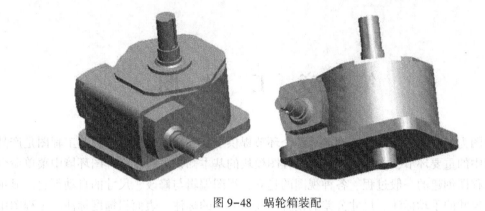

图 9-48　蜗轮箱装配

3. 作出如图 9-49 所示的刀架装配模型。刀架是以拖板、滑轨座、螺杆、活灵以及刀架底座子装配等元件装配而成的。本练习题的知识点是元件及子装配体装配约束的应用。

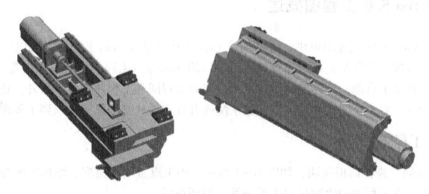

图 9-49　刀架装配

第10章 工　程　图

工程图为产品研发、设计、制造等各个环节提供了相互交流的工具，因此工程图是产品设计过程中的重要环节，本章主要介绍工程图模块的基本知识，包含工程图环境中菜单命令介绍、工程图创建的一般过程、各种视图的建立、视图编辑与修改、尺寸的自动创建、显示及拭除、尺寸的手动标注、尺寸公差的设置、几何公差的标注、表面粗糙度标注、工程图中的注释、技术要求的建立。

10.1　Creo 5.0 工程图概述

使用 Creo 5.0 的工程图模块，可以创建 Creo 5.0 三维模型的工程图，可以用注解来注释工程图、处理尺寸以及使用层来管理不同项目的显示等。工程图中所有视图都是相关的。工程图还支持多个页面，允许定制带有草绘几何的工程图和工程图格式。另外，还可以利用有关接口命令，将工程图文件输出到其他系统或者将文件从其他系统输入到工程图中。

10.1.1　工程图中介绍

1）"布局"操控面板说明，如图 10-1 所示。用来设置绘图模型、添加绘图视图、调整显示线型等。在工程图的绘制过程中首先就会用到布局。

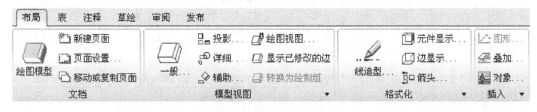

图 10-1　"布局"操控面板

2）"表"操控面板说明，如图 10-2 所示。用来完成工程图中有关表格的各项操作。

图 10-2　"表"操控面板

3）"注释"操控面板说明，如图 10-3 所示。用来为工程图添加各种注释，包括尺寸、公差、基准等。

4）"草绘"操控面板说明，如图 10-4 所示。用来为工程图添加各种草绘图形，以及对草绘图形进行编辑。

图 10-3 "注释" 操控面板

图 10-4 "草绘" 操控面板

5）"审阅" 操控面板说明，如图 10-5 所示。用来对所绘制的草绘图形进行审阅、查询、测量等。

图 10-5 "审阅" 操控面板

6）"发布" 操控面板说明，如图 10-6 所示。用来将所绘制的图形用不同的格式进行发布。

图 10-6 "发布" 操控面板

10.1.2 创建工程图的一般步骤

1. 新建一个工程图文件，进入工程图模型环境

1）选择 "文件" → "新建" 命令或者 "新建" 按钮，系统弹出 "新建" 对话框。

2）在 "新建" 对话框中选择文件类型为 "绘图" 选项，单击 "确定" 按钮打开 "新建绘图" 对话框。

3）在 "新建绘图" 对话框中输入文件名称，选择工程图模型和工程图格式模板，如图 10-7 所示。

2. 创建视图

1）添加主视图。

2）添加主视图的投影视图（左视图、右视图、俯视图等）。

3）如果需要，添加详细视图、辅助视图等。

4）调整视图位置。

5）设置视图显示模式。如视图中的不可见孔，可进行消隐或用虚线显示。

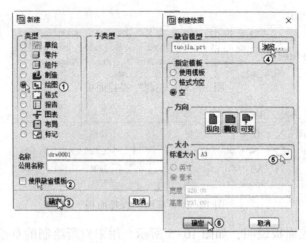

图 10-7 "新建"对话框

3. 尺寸标注

1) 显示模型尺寸，将多余尺寸拭除。

2) 添加尺寸公差。

3) 创建基准，进行几何公差标注，标注表面粗糙度。

10.2 工程图环境设置

我国国家标准（GB）对工程图有很多规定。例如，对尺寸文本高度、尺寸箭头大小都有明确的规定。正确配置 Creo 5.0 工程图的环境，可以创建符合国标的工程图。下面介绍 Creo 5.0 工程图环境的设置。

假设 Creo 5.0 的安装路径为：C:\Program Files\ Creo Elements Pro5.0（其他路径与此相似，读者可以根据自己实际情况对步骤进行调整），操作步骤如下。

1) 打开"素材文件\第 10 章\符合国标的系统配置文件\GB_config"，将文件 config. pro 复制到 Creo 5.0 的启动目录下，如 C:\start。

2) 打开"素材文件\第 10 章\符合国标的工程图配置文件\drawing_formats"，将全部文件复制到 C:\Program Files\Creo Elements Pro5.0\formats 目录下。

3) 启动软件，选择菜单"工具"→"选项"命令，打开"选项"对话框。

4) 设置配置文件 config. pro 中相关选项的值。这些选项的设置方法基本相同，下面仅以 template_drawing 选项的操作方法为例加以说明。

① 在打开的"选项"对话框中单击"查找"按钮，打开"查找选项"对话框。在空白框中输入查找项目"template_drawing"后单击"立即查找"按钮，选中出现查询的项目"template_drawing"，单击"浏览"按钮，找到目录"C:\Program Files\Creo Elements Pro5.0\formats\gb_formats\a4_prt. frm"，单击"打开"按钮，返回到"查找选项"对话框。

② 单击"添加/更改"按钮后再单击"关闭"按钮，关闭"查找选项"对话框，返回"选项"对话框。

③ template_drawing 选项已经添加。先单击"应用"按钮再单击"保存" 按钮，单击

"关闭" 按钮，关闭 "选项" 对话框。

④ 重新启动 Creo ENGINEER 程序，设置即可生效。

- 设置 drawing_setup_file 的值为：C:\Program Files\Creo Elements Pro5.0\text\gb.dtl。
- 设置 template_designasm 的值为：C:\Program Files\Creo Elements Pro5.0\templates\mmks_asm_design.asm。
- 设置 template_solidpart 的值为：C:\Program Files\Creo Elements Pro5.0\templates\mmns_part_solid.prt。
- 设置 template_sheetmetalpart 的值为：C:\Program Files\Creo Elements Pro5.0\templates\mmns_part_sheetmetal.prt。
- 设置 template_mfgcast 的值为：C:\Program Files\Creo Elements Pro5.0\templates\mmns_mfg_cast.mfg。
- 设置 template_mfgmold 的值为：C:\Program Files\Creo Elements Pro5.0\templates\mmns_mfg_mold.mfg。
- 设置 pro_format_dir 的值为：C:\Program Files\Creo Elements Pro5.0\formats\gb_formats。
- 设置 template_drawing 的值为：C:\Program Files\Creo Elements Pro5.0\formats\gb_formats\a4_prt.frm。

10.3 新建工程图

新建工程图的操作步骤如下。

1) 在快速访问工具栏里单击 "新建" 按钮新建一个工程图文件，如图 10-8 所示。

2) 选取文件类型为 "绘图"，输入文件名称，取消选择 "使用缺省模板" 复选框，单击 "确定" 按钮，进入选择模板类型环节，如图 10-9 所示。

图 10-8 "新建" 对话框

图 10-9 "新建绘图" 对话框

3）在"新建绘图"对话框中选择合适的模板类型和实体模型，如图10-9所示（参见"素材文件 \ 第10章 \ 10-1"）。

4）在"缺省模型"列表框里选取将要生成工程图的零件或者装配体模型。一般情况下系统会自动选择当前活动的模型，如果需要改变模型，单击"浏览"按钮，然后选择正确的模型。

5）在"指定模板"选项组里选取工程图模板，它包含了以下3个选项。

- 使用模板：创建工程图时使用某个工程图模板。
- 格式为空：不使用模板，但是使用某个图框格式。
- 空：既不使用模板，也不使用格式。

10.4　视图创建与编辑

10.4.1　创建基本视图

1. 创建主视图

下面以图10-10所示的 tuojia 零件的主视图为例，说明主视图创建的操作方法（参见"素材文件 \ 第10章 \ 10-1"）。

1）设置工作目录至零件所在目录。

2）在快速访问工具栏里单击"新建" □按钮新建一个工程图文件，选择文件类型为"绘图"，输入文件名称，取消选择"使用缺省模板"复选框，单击"确定"按钮后进入"新建绘图"对话框。在"指定模板"选项中选择"空"，单击"浏览"按钮，选择文件C:\Program Files\Creo Elements Pro5.0\formats\gb_formats\a3_prt.frm，进入绘图模块。之后从"视图"中将"视图背景"和"系统颜色"中"几何"改成所需的颜色。

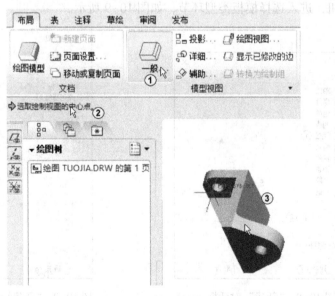

图10-10　插入轴测图

3）在绘图区右击，在弹出的快捷菜单中选择"插入普通视图"命令，或者单击控制面板上的 按钮，如图 10-10 中①所示。

4）在系统的消息显示区出现提示"选取绘制视图的中心点"，在绘图区选择任意一点单击，此时绘图区出现轴测图，如图 10-10 中②③所示。

5）系统弹出"绘图视图"对话框。在"选取定向方法"中选择"几何参照"单选按钮，如图 10-11 中①所示。

6）对视图进行定向。

① 单击"参照1"右侧的 按钮，在弹出的方位列表中选择"前"，在模型上选择如图 10-11 中③所示的前面，此时表示将要选择的模型的表面与屏幕平行、朝前面向读者。

② 单击"参照2"右侧的 按钮，在弹出的方位列表中选择"顶"，在模型上选择如图 10-11 中⑤所示的顶面，此时表示将要选择的模型的表面与屏幕垂直。

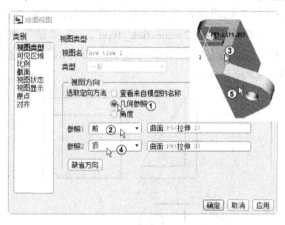

图 10-11 "绘图视图"对话框

7）设置显示样式。在"类别"列表框中选择"视图显示"，在"显示样式"下拉列表中选择"消隐"，在"相切边显示样式"下拉列表中选择"无"。单击"应用"按钮，然后单击"关闭"按钮完成设置，如图 10-12 中①~③所示。

图 10-12 设置显示样式

2. 定义投影图

在 Creo 5.0 中，可以创建投影图，投影图包括左视图、右视图、俯视图和仰视图。

（1）定义俯视图

1）单击"布局"操控面板"模型视图"中的⃞▫投影 按钮。

2）当系统消息显示区出现"选取绘制视图的中心点"提示时，单击绘图区主视图正下方任意一点，俯视图即可出现在绘图区中。

（2）定义左视图

1）单击"布局"操控面板"模型视图"中的⃞▫投影 按钮。

2）当系统消息显示区出现"选取投影父视图"提示时，单击主视图上任意一点，系统会出现提示"选取绘制视图的中心点"，单击绘图区主视图右边任意一点，即可完成左视图创建。结果如图 10-13 所示。

如果投影视图俯视图和左视图变成了仰视图与右视图，只需选择菜单"文件"→"绘图选项"，在"选项"文本框中输入"projection_type"，在"值"列表框中选择 first_angle（projection_type 有两个值：first_angle 表示第一视角投影；third_angle 表示第三视角投影），然后单击"应用并保存" ✔️按钮即可。

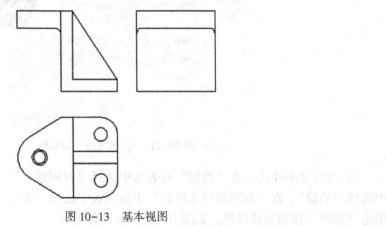

图 10-13　基本视图

3. 视图移动与锁定

在主视图和投影视图完成后，假如某些视图位置不正确，可以移动视图到合适的位置。具体操作是：在想要移动的视图上右击，在弹出的快捷菜单中确保"锁定移动视图"没有被选中（也就是前面没有对号√），再单击视图，按住鼠标左键不放移动鼠标，此时视图随着鼠标移动，直到移动到合适位置再放开鼠标。

如果视图位置已经调整好，就可以将视图锁定，其方法是：在想要锁定的视图上右击，在弹出的快捷菜单中确保"锁定移动视图"被选中（也就是前面有对号√）。

4. 删除视图

如果要删除某个视图，可以在视图上右击，在弹出的快捷菜单中选择"删除"选项即可完成删除操作。

5. 图形显示模式

工程图可以设置 3 种显示模式，分别如下。

- ⊟ **无隐藏线**：视图中不可见边不显示。
- ⊟ **隐藏线**：视图中不可见边以虚线显示。
- ⊟ **线框**：视图中的不可见边以实线显示。

10.4.2 创建高级视图

1. 创建全剖视图

1）对于没有肋板的剖视图，只需要双击绘图区需要剖切的视图，在打开的"绘图视图"对话框中选择"剖面"，选中"2D剖面"单选按钮后单击 ⊞ 按钮。如图10-14所示。

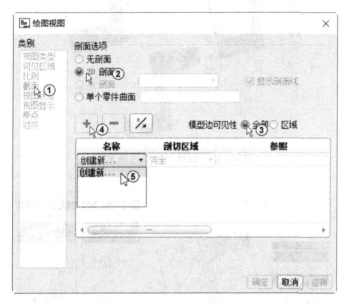

图10-14　"绘图视图"对话框

2）创建截面。系统弹出"剖截面创建"菜单管理器，选择"平面""单一""完成"命令。系统弹出"输入截面名［退出］"对话框，输入截面名称"A"，单击✓按钮。消息显示区出现提示➡**选取平面或基准平面**，同时出现"设置草绘平面"菜单管理器，选择"平面"选项，然后在另外两个视图中任意一个选择剖切基准面，在"剖切区域"中选择"完全"，单击"关闭"按钮关闭对话框，此时所需剖切图就变成全剖视图。

3）添加箭头。在建立的剖视图上右击，在弹出的快捷菜单中选择"添加箭头"选项，消息显示区出现提示"给箭头选出一个截面在其处垂直的视图。中键取消。"，单击主视图即可。

如果全剖有肋板的视图，操作步骤如下：

1）打开三维模型，在三维模型树中将"在此插入"箭头拖动到肋板特征之前，在绘图区选中TOP基准平面后，单击"编辑"→"相交"按钮，激活"相交"命令；在右上角智能选择栏中选择"实体几何"，之后单击实体选中全部实体，最后再将智能选择改为"全部"，按住〈Ctrl〉键选中TOP基准平面，单击"应用并保存"✔按钮，完成剖面线区域交线的创建，如图10-15中①~⑨所示。

2）单击"插入"→"修饰"→"草绘"按钮，在弹出的菜单管理器中选择"剖面线"，单击"完成"按钮。选择剖切平面（此处选择"TOP 基准平面"）为草绘平面，单击"确定""缺省"进入草绘；单击"使用"按钮，将所作的交线全部选中，单击"应用并保存"✔按钮完成草绘，即可看到创建的剖面线，如图 10-16 中①~⑧所示。

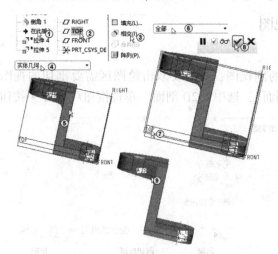

图 10-15　创建剖面线区域交线

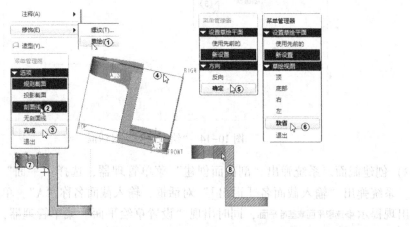

图 10-16　创建剖面线

3）在模型树中将"在此插入"拖动到最后，将模型完全显示，并将交线特征隐藏。单击"视图"→"视图管理器"按钮，弹出"视图管理器"对话框；选中"剖面"→"无剖面"，单击〈Enter〉键新建截面，输入"名称"为"A"再按〈Enter〉键。在"剖截面创建"菜单管理中选择"区域"，单击"完成"；选择剖切平面（此处选择 TOP 基准平面），之后单击"应用并保存"✔按钮完成 3D 截面的创建，如图 10-17 中①~⑧所示。

4）保存该三维图后，按上面的操作步骤建立三视图。双击主视图，弹出"绘图视图"对话框，选择"截面"选项，在"剖面选项"中选择"3D 剖面"，选择截面"A"，同时取消选择"显示剖面线"选项；单击"应用"按钮，再单击"关闭"按钮，如图 10-18 中①~⑤所示。全剖如图 10-18 中⑥所示。

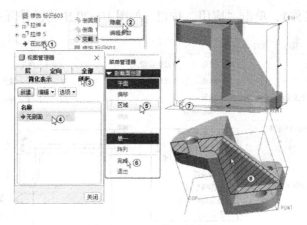

图 10-17　3D 截面的创建

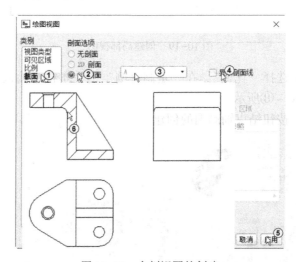

图 10-18　全剖视图的创建

2. 创建局部视图（以另一零件为例说明）

1）右击视图，在快捷菜单中选择"插入详细视图"命令，如图 10-19 中①所示。在系统出现提示"在现有视图上选取要查看细节的中心点"时，在左视图右侧模型上选择一点，如图 10-19 中②③所示。

2）绘制视图边界线。单击"草绘"操控面板上的"样条"按钮，用鼠标左键绘制一条包围中心点的边界样条曲线，绘制完成后单击鼠标中键，如图 10-19 中④⑤所示。

3）在绘图区选择要放置局部视图的位置，单击即可完成局部视图的绘制，如图 10-19 中⑥所示。

3. 创建轴测图

1）在绘图区右击，在弹出的快捷菜单中选择"插入普通视图"命令。

2）在系统出现提示"选取绘制视图的中心点"时，在绘图区选择一点放置轴测图，如图 10-20 中①②所示。

3）在"绘图视图"对话框的"选取定向方法"中选择"查看来自模型的名称"，在"模型视图名"中选择"V1"（这个方向是以前在三维图中已经定向完成的，用户也可以选择其他合适的视图名称），单击"应用"按钮，如图10-20中③④⑤所示。

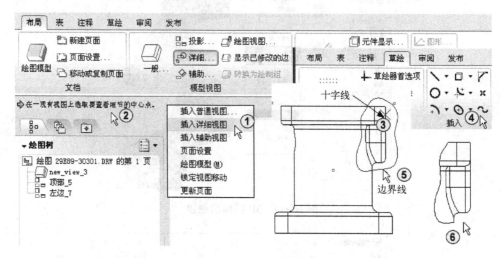

图10-19　创建局部视图

4）在"类别"下选择"比例"，在"定制比例"的文本框中输入"2"，单击"应用"按钮，如图10-20中⑥～⑧所示。

5）单击"关闭"按钮结束轴测图的创建。

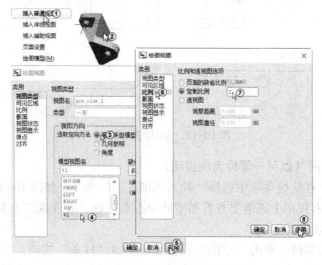

图10-20　创建轴测图

10.5　尺寸创建与编辑

10.5.1　概述

视图只能表示零件模型的形状，不能表示零件模型的大小。通常创建视图后还需要添加尺寸。在工程图里面，可以创建下列几种类型的尺寸。

1. 被驱动尺寸

被驱动的尺寸来自于零件模块中的三维模型尺寸，其源于统一的内部数据库。在工程图环境下，可以在操控面板中选择"注释"→"插入"→"显示模型注释"命令将被驱动尺寸在工程图里自动显示出来或者拭除，但是它们不能被删除。在三维模型中修改尺寸，工程图中的尺寸随之改变，反之亦然。值得注意的是，在工程图中可以修改被驱动的尺寸的小数位数，但是舍入后的尺寸值不能驱动模型几何体。

2. 草绘尺寸

在工程图模式下，在操控面板中选择"注释"→"插入"→"尺寸"╦命令，可以手动标注草绘图元之间、草绘图元与模型对象之间以及模型对象本身的尺寸，这一类尺寸被称为草绘尺寸，它们可以被删除。但是它们不能驱动模型，也就是说，当用户修改草绘尺寸时，模型并不随之改变，这就是草绘尺寸与被驱动尺寸的本质区别。所以，如果在工程图中发现模型尺寸不符合设计要求时，不能仅仅是采用创建草绘尺寸来满足设计要求。

由于草绘尺寸可以与视图相关，也可能不与视图相关，因此，草绘尺寸存在两种情况。

1）当草绘尺寸不与某个视图相关时，草绘尺寸的数值与草绘比例（由草绘设置文件GB. dtl 中的选项 draft_scale 指定）有关，例如，某个草绘的圆的直径为10，则有以下几种情况。

① 如果草绘比例为 0.5 时，该草绘圆直径尺寸显示为 5。

② 如果草绘比例为 1.0 时，该草绘圆直径尺寸显示为 10。

③ 如果草绘比例为 2.0 时，该草绘圆直径尺寸显示为 20。

提示：如果修改绘图比例 draft_scale 的值，应该进行再生。操作方法：选择菜单"编辑"→"再生"命令。

虽然草绘尺寸的值随着草绘比例而变，但是草绘图的大小不受草绘比例的影响。

2）当草绘图元与某个视图相关时，草绘图的尺寸不随着草绘比例变化，但是草绘图显示大小随着视图比例变化。

3. 草绘参照尺寸

在工程图环境下，在操控面板中选择"注释"→"插入"→"参照尺寸"╦命令，可以将草绘图元之间、草绘图元与模型对象之间以及模型对象本身的尺寸标注形成参照尺寸，所有的参照尺寸一般都带有 REF 符号，以区别于其他尺寸。

10.5.2 创建被驱动尺寸

本节以零件 tuojia 工程图为例说明创建被驱动尺寸的操作过程。

1）在操控面板菜单中选择"注释"→"插入"→"显示模型注释"命令，打开"显示模型注释"对话框，如图 10-21 所示。

2）在打开的"显示模型注释"对话框里面进行如下操作。

① 选择"类型"为"所有驱动尺寸"。

② 选择主视图。

③ 定义显示方式：在"显示"选项组中选择要显示的尺寸，或者直接单击按钮，再显示全部。

④ 单击对话框中的"应用"按钮。

3）单击"确定"按钮结束显示定义。

图 10-21　"显示模型注释"对话框

10.5.3　创建草绘尺寸

在 Creo 5.0 中，草绘尺寸可以分为一般草绘尺寸、草绘参照尺寸、草绘坐标尺寸 3 种类型，它们主要用于手动标注工程图中两个草绘图元之间、草绘图元与模型对象之间以及模型对象本身的尺寸，坐标尺寸一般用草绘尺寸的坐标形式表示。

1."新参照"尺寸标注

下面以 tuojia 为例说明"新参照"尺寸标注的一般操作过程。

1）在操控面板菜单中选择"注释"→"插入"→"尺寸"⊢命令，出现如图 10-22 所示的"依附类型"菜单管理器。

2）如图 10-22 所示，选择"图元上"命令，单击如图 10-23 所示的点 1（点 1 在模型的边线上），以选取边线。

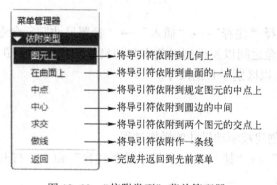

图 10-22　"依附类型"菜单管理器

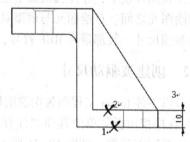

图 10-23　"新参照"尺寸标注

3）如图 10-22 所示，选择"图元上"命令，单击如图 10-23 所示的点 2（点 2 在模型的边线上），以选取边线。

4）如图 10-23 所示，在点 3 处单击中键，确定尺寸线放置位置（之后可以用鼠标左键调整尺寸位置）。

5）如果继续标注，重复前三步；如果结束标注，单击"返回"命令。

2. "公共参照"尺寸标注

1）在操控面板菜单中选择"注释"→"插入"→"尺寸"┓命令，出现如图 10-22 所示的"依附类型"菜单管理器。

2）如图 10-22 所示，选择"图元上"命令，单击如图 10-24 所示的点 1（点 1 在模型的边线上），以选取边线。

3）如图 10-22 所示，选择"图元上"命令，单击如图 10-24 所示的点 2（点 2 在模型的边线上），以选取边线。

4）如图 10-24 所示，在点 3 处单击中键，确定尺寸线放置位置。

5）如图 10-22 所示，选择"图元上"命令，单击如图 10-24 所示的点 4（点 4 在模型的边线上），以选取边线。

6）如图 10-24 所示，在点 5 处单击中键，确定尺寸线放置位置。

7）如果继续标注，重复前三步；如果结束标注，单击"返回"命令。

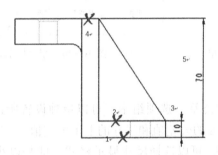

图 10-24 "公共参照"尺寸标注

10.5.4 尺寸操作

1. 移动尺寸及其尺寸文本

选择要移动的尺寸，当尺寸加亮变红后，再将鼠标指针放到要移动的文本上，按住鼠标左键，尺寸及其文本随着鼠标一起移动，到达合适的位置后放开鼠标。

2. 尺寸编辑快捷菜单

选择要编辑的尺寸，当尺寸变亮加红后右击，此时系统会根据单击位置不同弹出不同的快捷菜单。

（1）第一种情况

如果单击位置是在尺寸文本或者尺寸标注线上，则弹出如图 10-25 所示的快捷菜单，其主要的选项说明如下。

1）拭除：选择此项后，系统会拭除选择的尺寸，也就是说，尺寸不在视图中显示。

2）将项目移动到视图：该选项的功能是将尺寸从一个视图移动到另外一个视图中，如将主视图的某个尺寸移动到左视图。

3）删除：选择此选项后，系统会删除选择的尺寸。

4）编辑连接：用于选择导引符依附的类型。

5）切换纵坐标/线性：此选项的功能是将线性尺寸转换为纵坐标尺寸或者将纵坐标尺寸转换为线性尺寸。在由线性尺寸转换为纵坐标尺寸时，需要选择纵坐标基本尺寸。

6）反向箭头：该选项的功能是切换箭头反向。

7）属性：对尺寸属性进行修改。选择此项后，系统会弹出如图10-26所示的对话框，该对话框有3个选项卡：属性、显示、文本样式。

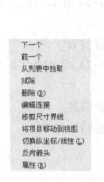

图10-25　快捷菜单

图10-26　"尺寸属性"对话框

① "属性"选项卡。

● 在 "值和显示"和"公差"选项组中，可以单独设置所选尺寸的公差，设置项目包括公称显示模式、尺寸的公差值和尺寸的上下公差值。

● 在 "格式"选项组中，可以选择尺寸显示格式，即是以小数还是以分数形式显示尺寸，保留几位小数，角度单位是弧度还是度。

● 在 "显示"选项组中，用户可以将工程图零件的外形轮廓等基础尺寸按照"基本"方式显示，对重要的零件、需要检验的尺寸以"检查"方式显示。在此选项组中，还可以设置尺寸箭头的反向。

② "显示"选项卡：可以在"前缀"文本框输入尺寸前缀。例如，可以在尺寸为"4"的前面加上"2×M"，那么最终结果就是"2×M4"，同理可以加上后缀。

③ "文本样式"选项卡：如图10-27所示。在"字符"选项组中，可以选择字体和文本高度，取消"缺省"选项后可以修改字体高度。

● "注释/尺寸"选项组：可以设置文本的位置、颜色以及字体行间距等。

（2）第二种情况

如果在尺寸界线上右击，弹出如图10-28a所示的快捷菜单，其主要功能的说明如下。

1）拭除：它的功能是将尺寸边界线拭除掉，也就是不显示尺寸界线。

2）插入角拐：创建尺寸线的角拐。选择该选项后，选择尺寸边线上一点作为角拐点，移动鼠标，直到移动到希望的位置，然后在此单击，最后按下中键确认放置。

3）删除角拐：选择角拐尺寸线后右击，在弹出的快捷菜单中选择"删除角拐"。

（3）第三种情况

在箭头上右击，弹出如图10-28b所示的快捷菜单。

● 箭头样式：该选项的功能是修改箭头的样式，箭头样式有箭头、实心点和斜杠等，其操作方法是：选择该选项，打开如图10-29所示的菜单管理器，选择合适的选项后单击"完成/返回"。

图 10-27　尺寸属性的"文本样式"选项卡

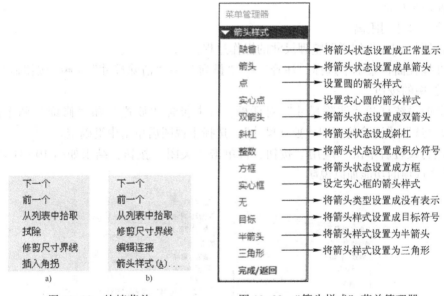

图 10-28　快捷菜单　　　　　图 10-29　"箭头样式"菜单管理器

3. 尺寸界线破断

1）生成尺寸界线破断：尺寸界线的破断是将尺寸界线的一部分断开，其操作方法是：在面板菜单中选择"注释"→"插入"→"断点"　按钮，在想要破断的尺寸界线上选择两点，破断即可形成。

2）删除破断：在破断尺寸界线上右击，在弹出的快捷菜单中选择"删除所有断点"完成删除尺寸界线破断操作。

4. 整理尺寸

如图 10-30 所示，对于杂乱无章的尺寸，Creo 5.0 提供了一个强有力的整理工具，这就是整理尺寸功能。通过该工具，系统可以达到如下目的。

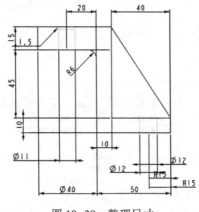

图 10-30　整理尺寸

1）在尺寸界线之间居中尺寸（包括带有螺纹、直径、符号和公差的整个文本）。

2）在尺寸界线间或者尺寸界线和草绘图元交叉处创建断点。

3）将所有尺寸放置在模型边、视图边、轴或者捕捉线一侧。

4）使箭头反向。

5）统一尺寸间距。

下面以图 tuojia 为例说明整理尺寸的操作过程：

1）在操控面板菜单中选择"注释"→"排列"→"清除尺寸" ██清除尺寸 按钮命令，或者单击工具栏中的按钮。

2）此时系统打开"清除尺寸"对话框，其中包含"放置"和"修饰"两个选项卡。系统提示"选取要清除的视图或独立尺寸"，选择主视图后单击中键确定。

3）进行设置后单击"应用"按钮，再单击"关闭"按钮，结果如图 10-31 所示。下面对其各个选项的功能加以说明。

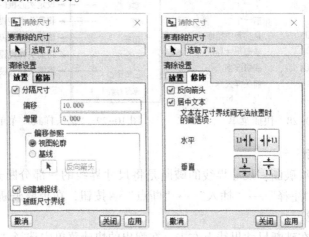

图 10-31　"清除尺寸"对话框

（1）"放置"选项卡

● 选择"分隔尺寸"复选框后，可以调整尺寸线的偏距值和增量。

262

- 偏移：该值表示视图轮廓线（或者所选基准线）与视图最近的某个尺寸线之间的距离。输入偏距值后按〈Enter〉键，单击"应用"按钮，可以将输入的偏距值施加到视图中去。
- 增量：该值表示两个相邻的尺寸线之间的距离。输入增量值后按〈Enter〉键，单击"应用"按钮，可以将输入的增量值施加到视图中去。
- 一般以"视图的轮廓"作为偏移参照，也可以选取某个基准线作为参照。
- 如果选择"创建捕捉线"复选框，工程图便会显示捕捉线。捕捉线是表示水平或者垂直尺寸位置的一组虚线。
- 选择"破断尺寸界线"复选框后，在尺寸界线和其他草绘图元相交处，界线会自动破断。
（2）"修饰"选项卡
- 选择"反向箭头"复选框后，如果某个尺寸界线内的距离不够容纳箭头时，该箭头方向会自动反向。
- 选择"居中文本"复选框后，每个尺寸文本会自动居中。

10.5.5 尺寸公差的显示

配置文件 GB. dtl 中的选项 tol_display 和配置文件 config. pro 中的选项 tol_mode 与工程图中的尺寸公差有关，如果要在工程图中显示和处理尺寸公差，必须先设置这两个选项。

1）Tol_display 选项：此选项控制尺寸公差显示。
- 如果设置为 yse，则尺寸标注显示公差。
- 如果设置为 no，则不显示公差。

2）Tol_mode 选项：此项目控制公差显示形式。
- 如果设置为 noinal，则只显示名义尺寸，不显示公差。
- 如果设置为 limits，则公差显示上偏差和下偏差。
- 如果设置为 plusminus，则公差为正负值，且正负值相互独立。
- 如果设置为 pluminussym，则公差为正负对称显示。

10.6 创建注释文本

10.6.1 注释菜单简介

在操控面板菜单中选择"注释"→"插入"→"注解" 按钮，打开如图 10-32 所示的"注解类型"菜单管理器。

10.6.2 创建无方向指引注释

本节介绍创建无方向指引注释的操作过程。

1）在操控面板菜单中选择"注释"→"插入"→"注解" 按钮。

2）选择"无引线""输入""水平""标准""缺省""进行注解"命令，如图 10-32 所示。

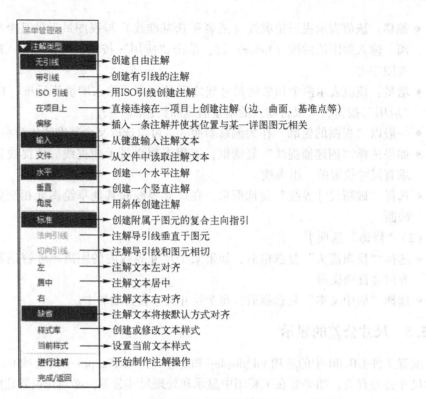

图 10-32 "注释类型"菜单管理器

菜单管理器	
▼ 注解类型	
无引线	→ 创建自由注解
带引线	→ 创建有引线的注解
ISO引线	→ 用ISO引线创建注解
在项目上	→ 直接连接在一项目上创建注解（边、曲面、基准点等）
偏移	→ 插入一条注解并使其位置与某一详图图元相关
输入	→ 从键盘输入注解文本
文件	→ 从文件中读取注解文本
水平	→ 创建一个水平注解
垂直	→ 创建一个竖直注解
角度	→ 用斜体创建注解
标准	→ 创建附属于图元的复合主向指引
法向引线	→ 注解导引线垂直于图元
切向引线	→ 注解导引线和图元相切
左	→ 注解文本左对齐
居中	→ 注解文本居中
右	→ 注解文本右对齐
缺省	→ 注解文本将按默认方式对齐
样式库	→ 创建或修改文本样式
当前样式	→ 设置当前文本样式
进行注解	→ 开始制作注解操作
完成/返回	

3）在弹出的如图 10-33 所示的菜单管理器中选择"选出点"，然后在屏幕上单击一个点用来放置注释。

4）在系统提示"输入注释"时，在其后的文本框中输入"技术要求"，单击"确认" ☑ 按钮。

5）在文本框中继续输入"1. 铸件不得有裂纹、砂眼等缺陷。"后按〈Enter〉键，再输入"2. 铸造后应去毛刺和锐角。"，按两次〈Enter〉键。

6）单击"完成/返回"命令。

调整注释文本位置，结果如图 10-34 所示。

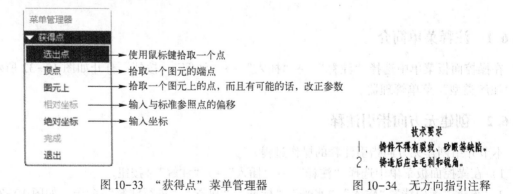

图 10-33 "获得点"菜单管理器   图 10-34 无方向指引注释

10.6.3 创建有方向指引注释

1）在操控面板菜单中选择"注释"→"插入"→"注解"按钮。

2）在系统弹出的菜单管理器中选择"ISO引线""输入""水平""标准""缺省""制作注释"命令。

3）在系统弹出的菜单管理器中选择"图元上""箭头"，然后单击图元上一点以选择箭头起始点，在菜单管理器里单击"确定"选项。

4）系统提示"选取注释的位置"，在屏幕上一点单击，选择一个放置注释的位置，系统提示"输入注释"，然后输入要注解的内容，按两次〈Enter〉键。

5）单击"完成/返回"命令。

6）选中并拖动注解可实现位置的调整。

10.7 工程图基准

1. 在工程图中创建基准

本节以零件 tuojia 为例，创建如图 10-35 所示的基准轴 A，以此说明在工程图中创建基准的基本步骤。

1）在操控面板菜单选择"注释"→"插入"→"模型基准轴"命令。

2）系统弹出如图 10-36 所示的"轴"对话框，基于此对话框进行如下操作。

① 在对话框"名称"文本框中输入基准名称"A"，单击"定义"按钮，如图 10-36 所示。

② 在弹出的如图 10-37 所示的菜单管理器中选择"过柱面"命令。然后选择主视图中的圆柱面中间。

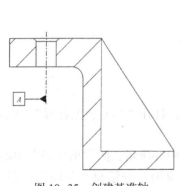

图 10-35　创建基准轴

图 10-36　"轴"对话框

图 10-37　"基准轴"
菜单管理器

③ 在"类型"中单击 按钮。

④ 在"放置"选项组中选择"在基准上"单选按钮。

3）单击"确定"按钮结束定义。

4）将基准符号移动到合适位置，移动操作方法和尺寸移动相同。

5）将某个视图中不需要显示的符号拭除。

2. 在工程图中创建基准面

下面以零件 tuojia 基准面 P 为例，说明创建基准面的基本步骤。

1）在操控面板菜单中选择"注释"→"插入"→"模型基准平面"命令。

2）在弹出的"基准"对话框进行如下操作。

① 在"基准"对话框"名称"文本框中输入名称"P"。

② 单击"定义"选项组中的"在曲面上"按钮，然后选择零件底边线，如图 10-38 中①~③所示。

③ 在"基准"对话框的"类型"选项组中单击 A 按钮。

④ 在"放置"选项组中选择"在基准上"单选按钮。

3）单击"确定"按钮结束定义。

4）将符号移动到合适位置，如图 10-38 中④~⑦所示。

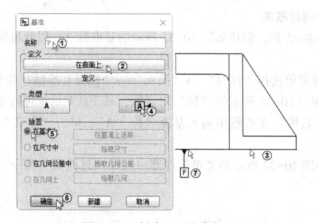

图 10-38　创建工程图基准面

5）拭除某个视图中不需要显示的符号。

10.8　标注几何公差

绘制中心线的方法如下：

1）在操控面板菜单中选择"注释"→"显示模型注释"，打开"显示模型注释"对话框选择"类型""轴"，如图 10-39 中①②所示。

2）选择要显示的视图（边框显示的时候），如图 10-39 中③所示，图中出现很多中心线，在需要显示的中心线前面的复选框中单击。之后单击"应用"按钮和"关闭"按钮，完成所需中心线的绘制。步骤如图 10-39 中④⑤所示。

下面说明几何公差标注的一般步骤。

1）按图 10-39 所示创建工程基准平面。

2）在操控面板菜单中选择"注释"→"插入"→"几何公差"按钮。

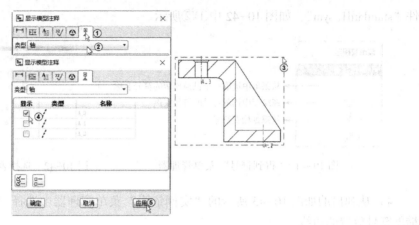

图 10-39　绘制中心线

3）系统弹出"几何公差"对话框，在左边的公差符号库里选择"平行度"符号∥，参照类型选择"曲面"，单击"选择图元"按钮，在工作区选择底座部分的顶面，如图 10-40 中①②③所示。

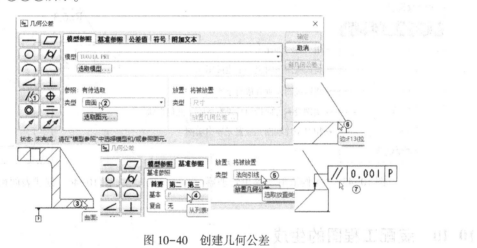

图 10-40　创建几何公差

4）单击"基准参照"选项卡，选择前面创建的基准"P"（可以在"公差值"选项中修改公差值），如图 10-40 中④所示。

5）单击"模型参照"选项卡，放置类型选择"法向引线"，当系统弹出"引线类型"菜单管理器时，选择"箭头"选项，在参照曲面上选取图元，按鼠标中键确定，将标注的平行度公差移动到适当的位置，如图 10-40 中⑤~⑦所示。

10.9　表面粗糙度的标注

本节介绍工程图中表面粗糙度标注的一般步骤。

1）在操控面板菜单中选择"注释"→"插入"→"表面粗糙度" ⁡ʒ²⁄ 按钮。

2）在打开如图 10-41 所示的"得到符号"菜单管理器中选择"检索"选项。

3）在打开的对话框中双击"machined"文件夹，然后在"machined"文件夹中双击文件"standard1. sym"，如图 10-42 中①②所示。

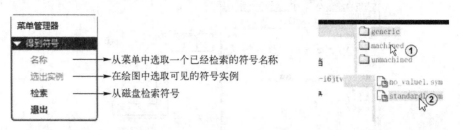

图 10-41 "得到符号"菜单管理器　　　图 10-42 选择表面粗糙度符号

4）从弹出的如图 10-43 所示的"实例依附"菜单管理器中选择"法向"，选择表面粗糙度符号放置的边线。

5）当系统消息显示区出现提示"输入 roughness_height 的值"时，在其后文本框中输入表面粗糙度值"6.3"，单击"应用并保存" ✔ 按钮即可完成表面粗糙度的创建，如图 10-44 所示。

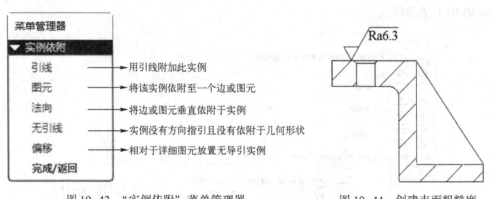

图 10-43 "实例依附"菜单管理器　　　图 10-44 创建表面粗糙度

10.10 装配工程图的生成

本节利用装配好的实例 zhuangpei. asm 详细讲述装配工程图中的主要的工程图元素和装配工程图的创建方法（参见"素材文件\第 10 章\10-2"）。

10.10.1 设置参数并创建工程图

为了使明细表里面的项目自动生成，首先必须对零件进行参数设置。打开 tuojia. prt 文件，选择菜单"工具"→"参数"命令，如图 10-45 中①②所示。系统弹出"参数"对话框，单击该对话框下方的 按钮，修改参数"名称""类型"和"值"，如图 10-45 中④⑤所示。单击"确定"按钮关闭对话框。

对 zhuangpei. asm 装配图所包含的所有元件都类似地设置参数：cname、material，"类型"均为"字符串"，其中每个零件里 CNAME 的"值"为明细表中的中文名称，MATERIAL 的"值"为材料名称。

图 10-45　零件参数设置

创建工程图文件的过程如下：

1) 在快速访问工具栏中单击"新建"□按钮，或者选择"文件"→"新建"命令，打开"新建"对话框，在"类型"选项组中选择"绘图"，在"名称"文本框中输入"zhuangpei"，取消选择"使用缺省模板"复选框。

2) 单击"确定"按钮打开"新建绘图"对话框，通过浏览找到 zhuangpei. asm 文件，在"指定模板"选项组中选择"格式为空"，单击"浏览"按钮，找到图框模板"a3_asm. frm"（本教程已在"素材文件 \ 第 10 章 \ 符合国际的工程图配置文件 \ drawing_formats"中提供了模板文件 A3_ASM. frm，读者可以自行将其复制到自己的目录下）。单击"确定"按钮进入工程图绘图环境。

10.10.2　创建明细表

制作明细表可使用户能够在工程图的制作中观察明细表的变化。一般来说，创建明细表可以在任何时候进行，明细表均可以自动根据所引入的装配件生成符合要求的明细表，并可以在任何时候进行编辑。

1) 开始定义明细表，使其能自动生成。选择"表"→"重复区域"命令，打开"域表"菜单管理器，在其中选择"添加"选项，在"区域类型"中选择"简单"，如图 10-46中①~③所示。

提示："重复区域"命令是在已经定义的表格中定义一个重复区域。也就是说，这个区域随着参数变化而自动复制，从而自动生成一系列表格。"添加"选项表示定义一个新的重复区域。"简单"选项表示创建的表格只是沿着单一的方向进行复制。

2) 此时消息显示区中出现提示："定位区域的角"。在表格中单击"序号"正上方的空白单元，继续提示："拾取另一个表单元"，单击表格中"备注"正上方的空白单元，再单击鼠标中键，如图 10-46中④~⑦所示。定义重复区域操作结束。

3) 在左边第一个单元中输入序号参数：rpt. index。具体操作如下：右击"序号"正上方的空白单元，在弹出的快捷菜单中选择"报告参数"，系统弹出"报告符号"对话框，单击"rpt"选项，选择"index"，结果如图10-47中①~③所示。

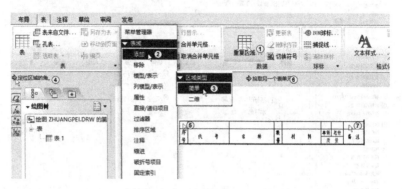

图 10-46　定义重复区域

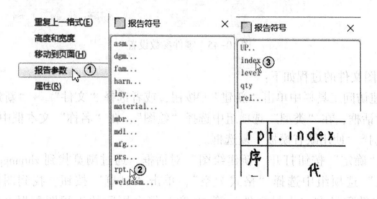

图 10-47　输入序号参数

4) 同理定义"代号"上方的参数为：asm. mber. name，"数量"上方的参数为：rpt. qty。在"名称"一栏中输入"asm. mbr. cname"。方法是右击"名称"正上方的空白单元，选择"报告参数"，出现"报告符号"对话框，依次选择"asm""mbr""User Defined"，在信息提示栏中输入"cname"，单击"接受值"☑按钮，再单击"确定"按钮即可完成输入，如图10-48所示。同理在"材料"栏上方单元输入"asm. mbr. material"，结果如图10-49所示。

图 10-48　输入符号文本

rpt.asm.mber.name		asm.mbr.cname	rpt.asm.mbr.material			
序号	代　号	名　称	数量	材　料	单件　总计 质量	备　注

图 10-49　输入序号参数

提示：如图10-50所示，在输入部分栏中内容时会有超出单元边界的情况，这不影响以后显示。因为当前输入的是参数，以后显示的是实际的内容，以后显示内容如果超出单元边界，可以编辑它的高度和宽度。

5）更新明细表。单击 [更新表] 按钮或者选择"编辑"→"再生模型"命令，结果如图 10-50 所示。

6	GB6170-86	螺母M10	45			
5	GB7244-1987	垫圈	Q235			
4	XINZHOU	芯轴	45			
3	HUALUN	滑轮	ZL101			
2	CHENTAO	衬套	ZCuSn10Pb1			
1	TUOJIA	托架	HT200			
序号	代　号	名　称	数量	材　料	单件质量 总计质量	备注

图 10-50　明细表

提示：选中明细表后将其移动到标题栏上方。如果在零件中设置好材料密度等各个参数，Creo 5.0 可以自动生成单件质量和总重以及备注。关于这部分内容，此处不做深入探讨。读者如果有兴趣，可以参考 Creo 5.0 明细表方面的资料。

6）合并零件数。如果明细表中很多相同的零件没有被合并起来，就要通过设置，使相同代号的零件只出现一次，在"数量"列表示重复数目，具体操作如下。

① 选择"重复区域"命令，打开"表域"菜单管理器，选择"属性"选项，如图 10-51 中①②所示。

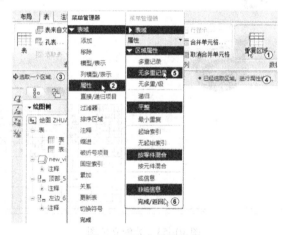

图 10-51　合并零件数

② 此时消息显示区会出现操作提示："选取一个区域"，选择已经定义了的重复区域后会出现提示："已经选取区域，进行属性修改"，此时系统弹出"表域"菜单管理器，选择"无多重记录"命令后单击"完成/返回"，相同的零件即被合并，并且数量已经标注出来，如图 10-51 中③~⑥所示。

10.10.3　创建主要视图

1. 制作主视图

1）在操控面板中选择"布局"→"模型视图"→"一般"，系统弹出"选取组合状态"对话框，选择"无组合状态"，单击"确定"按钮后消息显示区提示："选取绘图视图的中心点"，如图 10-52 中①~⑥所示。

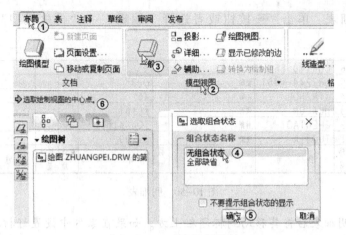

图 10-52　选取组合状态

2）在绘图区域单击，出现装配图的立体图，等待用户设置定位点，如图 10-53 所示。

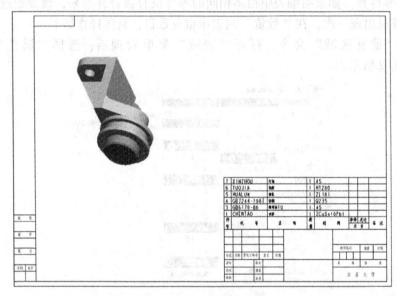

图 10-53　装配立体图

3）系统自动弹出"绘图视图"对话框，在"类别"列表中选择"视图类型"，在"视图方向"选项组里选择"几何参考"，如图 10-54 中①②所示。在"参照 1"选择"前"，然后单击"前"选项右侧的列表框，单击立体图中的平面；在"参照 2"选择"顶"，然后单击"顶"选项右侧的列表框，接着单击立体图中的平面，如图 10-54 中③～⑥所示。

4）设置显示样式。在"类别"中继续选择"视图显示"，在"显示样式"下拉列表框中选择"消隐"，在"相切边显示样式"下拉列表框中选择"无"。单击"应用"按钮，然后单击"关闭"按钮完成设置，如图 10-55 中①～③所示。

5）移动视图位置。在视图上右击，在弹出的快捷菜单中选择"锁定视图移动"选项，然后选择视图。这时视图上会出现一个移动符号✥，可以把视图移动到合适位置，结果如图 10-56 所示。

272

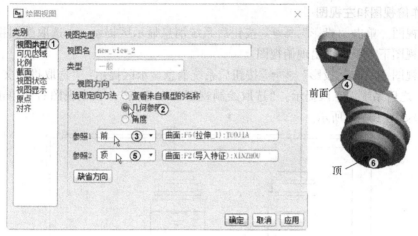

图 10-54 "绘图视图"对话框

图 10-55 修改比例

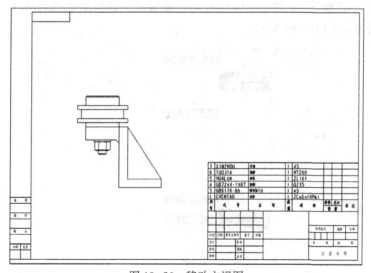

图 10-56 移动主视图

2. 制作俯视图和左视图

1）俯视图。单击"投影" ⊞ 投影... 按钮后系统消息显示区提示："选取绘图视图的中心点"，在主视图下方单击，出现俯视图。

2）左视图。单击"投影" ⊞ 投影... 按钮后系统消息显示区提示："选取投影父视图"，单击主视图，之后系统消息区提示："选取绘制视图的中心点"，在主视图右侧单击，出现左视图。结果如图 10-57 所示。

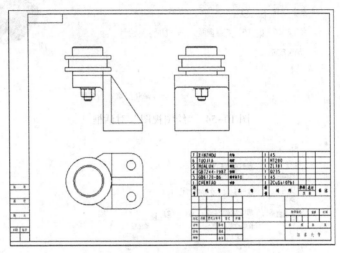

图 10-57　制作俯视图和左视图

3. 制作球标

单击"表"→"BOM 球标"打开"BOM 球标"菜单管理器，如图 10-58 中①②所示。在"BOM 球标类型"中选择"简单"选项，此时，消息显示区会提示："选取一个区域"，如图 10-58 中③~⑤所示。选择已经建立好的明细表后出现"BOM 球标"菜单管理器，选择"创建球标"选项，在"BOM 视图"中选择"根据视图"选项。消息显示区提示："选取要显示 bom 球标的视图"，如图 10-58 中⑥~⑧所示。选择主视图后单击"确定"按钮，创建的主视图球标如图 10-59 所示。

图 10-58　创建 BOM 球标

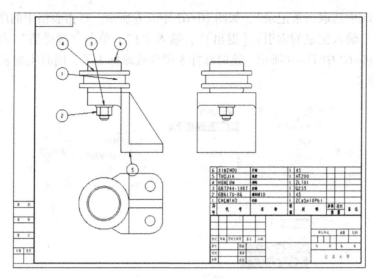

图 10-59　标注球标

4. 编辑球标

1) 移动球标。为了表达清楚，将编号为 6（芯轴）的球标移动到俯视图中。在主视图上选择球标 6 并右击，在弹出的快捷菜单中选择"将项目移动到视图"选项，如图 10-60 所示。消息显示区出现"选取模型视图或窗口"，选择俯视图，球标 6 即放在俯视图中了。同理将球标 3 移动到左视图中。

2) 编辑箭头位置。选择球标 6 的箭头后右击，在弹出的快捷菜单中选择"编辑连接"，在弹出的"依附类型"菜单管理器中选择"在曲面上"和"箭头"，如图 10-61 中①~③所示，再单击合适的新的箭头位置。同理编辑其他的球标的箭头位置。

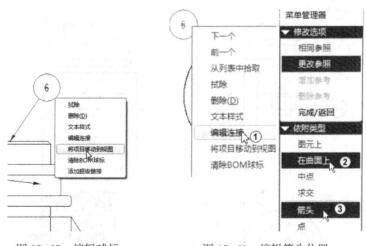

图 10-60　编辑球标　　　　　图 10-61　编辑箭头位置

3) 修改球标代号。自动标注出来的球标序号并不符合国标要求，因此，需要对球标序号进行修改。如果把序号 5 改成 1，可以选择"表"→"重复区域"，系统弹出"表域"菜单管理器，选择"固定索引"，消息显示区出现提示："选取一个区域"，如图 10-62 中①~④所示。选择表格，系统弹出"表域"菜单管理器，选择"固定"，消息显示区出现提示：

"在当前重复区域中选取一条记录"，如图 10-62 中⑤⑥所示。单击表格中的序号 5，消息显示区继续提示："输入记录的索引：[退出]"，输入 "1"，单击"接受值" ☑按钮，再单击"完成"，如图 10-62 中⑦～⑨所示。这时球标 5 即变成球标 1 了，同时明细表中序号 5 的内容已经调至序号 1。

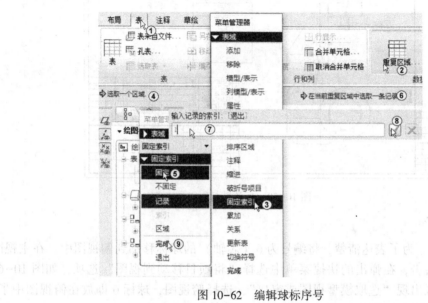

图 10-62　编辑球标序号

如果序号排列还不整齐，可以再进行上述修改球标的操作，直至序号排列整齐。结果如图 10-63 所示。

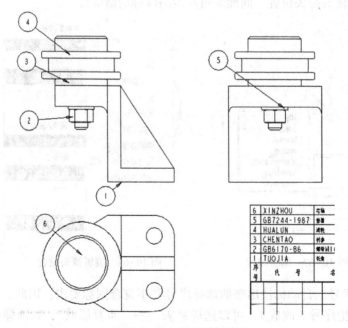

6	XINZHOU	芯轴		
5	GB7244-1987	垫圈		
4	HUALUN	滑轮		
3	CHENTAO	衬套		
2	GB6170-86	螺母M1		
1	TUOJIA	托架		
序号	代 号	名		

图 10-63　修改球标序号

10.11 习题

1. 以模型为基础绘制如图 10-64 所示的工程图（模型见"素材文件 \ 第 10 章 \ 习题 10-1"）。

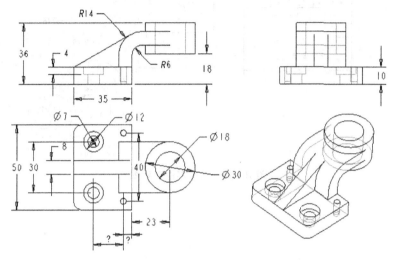

图 10-64 支架类零件工程图

2. 以模型为基础绘制如图 10-65 所示的工程图（模型见"素材文件 \ 第 10 章 \ 习题 10-2"）。

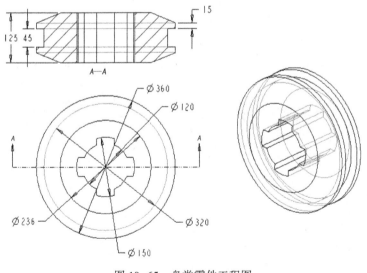

图 10-65 盘类零件工程图

3. 以模型为基础绘制如图 10-66 所示的工程图（模型见"素材文件 \ 第 10 章 \ 习题 10-3"）。

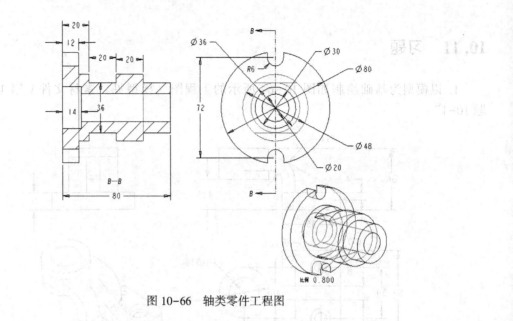

图 10-66　轴类零件工程图